普通高等教育“十三五”规划教材（软件工程专业）

# 软件设计模式实用教程


主　编　车战斌

副主编　李勇军　高　亮

中国水利水电出版社
www.waterpub.com.cn

·北京·

## 内 容 提 要

软件设计模式是软件工程前人经验的积累与总结，它为构建易维护和便复用的软件而诞生。本书结合大量的应用实例分析和讲解每一个常用的设计模式，贴近生活，力求通俗易懂，并且在真实项目实例的引导下学会合理运用设计模式。

本书分为3个部分，共6章内容：第1部分（第1章、第2章）为基础知识，包括UML类图讲解和设计原则等；第2部分（第3章、第4章、第5章）为设计模式讲解，包括6种常用的创建型设计模式、7种常用的结构型设计模式和10种常用的行为型设计模式；第3部分（第6章）为综合案例，使用多种模式混合解决实际应用问题。

本书适合作为高等学校计算机专业的软件开发课程教材，也可作为一线开发人员、高等院校计算机及软件等相关专业师生、IT培训机构讲师和学员、业余软件开发人员、设计模式研究人员以及爱好者的参考用书。

图书在版编目（CIP）数据

软件设计模式实用教程 / 车战斌主编. -- 北京 : 中国水利水电出版社, 2019.3
普通高等教育“十三五”规划教材. 软件工程专业
ISBN 978-7-5170-7230-0

Ⅰ. ①软… Ⅱ. ①车… Ⅲ. ①软件设计－高等学校－教材 Ⅳ. ①TP311.5

中国版本图书馆CIP数据核字(2018)第273708号

策划编辑：石永峰　　责任编辑：张玉玲　　封面设计：李　佳

| | |
|---|---|
| 书　名 | 普通高等教育“十三五”规划教材（软件工程专业）<br>软件设计模式实用教程<br>RUANJIAN SHEJI MOSHI SHIYONG JIAOCHENG |
| 作　者 | 主　编　车战斌<br>副主编　李勇军　高　亮 |
| 出版发行 | 中国水利水电出版社<br>（北京市海淀区玉渊潭南路1号D座　100038）<br>网址：www.waterpub.com.cn<br>E-mail：mchannel@263.net（万水）<br>sales@waterpub.com.cn<br>电话：（010）68367658（营销中心）、82562819（万水） |
| 经　售 | 全国各地新华书店和相关出版物销售网点 |
| 排　版 | 北京万水电子信息有限公司 |
| 印　刷 | 三河市鑫金马印装有限公司 |
| 规　格 | 184mm×260mm　16开本　17印张　422千字 |
| 版　次 | 2019年3月第1版　2019年3月第1次印刷 |
| 印　数 | 0001—3000册 |
| 定　价 | 48.00元 |

# 前　　言

什么是软件设计？如何进行软件设计？依据设计类图如何写代码？怎么使用设计模式？……

这是很多开发人员或者设计人员曾有过的感慨，尤其是初级设计人员或初识设计模式人员。

目前市面也有不少关于设计模式的书籍，有的主要是针对重点院校，完全是理论讲解并且针对每个模式讲解的篇幅相对偏少；有些教材易懂，作为入门教材比较好，但多数是翻译版，不能完全忠实于原文，并且文中详细讲解的模式数量相对少，没有针对性的课后习题；还有一些书籍，作为入门参考教材挺好，但其中的引题基本上都是生活中的例子，这样不符合软件设计思维，并且也没有针对性练习题。上述教材对于以培养应用型软件工程人才为目标的高等院校，不能很好地满足课程目标。为了解决只会编写代码，而不知道规范且想快速上手设计的初学者来说，本书可以为你答疑解惑。

本书以随手拈来的生活实例为最好的设计（Java 代码引题），结合项目实例讲解设计模式，讲解如何通过模式来解决上述生活问题，让读者能够快速提升自己的开发和设计能力，真正地理解和掌握每一个设计模式。

**本书的组织**

本书分为 3 个部分，主要讲授面向对象设计中使用的 UML 相关知识及设计原则，随后对设计模式进行总体的介绍，然后从创建型、结构型、行为型三种分类下常用的设计模式进行深入浅出地讲解，最后以 2 个综合案例讲解混合模式的使用。

第 1 部分是基础知识，包括第 1 章、第 2 章，由车战斌、李勇军执笔。该部分主要是进行 UML 中常用类图及设计原则的详细讲解。

第 2 部分是设计模式，包括第 3 章、第 4 章、第 5 章，其中第 3 章创建型模式由高亮执笔，第 4 章结构型模式由李勇军执笔，第 5 章行为型模式，由余雨萍、郭丽执笔。该部分主要是讲解常用的设计模式。

第 2 部分对于每个模式的讲解，力求通俗易懂，真实场景应用，每个模式讲解的基本结构如下：

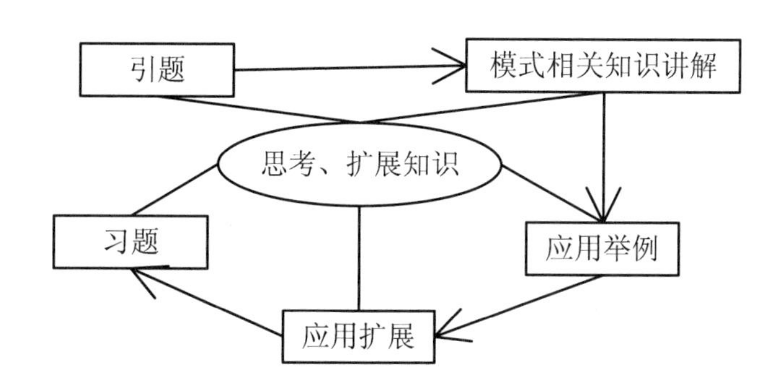

第 3 部分是综合案例（第 6 章），由高亮、郭丽执笔。该部分主要是讲解使用多种模式来解决问题的方法。

**本书特点**

（1）选取熟悉的业务场景完成每个模式的引题；

（2）整本教材以实际开发应用贯穿关键知识点；

（3）具有大量多种形式的课后习题。

**本书风格**

语句及案例接“地气”，通俗易懂，以常见案例的 Java 代码作为引题，随后介绍相关模式的知识，最后以类似案例进行分析讲解，并配以大量多种形式的习题。

本书由车战斌教授主编并统稿，李勇军、高亮任副主编，参与编写的还有余雨萍、郭丽。在本书编写过程中，本书编者进行了多次规划、组稿和方案讨论工作，并提出了许多建设性意见，在此一并表示感谢。

由于编者水平有限，书中错误或不妥之处在所难免，恳请广大读者批评指正，欢迎通过电子邮箱 yongjunli@zut.edu.cn 来信告知。

编　者

2019 年 1 月

# 目　　录



## 第一部分　基础知识



## 第二部分　设计模式

## 第三部分　综合案例

# 第一部分　基础知识

## 第1章　UML类图讲解

软件设计模式，又称设计模式，是一套被反复使用、多数人知晓、经过分类编目，以及具有代码设计经验的总结。但由于模式本身具有抽象性，为了保证模式描述的统一性，本书采用UML（Unified Modeling Language，统一建模语言）的方式进行描述。

UML现已纳入了OMG（Object Management Group，对象管理组织）标准，成为业务、应用和系统架构的标准可视化建模语言。而UML中使用较多的图是类图。类图是使用最广泛的一种模型，用来表述系统中各个类的类型以及其间存在的各种静态关系。

设计时，类图用来记录类的结构，这些类构成了系统的架构。那么如何有效地理解和掌握类图，从而更好地进行系统的设计？本章将从类的表示法、类之间的基本关系和类图的阅读上进行介绍，以便读者在学习设计模式之前对类有一个整体的认识。

### 1.1　UML中类的表示法

类是对一组具有相同属性、操作、关系和语义的描述。关系是类之间的，语义是蕴藏的，因此对于一个类而言，其关键特性是属性（成员变量）和操作（成员方法）。图1-1是UML中类图的表示法，从图中可看出类是用一个矩形表示的。它包含三个分栏，从上至下每个分栏分别写入类的名称、属性和操作。

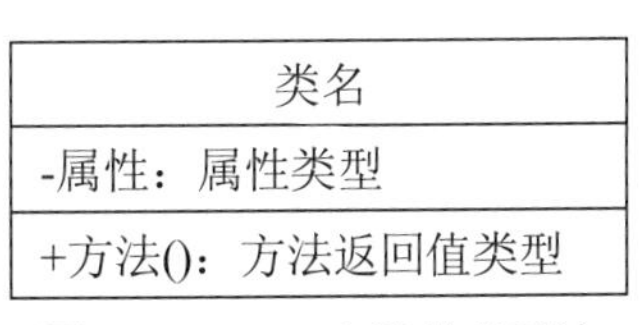


图1-1　UML中类的表示法

1．名称

名称是一个字符串，用于区别于其他类，表示方法有两种：

- 简单名：仅是一个单独的名称，如订单Order等。
- 全名：也称为路径名，就是在类名前加上包的名称，如java::awt::Rectangel、businessRule::Order等。

对于类名称的命名规则，UML中并未明确定义，只要是由字符、数字、下划线组成的唯一的字符串即可，但在实际应用中，有一个普遍采用的命名规则：

大驼峰法（印帕斯卡命名法）：使用大写字母开头、混合大小写，每个单词以大写开始。避免使用特殊符号，尽可能避免使用缩写。

2. 属性

属性是一个名词，描述类实例中包含的特征信息，同时表明了对象的唯一性。创建对象时，属性可以有初始值。在面向对象编程中，它一般实现为类的成员变量。

从图 1-1 中可看出，属性前面有一个修饰，用来表示它的可见性（详见可见性），一般来说，属性的可见性均为私有 private，这样才符合面向对象的"封装"思想。

属性名的命名规则虽不是硬性规定，但通常都习惯于采用小驼峰法标识，也即把第一个单词的首字母小写，为进行区分，通常属性名的第一个字母是小写的。

3. 操作

操作是类提供的服务，是访问本对象属性或关系的一种途径，也是影响其他对象属性或关系的唯一途径。通俗点说，操作就是定义了对象所能做的事情。在面向对象编程语言中，它通常以成员方法的形式实现。

从图 1-1 中可看出，操作前面也有一个修饰，用来表示它的可见性，为向其他类提供服务，操作通常应声明为公有 public。并且操作在表示时，可只写出操作名，也可将其所需的参数写出来，即写出成员方法的完整签名。

操作名的命名规则也未硬性规定，通常习惯采用和属性名相同的命名规则。

4. 可见性

类的属性和操作都有相似的可见性定义，各种编程语言对可见性的处理并不完全相同。UML 中将可见性归纳为四类：

- 公有：除了类本身以外，属性和操作对其他类也是可见的。属性的公有可见性应尽量少用，公有意味着将类的属性暴露给外部，这与面向对象的封装原则是矛盾的。暴露给外部的内容越多，对象越容易受影响，越容易形成高耦合度。
- 保护：属性和操作只对类本身、它的子类或友元（取决于具体编程语言）是可视的。保护可见性用于保护属性和操作使其不被超出上述范围的外部类使用，防止行为的耦合和封装变得松散。
- 私有：属性和操作只对类本身和类的友元（取决于具体编程语言）是可见的。私有可见性可用在不希望子类继承属性和操作的情况下。它提供了从超类对子类去耦的方法，并且减少了删除或排除未使用继承操作的需要。
- 实施：属性和操作只在类本身的内部是可视的（取决于具体编程语言）。实施可见性最具有限制性，当只有类本身才可使用属性和操作时，才使用这种可见性，它是私有可见性的变体，在有些 UML 建模工具中并不支持。

**【示例】**

下面构建一个学生类。不管是在学生成绩管理系统、图书管理系统，亦或是教务管理系统中都不乏有学生出现的地方。假定现在需要构造一个学生类，此类具有学号、姓名以及一个静态成员学生数量等属性，要求能够通过构造方法对学生信息进行初始化和学生个数累加，分别设置和获取学生各个属性，并使用一个方法输出学生的所有属性值。

构造学生类时，由于要求能够对学生各个属性进行设置和获取，因此学生的学号、姓名等属性均应设为私有。为方便程序人员进行编码工作，通常使用相应语言的标识符来标记，本片使用 Java 语言，现设计的学生类图如图 1-2 所示。

通常对于属性（成员变量）进行获取和设置的方法不显示在类图中，因此学生类图也可以表示为如图 1-3 所示。

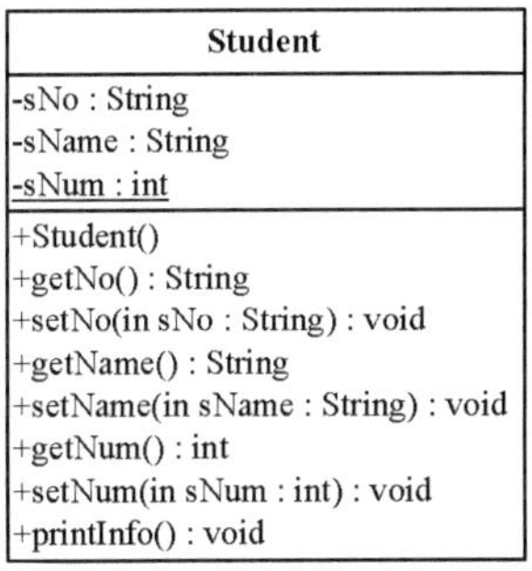

| **Student** |
| --- |
| -sNo : String<br>-sName : String<br>-sNum : int |
| +Student()<br>+getNo() : String<br>+setNo(in sNo : String) : void<br>+getName() : String<br>+setName(in sName : String) : void<br>+getNum() : int<br>+setNum(in sNum : int) : void<br>+printInfo() : void |

图 1-2　学生类图

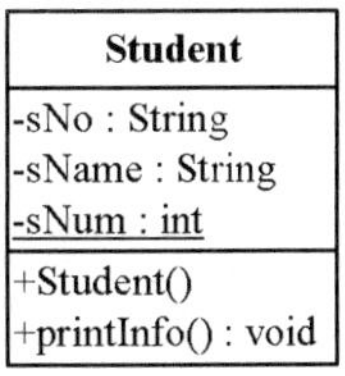

| **Student** |
| --- |
| -sNo : String<br>-sName : String<br>-sNum : int |
| +Student()<br>+printInfo() : void |

图 1-3　学生类图

Student 类所对应的代码如下：

```
public class Student {
    private String sNo;
    private String sName;
    private static int sNum;
    public Student(){
        sNo = "20180767102";
        sName = "杨帅";
        sNum++;
    }
    /*获取学生学号*/
    public String getNo() {
        return sNo;
    }
    /*设置学生学号*/
    public void setNo(String sNo) {
        this.sNo = sNo;
    }
    /*获取学生姓名*/
    public String getName() {
        return sName;
    }
    /*设置学生姓名*/
    public void setName(String sName) {
        this.sName = sName;
    }
    /*获取学生当前个数*/
    public int getNum() {
        return sNum;
    }
    /*设置学生当前个数*/
    public void setNum(int sNum) {
        Student.sNum = sNum;
    }
```

```
    /*打印学生信息*/
    public void printInfo(){
        //方法体可依据实际情况自行来编写
        System.out.println("学号："+sNo+" 姓名："+sName+" 当前学生个数："+sNum);
    }
}
```

## 1.2 UML中类之间的关系

在UML中，关系是非常重要的语义。它抽象出对象之间的关系，让对象构成某个特定的结构。类图中，类之间的关系通常包括关联关系、依赖关系、聚合关系、组合关系、泛化关系和实现关系。需要注意的是：不同的UML建模工具中关系的表示法与UML标准存在差异，本教材中统一使用Microsoft Visio进行相关图例的绘制。以下将对类之间的关系进行介绍。

1. 关联关系

UML中关联关系使用一条直线表示，如图1-4（a）所示。它描述不同类的对象之间的结构关系，它在一段时间内将多个类的实例连接在一起。简单地说，关联关系描述了某个对象在一段时间内一直“知道”另一个对象的存在。它体现的是两个类或类与接口之间语义级别的一种强依赖关系，比如我和我的好朋友，这种关系比依赖更强、不存在依赖关系的偶然性、关系也不是临时的，一般是长期的，而且双方的关系一般是平等的。

标准的UML对于关联关系的表示法只使用一条直线来表示，它表明两个类对象可以互相“知道”，但有时为表明A“知道”B，但B并不“知道”A，即关系是单向的，可使用一条带箭头的直线来表示，如图1-4（b）所示。当然关联关系还存在自关联和多维关联，本书中暂不涉及。

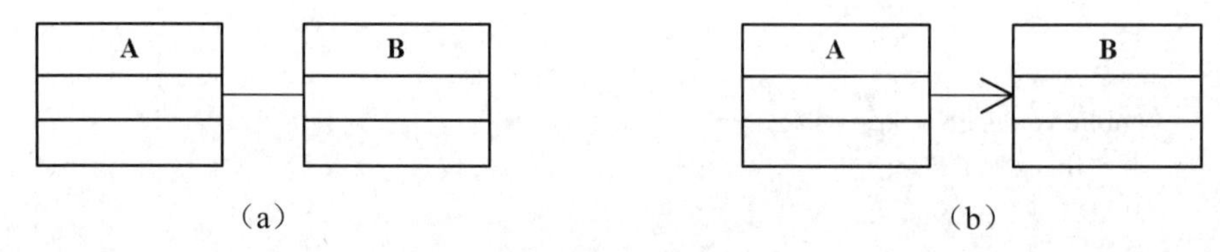


图1-4 关联关系表示法

关联关系在面向对象语言中实现时，表示类A引用了一个类型为关系类B的全局变量，即类B对象常常作为属性在类A中进行引用。

**【示例】**

服装生产中针对每一款号的衣服均会有多个工序，而在每道工序进行加工时，都会在相应的车种上进行加工，这也就是说工序加工时是需要知道车种信息，因此工序Process和车种CarType之间的关系则是一种关联关系并且是一种单向关系，如图1-5所示。

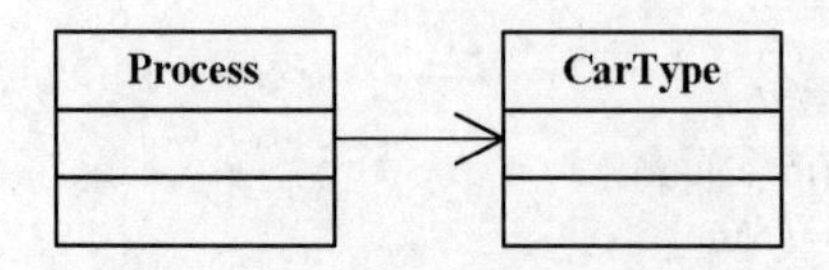


图1-5 工序和车种之间的关系

在程序世界中，工序 Process 使用车种 CarType 只需要将 CarType 作为 Process 的属性即可。参考代码如下：

CarType 类：

```
public class CarType {
}
```

Process 类：

```
public class Process {
    CarType carType;
}
```

2. 依赖关系

依赖关系是使用一条带箭头的虚线表示，如图 1-6 所示。此关系可描述为一个对象的修改会导致另一个对象的修改。与关联不同的是，依赖关系除了“知道”其对象的存在，还会“使用”其对象的属性或方法，即依赖是一种特殊的关联关系。依赖关系具有偶然性、临时性，但类 B 的变化会影响到类 A。比如当要写字时，需要借助笔，此时写字者和笔之间的关系就是依赖，笔的变化会影响写字者的写字操作。

同样，依赖也有单向依赖和双向依赖之分，但是依赖关系却不像关联关系那样有带箭头和不带箭头之分，均使用带箭头的虚线。因为在面向对象设计中，双向依赖是一种非常不好的结构，在设计时应当保持单向依赖，杜绝双向依赖关系的产生。

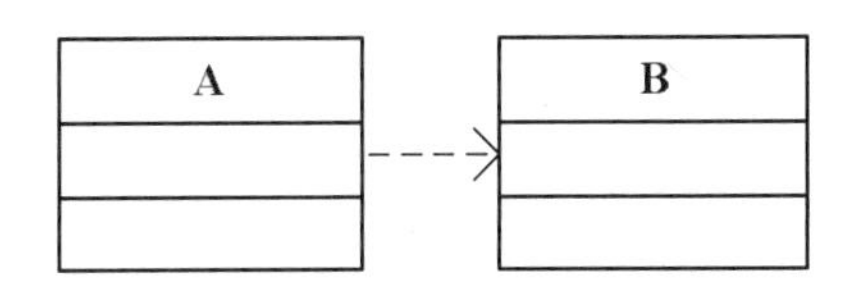


图 1-6　依赖关系表示法

依赖关系在面向对象编程语言中进行实现时，类 B 对象常常在类 A 的某一个操作中使用。

**【示例】**

程序员使用电脑是常事，也就是说作为程序员（Programmer）在编程时需要使用电脑（Computer），这时程序员就依赖于电脑。程序员使用电脑的类图如图 1-7 所示。

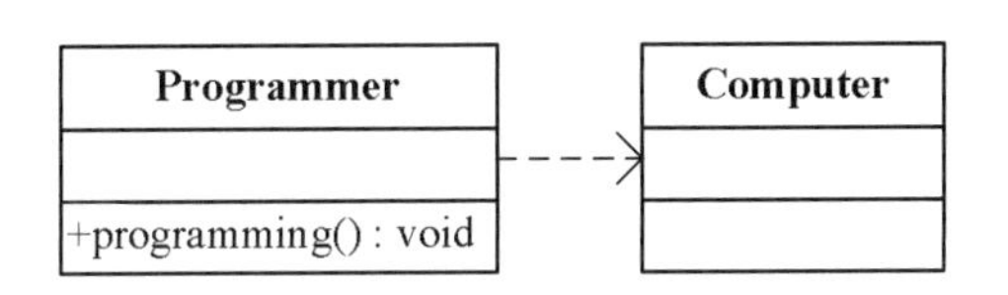


图 1-7　程序员使用电脑类图

在程序世界中，Programmer 类如何使用 Computer 类呢？主要是有 3 种形式：

第 1 种：Computer 类是公有的，Programmer 类直接调用它。这种情况下就如同单位公共电脑，程序员无需做申请，都可以使用。代码如下：

Computer 类：

```
public class Computer{

}
```

Programmer 类：

```
class Programmer{
        public void programming(){
         //此处不用声明变量，直接调用 Computer 类的方法
        }
}
```

第 2 种：Computer 类是 Programmer 类中某个方法的局部变量。代码如下：

Computer 类：

```
class Computer {
}
```

Programmer 类：

```
class Programmer {
    public void programming(){
        Computer computer = new Computer();
    }
}
```

Programmer 有一个 programming 方法，Computer 类作为该方法的变量来使用。即 Computer 类的持有者是 programming 方法，只有该方法被调用时才被实例化。

第 3 种：Computer 类保持不变，只是 Programmer 类使用 Computer 类的方式进行修改。例如，作为形式参数或返回值类型存在。此时 Programmer 类代码如下：

Programmer 类：

```
class Programmer {
    public Computer programming(Computer computer){
        return null;
    }
}
```

这时 Computer 类被 Programmer 类的一个方法所持有，Computer 类对象生命周期会随着方法执行的结束而结束。

在依赖关系中，使用较多的是第 3 种方式。

从上述讲解来看，关联和依赖的区别主要表现在 2 个方面：

（1）从类的属性是否增加的角度来看。发生依赖关系的两个类不会增加属性。其中一个类作为另一个类的方法的参数或返回值，或是某个方法的变量存在。

发生关联关系的两个类，其中一个类成为另一个类的属性，而属性是一种更为紧密的耦合，成为长久的持有关系。

（2）从关系的生命周期来看。依赖关系是仅当类的方法被调用时而存在，随着方法的结束而结束。

关联关系是当类实例化的时候即产生，当类销毁时结束。相比依赖来言，关联关系的生存期更长。

3. 聚合关系

聚合关系用一条带空心菱形箭头的直线表示，如图 1-8（a）所示，它表明 A 聚合到 B 上，或者说 B 由 A 聚合而成。聚合关系主要表示实体对象之间的关系，表达整体由部分构成的语

义，即 has-a 关系。如图 1-8（b）所示一个部门由许多员工构成。

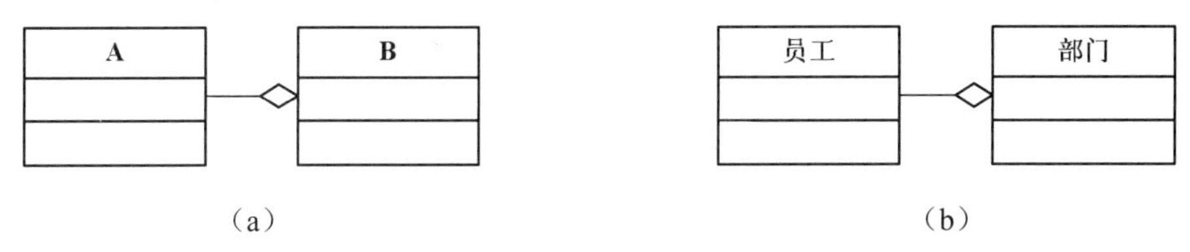


图 1-8　聚合关系表示法

聚合关系中的整体和部分不是强依赖，即使整体不存在，部分仍然存在，例如部门撤销以后，人员依然存在。不同的 UML 建模工具中对于聚合的表示符号并不完全一致，如 Visio 中可以为聚合关系指定有向性，即是双向关系还是单向关系。

聚合关系在面向对象编程语言中进行实现时，和关联关系是一致的，往往是类 A 以集合的形式在类 B 中作为属性进行引用。

**【示例】**

这里引用程杰《大话设计模式》里举的大雁的例子。

大雁喜欢热闹害怕孤独，所以它们一直过着群居的生活，这样就有了雁群，每一只大雁都有自己的雁群，每个雁群都有好多大雁，大雁 Goose 与雁群 GooseGroup 之间的关系就是聚合关系，如图 1-9 所示。

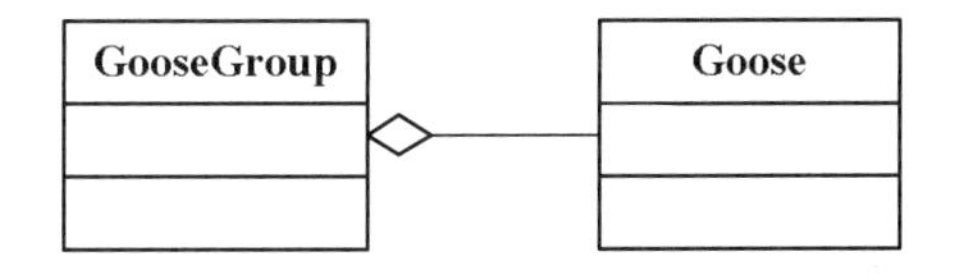


图 1-9　雁群与大雁的聚合关系

雁群和大雁关系的代码如下：

Goose 类：

```
public class Goose {

}
```

GooseGroup 类：

```
public class GooseGroup {
    public List<Goose> gooses;
    public GooseGroup(List<Goose> gooses){
        this.gooses = gooses;      //仅赋值，不实例化
    }
}
```

4. 组合关系

组合关系使用一条带实心菱形箭头的直线表示，如图 1-10（a）所示，它表明 A 组合成 B，或者说 B 由 A 组合而成。组合关系用于表示实体对象关系，表达整体拥有部分的语义。如图 1-10（b）所示，1 个母公司可拥有多个子公司。

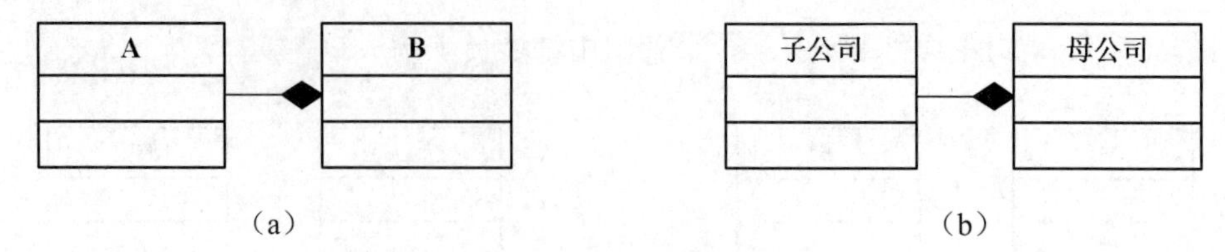


图 1-10　组合关系表示法

组合关系是一种强依赖的特殊聚合关系，如果整体不存在，则部分也将消亡。如母公司解体了，子公司也将不复存在。

组合关系在面向对象编程语言中进行实现时，和关联关系一致，往往是类 A 以集合的形式在类 B 构造方法中进行实例化。

**【示例】**

接着聚合中的大雁示例来举例，每只大雁都有两只翅膀，大雁 Goose 与雁翅 Wing 的关系则是组合关系，如图 1-11 所示。

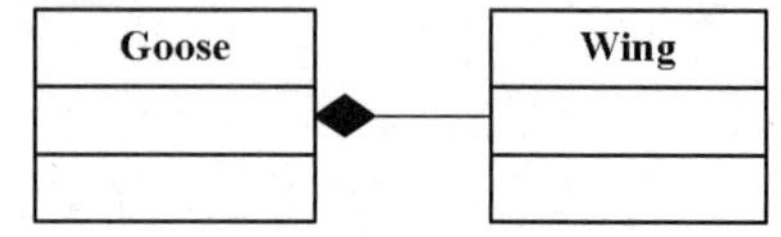


图 1-11　大雁与雁翅的组合关系

大雁与雁翅之间关系的代码如下：

Wing 类：

```
public class Wing {

}
```

Goose 类：

```
public class Goose {
    public List<Wing> wings;
    public Goose(){
        wings = new ArrayList<Wing>();
    }
}
```

通过例子可以看出，聚合关系明显没有组合紧密，大雁不会因为它们的群主将雁群解散而无法生存，而雁翅则无法脱离大雁而单独生存，这也说明组合关系的类具有相同的生命周期。

聚合和组合的关系区别主要体现在 2 个方面：

（1）构造方法不同。聚合类的构造方法中包含另一个类的实例作为参数，因为构造方法中传递另一个类的实例，因此示例中的大雁类可以脱离雁群独立存在；组合类的构造方法包含另一个类的实例化，因为在构造方法中进行实例化，因此两者紧密耦合在一起，同生同死，翅膀类不能脱离大雁类存在。

（2）信息的封装性不同。在聚合关系中，使用者可同时了解到雁群类和大雁类，因为他们是独立的；而在组合关系中，使用者只认识到大雁类，根本不知道翅膀类的存在，因为翅膀类封装在大雁类中。

5. 泛化关系

泛化关系使用一条带空心箭头的直线表示，如图 1-12 所示，它表明 A 继承了 B。

泛化关系说明两个对象之间的继承关系，是从后代类到其祖先类的关系。

泛化关系在面向对象编程语言中进行实现时，主要是在类声明时使用，如在 Java 语言中实现图 1-12 泛化关系，则类 A 的声明应为：class A extends B。

6. 实现关系

实现关系使用一条带空心箭头的虚线表示，如图 1-13 所示，表明 A 实现 B。

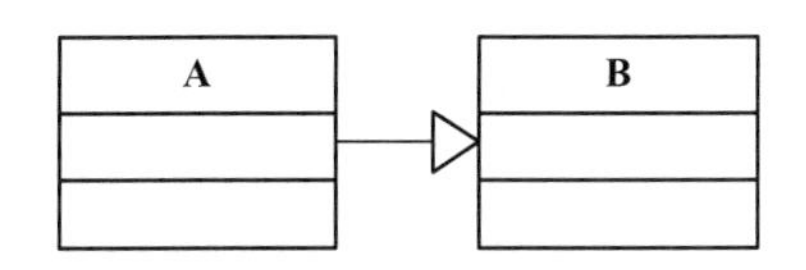


图 1-12 泛化关系表示法

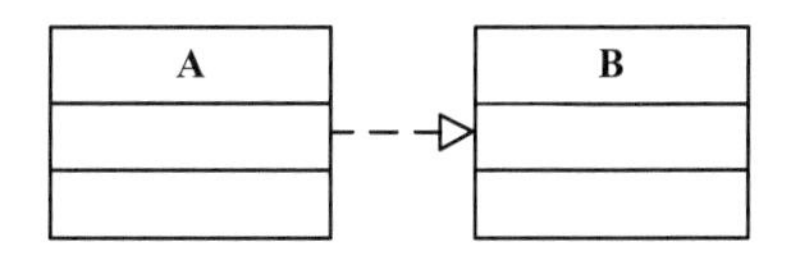


图 1-13 实现关系表示法

实现关系和继承关系类似，也是表明两个对象之间的继承关系，通常祖先类应是一个接口。

与泛化关系类似，实现关系在面向对象编程语言中进行实现时，主要是类声明时使用，如在 Java 语言中实现图 1-13 实现关系，则类 A 的声明应为：class A implements B。

## 1.3 如何阅读类图

要掌握 UML 中类图的使用方法，并能够灵活地使用 UML 类图进行相关设计，首先必须学会正确地阅读类图，并理解它们的含义。本节将介绍如何阅读类图。

在前面已经认识了类图的表示法，也就是说已具备了阅读类图的基础，随后在实践中进行巩固。

1. 类图的基本部分

图 1-14 是针对“电子商务网站”软件系统进行建模的结果，也是一个只包含基本建模元素的简单类图。

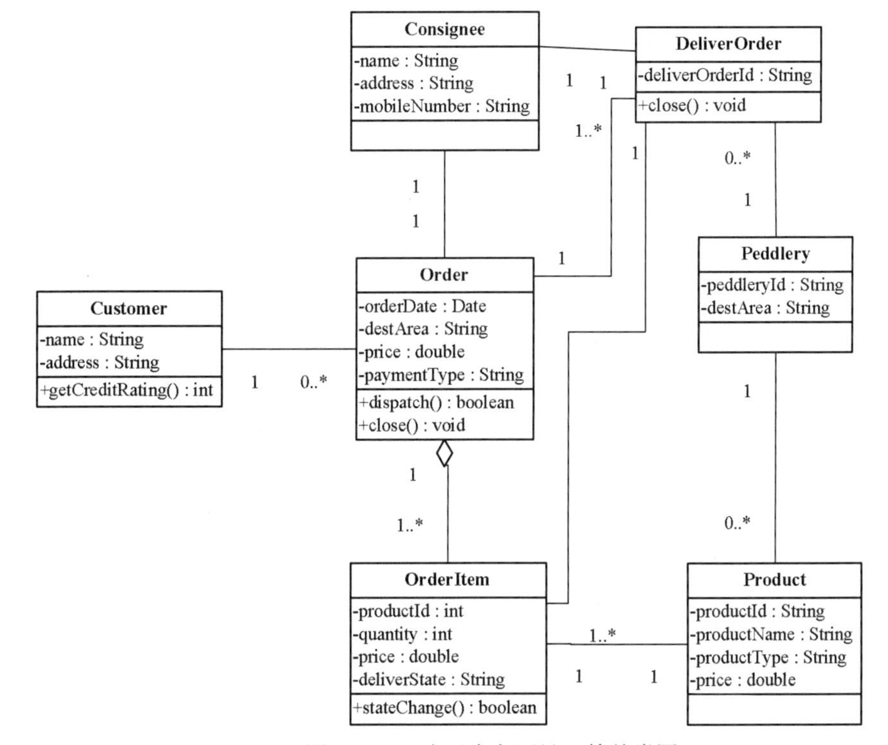


图 1-14 “电子商务网站”简单类图

在阅读这种简单类图时，重点在于把握三项内容：类、关系、多重性，其阅读的顺序应遵循以下原则：

先看清有哪些类，然后看类之间存在的关系，并结合多重性来理解类图的结构特点以及各个属性和方法的含义。

（1）类。依据前面类的表示法，图 1-14 中共有 7 个类：分别是 Customer（客户）类、Consignee（收货人）类、Order（订单）类、OrderItem（订单项）类、DeliverOrder（送货单）类、Peddlery（商户）类、Product（产品）类，并且每个类都定义了相应的属性和方法，如客户类 Customer，它的属性有 name（姓名）、address（地址），方法有 getCreditRating（获取信用等级）。

（2）关系。对于类图关系的阅读，首先从图中最复杂的类，即线最密集的类开始阅读。从图 1-14 中可以看出，Order（订单）类的关系最为复杂。然后逐一分析该类与其他类之间的关系。随后再分析第二复杂的类，并分析类之间的关系，依此类推，直到所有类及其关系阅读完毕为止。

依据前面讲解的类之间的关系及表示法，Order（订单）类和 OrderItem（订单项）类是聚合关系，也就是说 Order 包含 OrderItem；Order 类和 Customer、Consignee、DeliverOrder 之间是关联关系，即一个订单和客户、收货人、送货单是相关的。

图 1-14 中第二复杂的类就是 DeliverOrder（送货单），和它相关的也有 4 个类：Order、OrderItem、Consignee、Peddlery，根据类之间的关系表示法可看出，送货单与订单、订单项、商户、收货人是相关联的。

分析完 Order 类和 DeliverOrder 类之后，只有 Product（产品）类及与它相关的关系未分析。Product 类关联的类有 Peddlery 和 OrderItem，显示产品属于某个商户，并且订单项中必须指明是什么产品，即产品类和商户及订单项之间是关联关系。

（3）多重性。多重性是用来说明关联的两个类之间的数量关系，其表示格式为“n...m”，其中 n 定义所连接的最少对象的数目，以整数来表示，m 则为最多对象数（当不知道确切的最大数时，最大数可使用*来替代，当然不同的 UML 建模工具中可能表示方法不完全相同）。最常见的多重性定义有 0..1，0..n，1，1..n，n 等。

依据多重性概念，从图 1-14 中可分析出类的关联关系见表 1-1。

**表 1-1 类的关联关系分析**

| 源类及多重性 | 目标类及多重性 | 分析 |
|---|---|---|
| Customer(1) | Order(0..*) | 订单属于某个客户，网站的客户可以有 0 个或多个订单 |
| Order(1) | Consignee(1) | 每个订单只能有一个收货人 |
| Order(1) | OrderItem(1..*) | 订单由订单项组成，至少要有一个订单项，最多数目不确定 |
| Order(1) | DeliverOrder(1..*) | 一个订单有一个或多个送货单 |
| DeliverOrder(1) | OrderItem(1..*) | 一张送货单对应订单中的一个或多个订单项 |
| DeliverOrder(1) | Consignee(1) | 每张送货单都对应着一个收货人 |
| Peddlery(1) | DeliverOrder(1..*) | 每个商户可以有相关的 0 个或多个送货单 |
| OrderItem(1) | Product(1) | 每个订单项中都包含着唯一的一个产品 |
| Peddlery(1) | Product(0..n) | 产品属于某个商户，每个商户可有 0 到多个产品 |

2. 类图的增强部分

有时为更精确地表达模型的含义，可能会对简单的类图进行精化，加入一些辅助的建模元素，如图 1-15 所示。

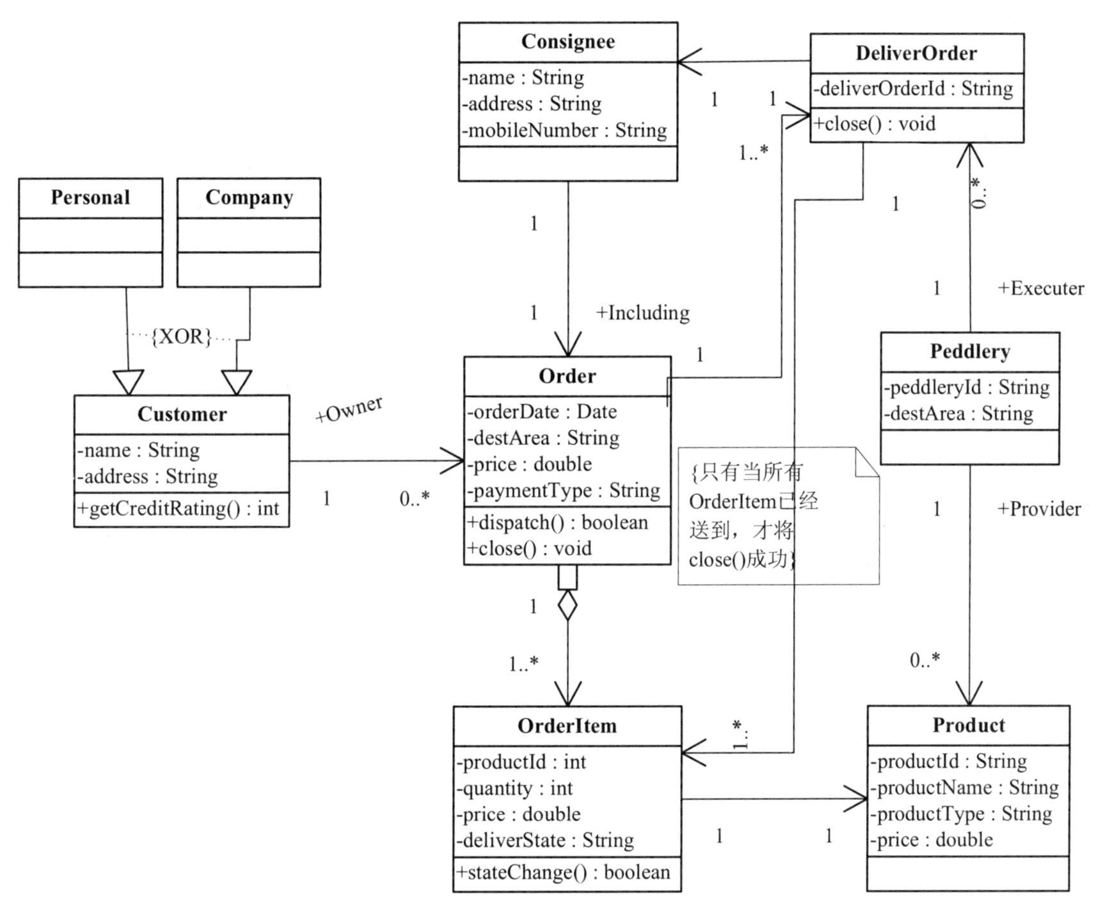


图 1-15　加入辅助元素后的增强型类图

图 1-15 和图 1-14 相比，在类的数量上增加了两个：一个是 Personal（个人客户）类和 Company（公司客户）类，它们两个都是从 Customer 类继承而来。除增加的新的类之外，还增加了一些新的元素，这些元素能够更好地描述类图。

（1）导航箭头。从图 1-15 中可以看出，图中的关联关系相比于图 1-14 多出了箭头，即表明了关联关系的方向性，说明类之间是单向关联，而这个箭头在 UML 中表示为导航箭头，它表明了可以从源类的任何对象到目标类的一个或多个对象。箭头指向的是目标类，另外一边是源类。从语义上来说，类的实例之间只能沿着导航箭头的方向传递。

比如可以从 Customer 对象到 Order 对象，但不能从 Order 对象到 Customer 对象。也就是说在 Customer 对象中可获取到相应的 Order 对象，但从 Order 对象中无法得知 Customer 对象。

（2）角色名称。从图 1-15 中可以看出，在有些关联关系中的某一端会多出一个字符串，如 Customer 和 Order 之间的关联中，Customer 端有一个“+Owner”字符串，这个字符串称为角色名称，表示 Customer 是 Order 的所有者（Owner）。角色名称通常是名词短语，表示由关联实例链接的对象所扮演的角色，通过角色名称可以使得类之间的关联关系更加清晰化。相应地可以看出，类 Order 包含（Including）了 Consignee，Peddlery 是 Product 的提供者（Provider），并且是 DeliverOrder 的执行者（Executor）。

（3）限定符。图 1-15 和图 1-14 相比，在 Order 和 OrderItem 之间的聚合关系中，Order 端多了一个方框，它在 UML 中称为限定符。存在限定符的关联称为受限关联，用来表示某种限定关系。在本例中，说明对于一张订单，每一种产品只能用一个订单项。UML 标准中限定符是可以显示其内容的，但 Visio 中限定符内容不显示。

（4）约束。在图 1-15 中可看出，Order 类右边有一个使用大括号括起来的文本，里面写着“只有当所有的 OrderItem 已经送到，才将 close()成功”，而在 Personal 和 Company 类当中则有一根虚线，上面写着“{XOR}”。在 UML 类图中，这种以大括号括起来的，放在建模元素外边的字符串就是约束。本实例中的约束使用自由文本形式来表示。Order 类右边的约束表明每送完一个 DeliverOrder，就会将其包含的 OrderItem 的 deliverState 修改成 true，而对于 Order，调用 close()成功的基础是它所包含的所有 OrderItem 的 deliverState 值都是 true 才可以。

而 Personal 和 Company 类与 Customer 类之间的约束是一种关联间的约束，表示一个 Customer 要么是 Personal，要么是 Company。

## 1.4 本章小结

本章主要介绍了如何使用 UML 对类、类之间关系进行描述，并提供了一种阅读复杂类图的方法。类是具有相似结构、行为和关系的一组对象的描述符，它显示了一组类、接口、协作以及它们之间的关系，是面向对象系统中最重要的构造块，也是 UML 的静态机制中的一个重点，不但是设计人员关心的核心，也是实现人员关注的核心。通过本章的学习，可以掌握设计类图的表达方法、类与类之间关系的表示及代码中编写类图和体现类之间关系的方法。

# 第 2 章　设计原则介绍

为更好地掌握面向对象的设计精髓，学习设计模式是最好的途径，而想真正掌握设计模式的精髓，首先必须好好地理解面向对象设计的设计原则。

本章主要介绍设计模式中的 7 大原则。

## 2.1　单一职责原则

### 2.1.1　引题

现代社会，手机的使用已经很普遍。电话通话的时候需要 4 个过程：拨号、通话、回应、挂机。打电话只是一个顺序，并没有业务逻辑，因此可将电话定义为一个接口，代码如下：

```
public interface Phone {
    public boolean dial(String phoneNumber);//拨号
    public void chat(Object object);//通话及回应
    public boolean hangUp();//挂机
}
```

相应对应的类设计，如图 2-1 所示。

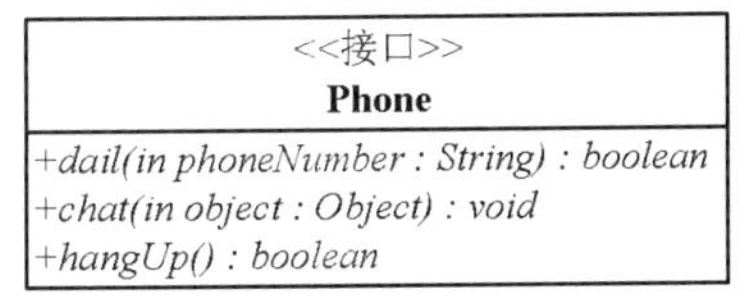


图 2-1　电话类图

Phone 接口类主要负责两件事情：一件是拨号 dail()和挂机 hangUp()负责的协议管理，另一件是双方对话 chat()负责的数据传递。dail()实现拨号接通，hangUp()实现挂机，而 chat()实现将打电话者所说的话转换为模拟信号或数字信号传递到接收者，然后再把接收者传递过来的信号还原成拨打电话者能听得懂的语言。依据分析可以看出，电话接通所使用的协议变化会引起 Phone 类的变化，而数据的传递同样会引起 Phone 类的变化，因为现在手机的数据传递不仅包括电话，还包括上网数据的传递，也就是说 Phone 类有两个引起其变化的原因。正常来言，拨打电话只要接通即可，不用管数据的传递，而打电话时即数据传递并不关心电话接通时所使用的协议。这样就可以将 Phone 负责的两件事情，分别使用两个接口来完成，即它的两个职责的变化不相互影响，修改后的代码如下：

负责协议管理的 ConnectionManager 接口：

```
public interface ConnectionManager {
    public boolean dial(String phoneNumber);//拨号
    public boolean hangUp();//挂机
}
```

负责数据传递的 DataTransfer 接口：

```
public interface DataTransfer {
    public void chat(ConnectionManager connectionManager);    //通话及回应
}
```

Phone 类：

```
public class Phone implements ConnectionManager,DataTransfer{

    @Override
    public void chat(ConnectionManager connectionManager) {
    }
    @Override
    public boolean dial(String phoneNumber) {
        return false;
    }
    @Override
    public boolean hangUp() {
        return false;
    }
}
```

相应地类图设计，如图 2-2 所示。

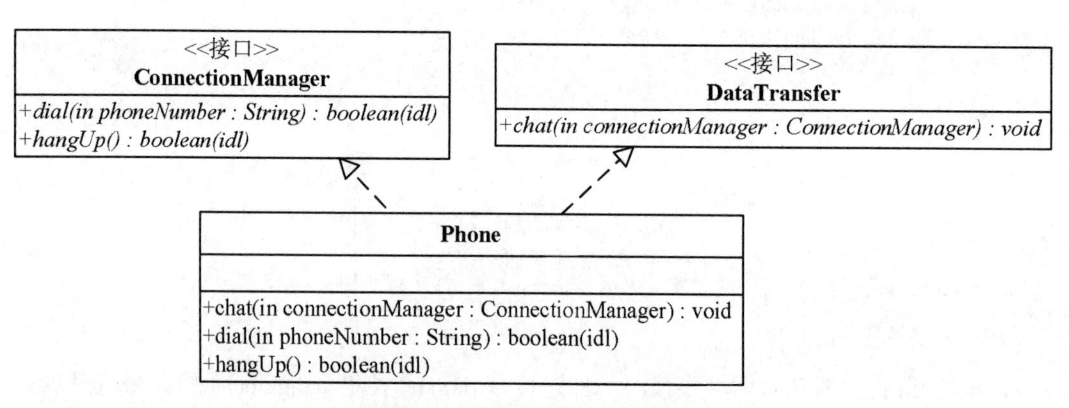


图 2-2　职责分明的电话类图

从图 2-2 中可以看出，Phone 类实现了两个接口，把两个职责融合在一个类中。这样两个原本引起 Phone 类变化的原因分别被封装在两个不同的接口中，而每一个接口仅负责一个引起它们变化的原因，这种设计方案符合的设计原则也正是本节随后讲解的单一职责原则。

### 2.1.2　相关知识

单一职责原则（Single Responsibility Principle，SRP）定义：就一个类而言，应该仅有一个引起它变化的原因。

单一职责原则提出了一个设计程序的标准，用“职责”或“变化原因”来衡量接口或类设计是否优良，但是“职责”和“变化原因”都是不可度量的，所以此原则很难在项目中体现。

单一职责原则适用于接口、类和方法。建议接口一定要做到单一职责，类的设计尽量做到只有一个原因引起变化，而方法尽可能只做一件事情。

遵循单一职责原则的优点有：

（1）降低类的复杂性，一个类只负责一项职责，其逻辑肯定要比负责多项职责简单很多；

（2）提高类的可读性，提高系统的可维护性；

（3）降低变更引起的风险，变更是必然的，如果单一职责原则遵守的好，当修改一个功能时，可以显著降低对其他功能的影响，这对系统的扩展性、可维护性都有非常大的提升。

**说明：**单一职责原则并不是面向对象思想中特有的，只要是模块化的程序设计，单一职责原则都是要遵循的。

### 2.1.3　应用

RBAC（Role-Based Access Control，基于角色的访问控制）在很多项目中都有应用，主要是通过分配和取消角色来完成用户权限的授予和取消，使动作主体（用户）与资源行为（权限）分离。假定本项目在使用 RBAC 时能够进行用户管理、修改用户的信息（包括用户 ID，用户名和用户密码等）、增加机构（一个人可属于多个机构）、增加角色等。试遵循单一职责原则进行 RBAC 模型中用户管理的类图设计。

根据描述来看，为保证类仅有一个引起其变化的原因，此处可将用户信息（包括用户 ID、用户名和用户密码等）抽取成一个业务对象（Business Object，BO），而将用户的行为（如增加机构、增加角色、修改用户信息等）抽取成一个业务逻辑（Business Logic，BL）。在进行用户管理时，既要获得用户的信息也要维护用户的信息，所以定义一个用户信息管理类作为业务对象和业务逻辑的子类。设计类图如图 2-3 所示。

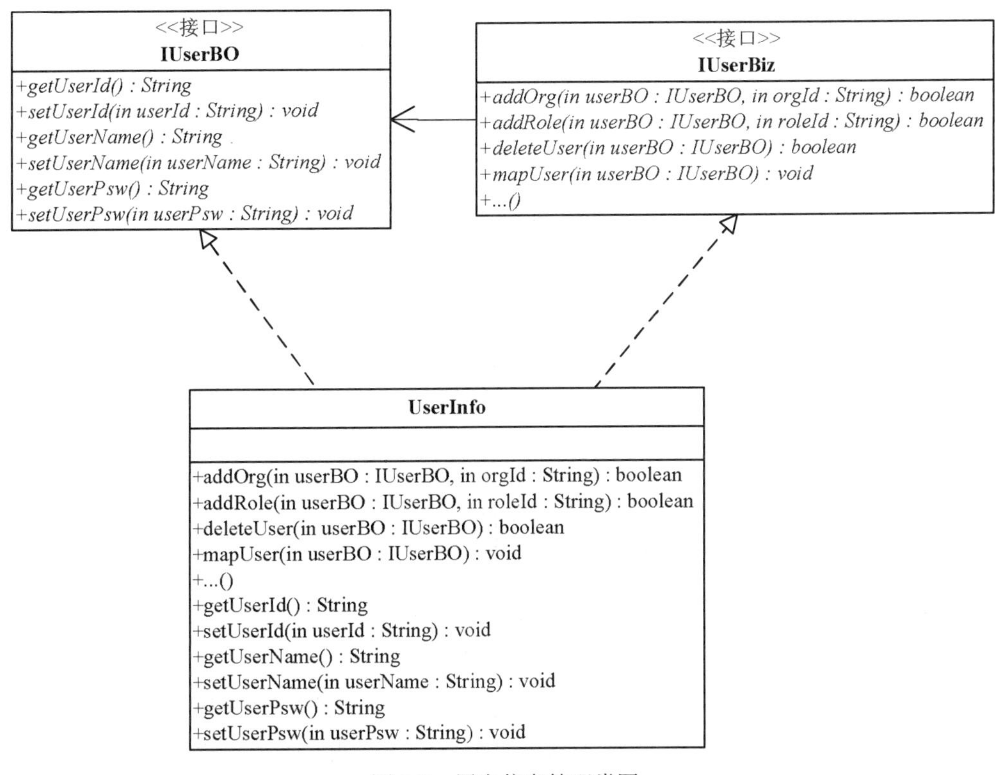


图 2-3　用户信息管理类图

图 2-3 中 IUserBO 负责用户的属性操作，即收集和反馈用户的属性信息；IUserBiz 负责用户的行为，即完成用户信息的维护和变更。UserInfo 作为 IUserBO 和 IUserBiz 两个接口的子类，既能收集和反馈用户信息，也可以进行维护和变更用户信息。IUserBO 和 IUserBiz 较好地符合了单一职责原则。

UserInfo 类对象可作为两个不同接口子类来使用，如要获得用户信息，就当是 IUserBO 的实现类；要是维护用户的信息，就把它当作 IUserBiz 的实现类来使用。在实际项目中，有时会将 UserInfo 类分成两个类，如图 2-4 所示。

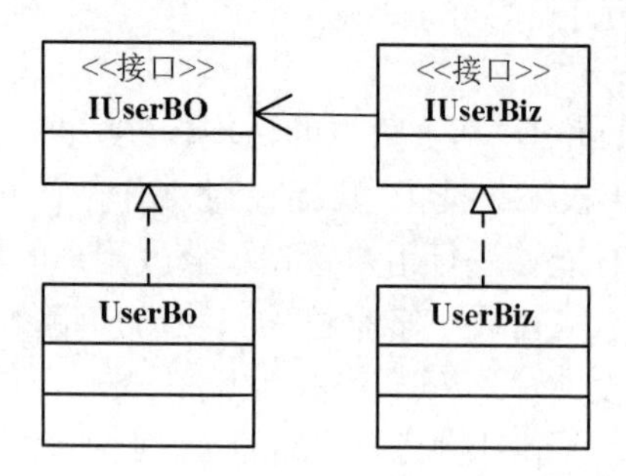


图 2-4 实际项目中使用的 SRP 类图

图 2-4 的设计方案不仅做到了接口的单一职责，并且类也仅有一个引起变化的原因，同样方法也符合单一职责原则，像 IUserBO 的方法均是针对某一属性的操作，而不是针对整个用户信息的操作。

## 2.2 里氏替换原则

### 2.2.1 引题

《墨子·小取》中说，“白马，马也；乘白马，乘马也。骊马，马也；乘骊马，乘马也”。文中的骊马是黑的马。意思就是白马和黑马都是马，乘白马或者乘黑马就是乘马。可对文中的马进行一个类设计，如图 2-5 所示。

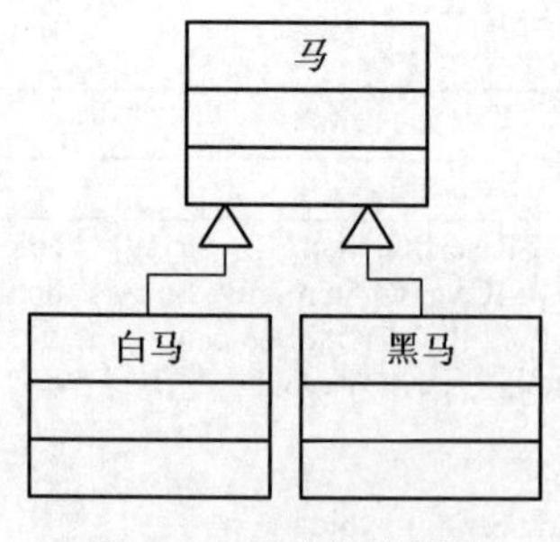


图 2-5 马的设计类图

通过图 2-5 可看出，马是一个父类，白马和黑马都是马的子类，我们说乘马是没有问题的，那么将父类马替换成白马或黑马，即是说乘白马或者乘黑马也是没有问题的。这实质上就是面向对象中继承的使用，即本节要讲的里氏替换原则的一个体现。

### 2.2.2　相关知识

里氏替换原则（Liskov Substitution Principle，LSP）定义 1：如果对每一个类型为 S 的对象 o1，都有类型为 T 的对象 o2，使得以 T 定义的所有程序 P 在所有的对象 o1 都替换为 o2 时，程序 P 的行为没有发生变化，那么类型 S 是类型 T 的子类型（If for each object o1 of type S there is an object o2 of type T such that for all programs P defined in terms of T, the behavior of P is unchanged when o1 is substituted for o2 then S is an subtype of T.）。

里氏替换原则（Liskov Substitution Principle，LSP）定义 2：所有引用基类的地方必须能透明地使用其子类对象（Function that use pointers or references to base classes must be able to use objects of derived class without knowing it.）。

里氏替换原则的定义 1 是最正宗的，定义 2 是最清晰明确的。通俗点讲，里氏替换原则表明只要父类出现的地方子类均可出现，即子类可以替换为父类，而且替换为子类也不会产生任何错误或异常，使用者根本不需要知道是父类还是子类。

欲遵循里氏替换原则，要求子类可扩展父类的功能，但不能修改父类原有功能。它包含 4 层含义：

（1）子类可以实现父类的抽象方法，但不能覆盖父类的非抽象方法。

（2）子类中可以增加自己特有的方法。

（3）当子类的方法重载父类的方法时，方法的前置条件（即方法的形参）要比父类方法的输入参数更宽松。

（4）当子类的方法实现父类的抽象方法时，方法的后置条件（即方法的返回值）要比父类更严格。

采用里氏替换原则可以增强程序的健壮性，版本升级时可保持较好的兼容性，且当增加子类时，原有的子类仍可继续运行。

在实际项目中采用里氏替换原则时，应尽量避免子类的“个性”，如果子类有“个性”，这个时候子类和父类的关系就比较难设计，因为如果仍将子类作为父类使用，则子类的“个性”会被抹杀，而如果不作为父类使用，则二者的关系将变得捉摸不定。所以采用里氏替换原则时对于父类或接口应制定一个契约，应遵循契约进行设计。

里氏替换原则同时也提醒我们：如果一个继承类的对象在基类出现的地方出现错误，则该子类不应该从该基类继承，或者说，应该重新设计它们之间的关系，只要符合里氏替换原则的类扩展不会给已有系统引入新的错误。

### 2.2.3　应用

假如已有一个长方形类 Rectangle，现应用中需要一个新的类正方形 Square，试设计 Square 类可否作为 Rectangle 类的子类？

从数学角度考虑，正方形是一个特殊的长方形，让正方形 Square 类作为长方形 Rectangle 类的子类完全没有问题，很容易想到设计方案，如图 2-6 所示。

图 2-6 中在 Square 类中重写了父类 setHeight(int)和 setWidth(int)方法，因为正方形宽高是相同的，不管是通过哪个方法来设置，都必须保证宽高的值相同。

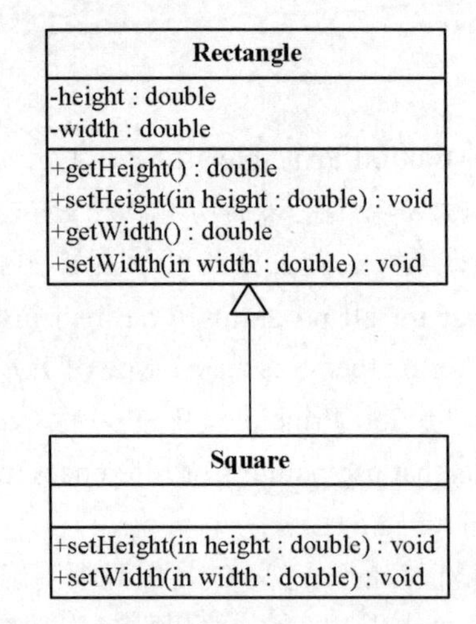


图 2-6　正方形作为长方形子类的设计类图

实现图 2-6 中的示例代码如下：

Rectangle 类：

```
public class Rectangle{
        private double height;
        private double width;
        public double getHeight(){
            return height;
        }
        public void setHeight(double    height){
            this.height = heigth;
        }
        public double getWidth(){
            return width;
        }
        public void setWidth(double width){
            this.width = width;
        }
}
```

Square 类：

```
public class Square extends Rectangle{
        public void setHeight(double height){
            super.setWidth(height);
            super.setHeight(height);
        }
        public void setWidth(double width){
            super.setWidth(width);
            super.setHeight(width);
        }
}
```

图 2-6 的设计符合里氏替换原则吗？对于长方形，通常大家会认为长方形的长大于宽。假

如有一个方法用于保证长方形的长不短于长方形的宽，即如果长方形的长比宽短时，将长的值加 1。示例代码如下：

```
public static void reSize(Rectangle rectangle){
    while(rectangle.getHeight() <= rectangle.getWidth()){
        rectangle.setHeight(rectangle.getHeight()+1);
    }
}
```

reSize()方法对于长方形来说没有问题，而对于正方形来言，在程序测试时会出现无限循环，现实生活中正方形不就是长方形的子类吗？对于父类 Rectangle 类可行的方法，对于子类 Square 类却行不通，依据前面对里氏替换原则相关知识的描述来看，子类 Square 在实现 setHeight(int)和 setWidth(int)方法时添加了父类 Rectangle 中没有的约束，这样违背了里氏替换原则，带来了潜在的设计问题。

如何让设计方案符合里氏替换原则呢？可将 Rectangle 类和 Square 类中共性的行为抽取出来放到一个抽象类或接口中，而 Rectangle 类和 Square 类作为抽象类或接口的子类，并实现自己特有的行为即可，如对于正方形来言，只需要一个边而不是长和宽两个属性。设计方案如图 2-7 所示。

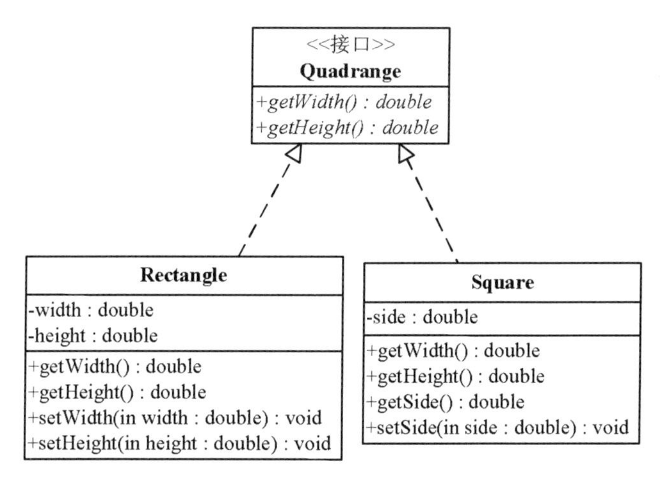


图 2-7　符合 LSP 的正方形和长方形关系设计类图

从图 2-7 可看出，Rectangle 和 Square 类之间没有了继承关系，二者是独立的两个类。这和数学上的逻辑思维并不完全相同。里氏替换原则实质上也就是“is-a”的关系，但这“is-a”是针对行为的，而不是数据，长方形可以分别设置宽和高，而正方形只能设置边长，所以从行为上来讲正方形和长方形之间的继承关系是不存在的。

当然在实现“is-a”关系时，行为方式是可以合理假设的，它是客户程序所依赖的。如鸵鸟和鸟之间的关系。试问鸵鸟是鸟吗？如果仅从外形特殊来看：鸵鸟有翅膀，鸟也有翅膀；鸵鸟有喙，鸟也有喙。但从行为上来看，鸟可以飞行，鸵鸟则是可以奔跑，相应的可获取鸟的飞行速度和鸵鸟的奔跑速度。如果仅从刚才所说的“is-a”是针对行为的，鸵鸟肯定不是鸟。但对于动物学家来言，它们只关心鸟的生理特征，即只关心鸟和鸵鸟的数据或者说是属性信息，所以对他们来说，鸵鸟就是鸟。

所以在看一个特定设计是否合理，是否符合里氏替换原则时，不能完全孤立地看这个解决方案，还要考虑设计时使用者提出的合理假设。

## 2.3 开-闭原则

### 2.3.1 引题

某个公司面试题目要求设计一个计算器，能够满足输入两个数和运算符号得到结果，暂时实现简单的加、减、乘、除操作即可。

这个题目大家比较熟悉，很容易可给出以下代码：

```
public class Operation {
    public static double getResult(double num1, double num2,char op){
        double result = 0;
        switch(op){
        case '+':
            result = num1 + num2;
            break;
        case '-':
            result = num1 - num2;
            break;
        case '*':
            result = num1 * num2;
            break;
        case '/':
            if(num2 != 0)
                result = num1 / num2;
            break;
        }
        return result;
    }
}

public class Program {
    public static void main(String[] args) {
        Scanner input = new Scanner(System.in);
        System.out.println("请输入第一个数字：");
        double num1 = input.nextDouble();
        System.out.println("请输入第二个数字：");
        double num2 = input.nextDouble();
        System.out.println("请输入运行符");
        //取输入字符串中第一个字符为操作运算符
        char op = input.next().charAt(0);
        System.out.println(num1+""+op+num2+"="+Operation.getResult(num1,num2,op));
}
```

代码中将业务逻辑与界面逻辑分开，设计方案如图 2-8 所示。

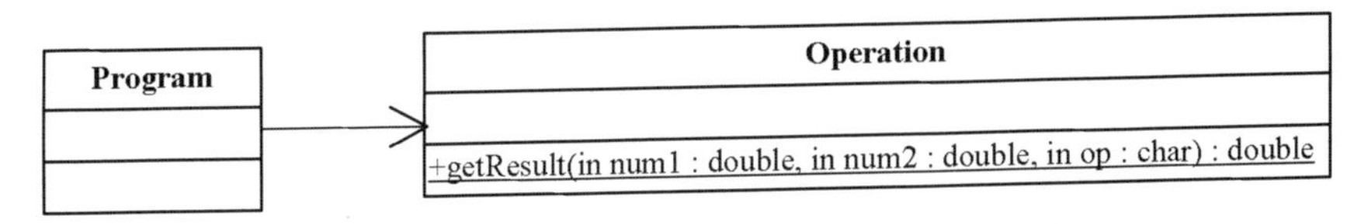


图 2-8 计算器设计方案一

Program 类负责界面逻辑，Operation 负责业务逻辑即两个数的运算。Program 类负责输入两个 double 变量及运算符（+、-、*、/），随后调用 Operation 类的静态方法 getResult(double,double,char)进行两个数的运算。设计中将两个数的运算封装在 Operation 类中，无论界面类如何变化，两个数的运算则不变，一定程度上可以实现运算类 Operation 的复用。

如果计算器需求发生变化，如增加开方运算，如何修改设计方案呢？看似设计方案并不需要更改，但代码中会修改 Operation 类，增加对于开方运算符的判断，这样会影响其他运算的操作，实质上是不合理的。使用面向对象中的继承和多态可解决此问题。将 Operation 类定义为一个抽象类，将不同操作分别封装为一个类作为 Operation 类的子类，这样再增加新的操作，就不用更改现有代码，而是通过增加新子类进行。修改后的代码变更如下：

Operation 只负责声明操作，不做实际的运算。

```
public abstract class Operation {
    protected double num1 = 0;
    protected double num2 = 0;
    public abstract double getResult();
}
```

AddOp 实现两个数的加操作。

```
public class AddOp extends Operation{
    public double getResult() {
        return num1+num2;
    }
}
```

SubOp 实现两个数的减操作。

```
public class SubOp extends Operation {
    @ Override
    public double getResult() {
        return num1-num2;
    }
}
```

MulOp 实现两个数的乘操作。

```
public class MulOp extends Operation{
    public double getResult() {
        return num1*num2;
    }
}
```

DivOp 实现两个数的除操作。

```
public class DivOp extends Operation{
    public double getResult() {
        if(num2 != 0)
```

```
            return num1/num2;
        return 0;
    }
}
```

完成两个数的开方运算操作假定封装在类 SqrtOp 中，参考代码如下：

```
/*实现 num1 开 num2 次方*/
public class SqrtOp extends Operation {
    @Override
    public double getResult() {
        if(num2 != 0)
            return Math.pow(num1,1/num2);//借助于 Math.pow()方法完成
        else
            return Double.MIN_VALUE;//返回最小值
    }
}
```

Program 负责数据的输入并依据运算符不同进行相应类的调用。

```
public class Program {
    public static void main(String[] args) {
        Scanner input = new Scanner(System.in);
        System.out.println("请输入第一个数字：");
        double num1 = input.nextDouble();
        System.out.println("请输入第二个数字：");
        double num2 = input.nextDouble();
        System.out.println("请输入运行符");
        //取输入字符串中第一个字符为操作运算符
        char op = input.next().charAt(0);
        Operation operation = null;
        switch(op){
        case '+':
            operation = new AddOp();
            break;
        case '-':
            operation = new SubOp();
            break;
        case '*':
            operation = new MulOp();
            break;
        case '/':
            operation = new DivOp();
            break;
        case 's'://用于标识开方操作
            operation = new SqrtOp();
            break;
        }

        operation.num1 = num1;
        operation.num2 = num2;
```

```
            System.out.println(num1+""+op+num2+"="+operation.getResult());
        }
    }
```

修改后的设计方案如图 2-9 所示。

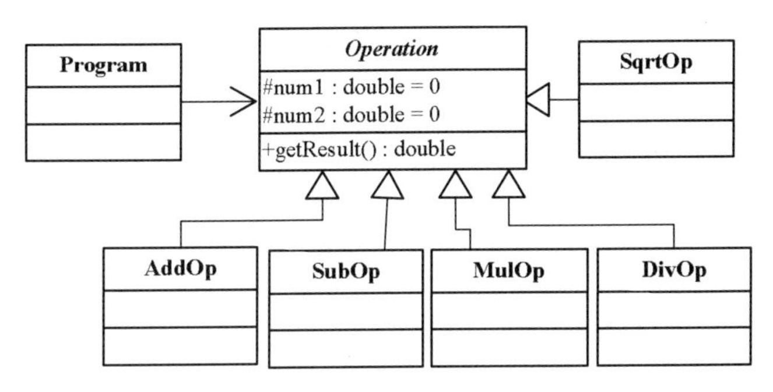


图 2-9　计算器设计方案二

图 2-9 设计方案中，Operation 类为抽象类，其中的 getResult()为抽象方法，由子类 AddOp、SubOp、MulOp、DivOp、SqrtOp 依据自己不同的操作进行相应的运算。这种设计方案很好地使用了面向对象的三大特征：封装、继承和多态。本方案在一定程度上也符合本节要讲的设计原则——开-闭原则。

### 2.3.2　相关知识

开-闭原则（Open-Closed Principle, OCP）定义：一个软件实体如类、模块和函数应对扩展开放，对修改关闭（Software entities like classes, modules and functions should be open for extension but closed for modifications.）。

开-闭原则的定义已明确指明软件实体应对扩展开放，对修改关闭，也就是说一个软件实体应通过扩展来实现变化，而不是通过修改已有的代码来实现变化。其中软件实体包括：

- 项目或软件产品中按照一定的逻辑规则划分的模块；
- 抽象的类；
- 方法。

对于一个软件产品来言，在其生命周期内最不变的就是变化，也就是说变化是必然的，所以应在设计时尽可能地适应这些变化，以提高项目的稳定性和灵活性。如何做到以不变应万遍，实质上是要求设计方案符合开-闭原则。

开-闭原则是一个非常抽象的原则，像一个口号，它没有说明应如何设计才能够达到对扩展开放，对修改关闭。但在实际工作中，可以使用抽象约束和封装变化来达到。

抽象约束规定抽象层尽量保持稳定，一旦确定就不允许修改；另外参数类型、引用对象应尽可能地使用抽象类，而不是实现类；再就是通过接口或抽象类约束扩展，对扩展进行边界限定。而封装变化则是封装可能发生变化的点，也就是找出预计有变化或不稳定的点，为其创建稳定的接口，通俗点说就是将相同的变化封装到一个接口或抽象类中，将不同的变化封装到不同的接口或抽象类中。

实现开-闭原则的关键步骤是抽象化，基类与子类之间的继承关系就是一种抽象化的体现。里氏替换原则是实现抽象化的一种规范。违反里氏替换原则意味着违反了开-闭原则，反之未必。里氏替换原则是使代码符合开-闭原则的一个重要保证。

开-闭原则中为做到对修改关闭，设计的业务逻辑粒度较小，基本上不可再拆分，这样业务逻辑被复用的可能性就大，所以说开-闭原则可提高复用性。相应地开-闭原则要求对扩展开放，即对于程序来言，当需要对其扩展时，是通过增加一个类完成，而不是修改一个类，这是维护人员愿意看到的，因为他们不用去读懂原有类的代码再进行修改，所以说开-闭原则可提高可维护性。

开-闭原则是一个终极目标，很多时候无法完全做到，但我们尽可能地满足，这样系统的架构会比较完善，能够真正地实现灵活应对变化点。

### 2.3.3 应用

“纸的时代”书店目前以销售小说类书籍为主，老板希望能够开发一个书店管理系统能够进行书籍销售情况的记录。现针对书店销售书籍的业务需要，请给出一个合理的设计方案。

书店能够进行书籍的销售，而书籍目前主要是一种类型，即小说类，设计方案比较简单，并且为迎合书店的变化，可将书籍封装为一个接口。具体参考以下代码：

书籍 Book 类代码：

```
public interface Book {
      public String getName();
      public double getPrice();
      public String getAuthor();
}
```

小说类书籍 NovelBook 类代码：

```
public class NovelBook implements Book {
      public String getName() {
            return null;        //默认情况下小说无书名信息
      }
      public double getPrice() {
            return 0;           //默认情况下小说价格为 0
      }
      public String getAuthor() {
            return null;        //默认情况下小说无作者信息
      }
      public NovelBook(String name, double price, String author) {
      }
}
```

书店 BookStrore 类代码：

```
public class BookStore {
      Book book;
}
```

相应地设计方案如图 2-10 所示。

设计方案能够较好地满足当前书店的需求，并且软件很快投产使用。随着时间的推移，书店出现新的业务，即对于一部分书籍可以打折销售，如对于价格在 50 元以上的书籍 9 折出售，40-50 元之间的书籍 8 折出售，而其他的书籍则是 7.5 折销售。此时对于一个已上线并稳定的项目来说，应如何应对此变化呢？

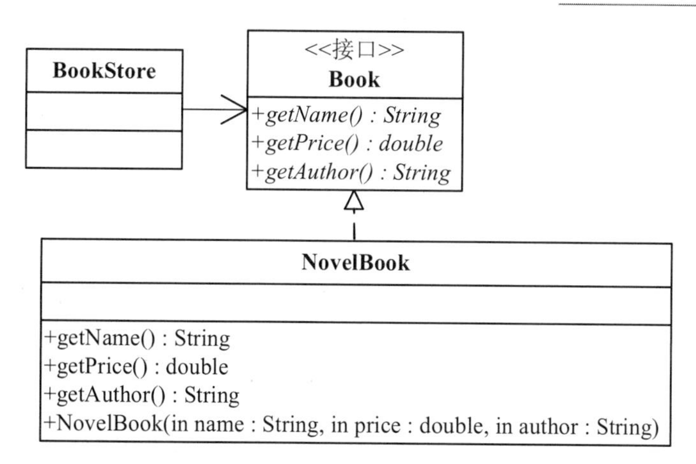


图 2-10　书店销售书籍类图

根据开-闭原则在已有的 Book 接口中新增打折书籍销售价格的计算很显然是不合适的，而如果直接在具体的实现类 NovelBook 中修改 getPrice()方法的方法体也不妥当，这两种方案对修改都不是关闭的。此时可考虑进行类的扩展，将打折书籍进行封装，封装为 DiscountNovelBook，让其作为 NovelBook 的子类，覆写 getPrice()方法，同时在 BookStore 中对打折书籍 DiscountNovelBook 进行引用。这种方案实现了对扩展开放，并且做到了修改最小。设计方案如图 2-11 所示。

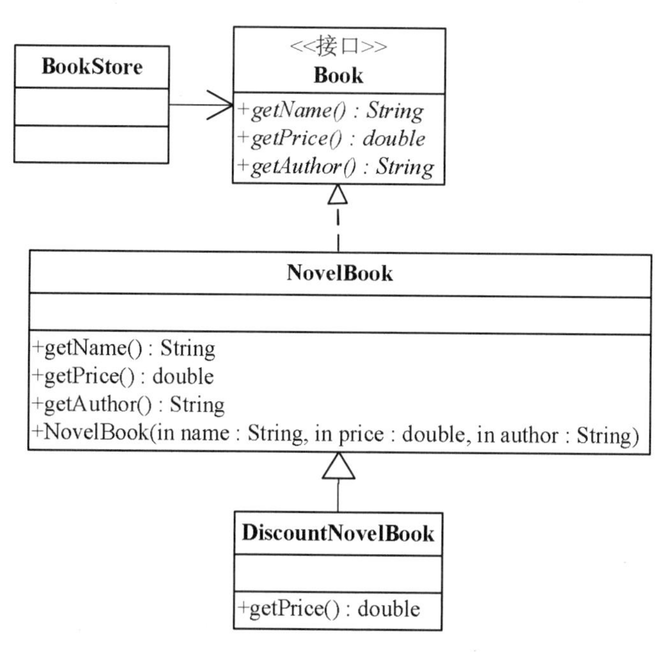


图 2-11　扩展后的书店销售书籍类图

图 2-11 的设计方案，通过扩展一个子类 DiscountNovelBook 应对了需求的变化，并未修改原有的模块代码，Book 接口没有发生变化，NovelBook 实现类也未改变，这样就保持了历史代码的纯洁性，提高系统的稳定性。当然在业务规则改变的情况下，高层模块 BookStore 必须有部分改变以适应新业务，但此方案的修改已做到最小，防止了变化风险的扩散。

# 2.4 依赖倒置原则

## 2.4.1 引题

“凯叔讲故事”订阅号当前有很多订阅者，凯叔会根据一本故事书的内容，惟妙惟肖地给大家讲述，深受很多家长和小朋友的喜欢。针对“凯叔讲故事”，试给出凯叔和故事书之间的设计类图。

对于“凯叔讲故事”中的“凯叔”来言，他是一个讲故事的人，可以抽象为一个类，而讲的“故事”则来源于“故事书”，所以可将“凯叔”讲的内容来源抽取为一个类，而“凯叔”和“故事书”之间的关系是“凯叔”可以讲故事，“故事”由“故事书”提供，这样看来，“凯叔”和“故事书”之间则是一个依赖关系。设计类图如图 2-12 所示。

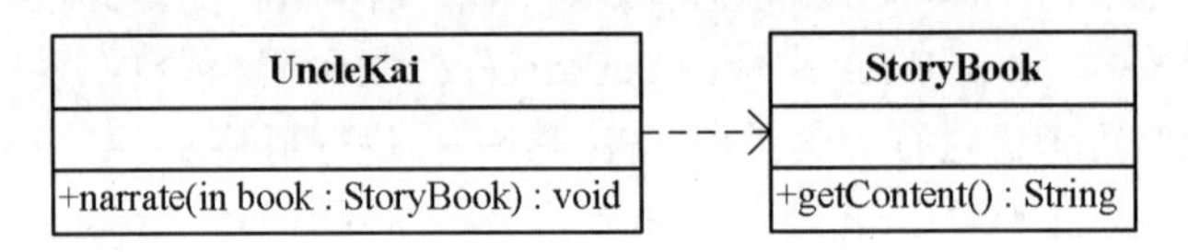


图 2-12 “凯叔讲故事”设计类图

图 2-12 中的 UncleKai 代表“凯叔”，StoryBook 代表“故事书”，StoryBook 中的 getContent()方法用于返回故事中的内容，而 UncleKai 中 narrate()方法用于讲述故事书中的故事。

假定现在将故事的来源进行更改，而不再是故事书，依据图 2-12 中的设计方案来看，凯叔还会讲故事吗？No！因为依据设计方案来看，凯叔只会讲故事书的故事，其他不会！假定故事来源的媒体有报纸、杂志等，试问应如何修改图 2-12 中的设计方案，使“凯叔”不管具体的故事来源是什么，均可以进行讲述。

对于故事来源的媒体，不管是故事书、报纸还是杂志，对于“凯叔”来讲，只要上面有字能够得知内容即可进行讲解，而不关注媒体类型是什么。所以，可以将故事书、报纸、杂志等使用统一的一个父类“读物”，而“凯叔”只关心这个父类就可以了。改进后的设计方案如图 2-13 所示。

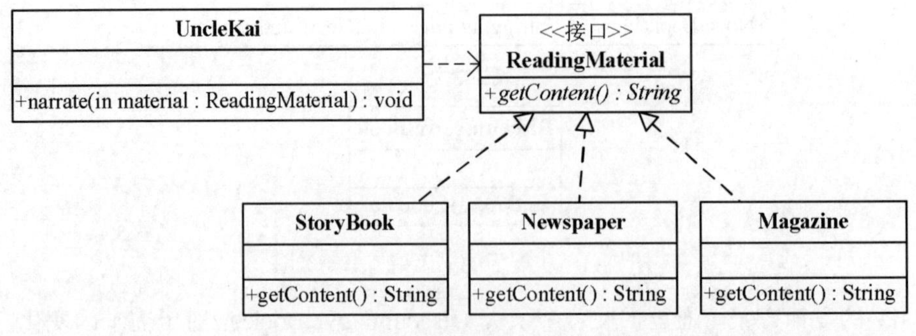


图 2-13 “凯叔讲故事”改进设计类图

图 2-13 设计方案中，UncleKai 负责讲故事的业务逻辑直接和读物关联，而不是具体的某一种读物媒体，这样 UncleKai 和具体读物 StoryBook、Newspaper、Magazine 等的耦合性较弱，

提高了系统的稳定性，降低了程序修改带来的风险。这种设计方案实际上符合本节讲解的依赖倒置原则。

### 2.4.2　相关知识

依赖倒置原则（Dependence Inversion Principle，DIP）定义：高层模块不应该依赖低层模块，两者都应该依赖其抽象；抽象不应该依赖细节；细节应该依赖抽象（High level modules should not depend upon low level modules. Both should depend upon abstraction. Abstraction should not depend upon details. Details should depend upon abstraction.）。

依赖倒置原则的本质是通过抽象（接口或抽象类）使各个类或模块的实现彼此独立，不互相影响，实现模块间的松耦合，其中心思想是面向接口编程。相对于细节的多变性，抽象的东西要稳定的多。以抽象为基础搭建起来的架构比以细节为基础搭建起来的架构要稳定的多。在 Java 中，抽象指的是接口或者抽象类，细节就是具体的实现类，使用接口或者抽象类的目的是制定好规范和契约，而不去涉及任何具体的操作，把展现细节的任务交给它们的实现类去完成。

实际情况中，代表高层模块的父类将负责完成主要的业务逻辑，一旦需要对它进行修改，引入错误的风险极大。所以遵循依赖倒置原则可以降低类之间的耦合性，提高系统的稳定性，降低修改程序造成的风险。

采用依赖倒置原则给多人并行开发带来了极大的便利，比如引题中例子，原本 UncleKai 类与 StoryBook 类直接耦合时，UncleKai 类必须等 StoryBook 类编码完成后才可以进行编码，因为 UncleKai 类依赖于 StoryBook 类。修改后的程序则可以同时开发，互不影响，因为 UncleKai 与 StoryBook 类没有关系。参与协作开发的人越多、项目越庞大，采用依赖倒置原则的意义就越重大。现在很流行的 TDD（Test Drive Development，测试驱动的开发）开发模式就是依赖倒置原则最成功的应用。

在实际编程中，一般需要做到如下几点：

- 低层模块尽量都要有抽象类或接口，或者两者都有。
- 变量的声明类型尽量是抽象类或接口。
- 使用继承时遵循里氏替换原则。
- 任何类都不应该从具体类派生。

依赖倒置原则是所有设计原则中最难以实现的原则，它是实现开-闭原则的重要途径，依赖倒置原则没有实现，就不能实现对扩展开放，对修改关闭。在项目中实现就是面向接口编程。

### 2.4.3　应用

现在汽车越来越多，有车就必须有人来驾驶。请依据描述，设计一个司机驾驶私家车的类图。

私家车的品牌有很多，如宝马、奔驰、大众等等，如果让司机直接驾驶某一种品牌的私家车是不合适的，因为私家车会更换，不可能因为原来的私家车是宝马，后来更换为奔驰后，原本 C 照的司机就不能开，所以设计方案中，司机不能和具体的某一种品牌的私家车绑定，即司机所依赖的应是一个高层模块，即是私家车，而不能是具体的细节，如具体品牌的私家车。对于司机来言也一样，私家车也不能完全由某一个具体的司机来驾驭，因为仅对于一个家庭来言，拥有驾照的人数可能不止一个，此时也应将司机进一步抽象。所以司机驾驶私家车的类图如图 2-14 所示。

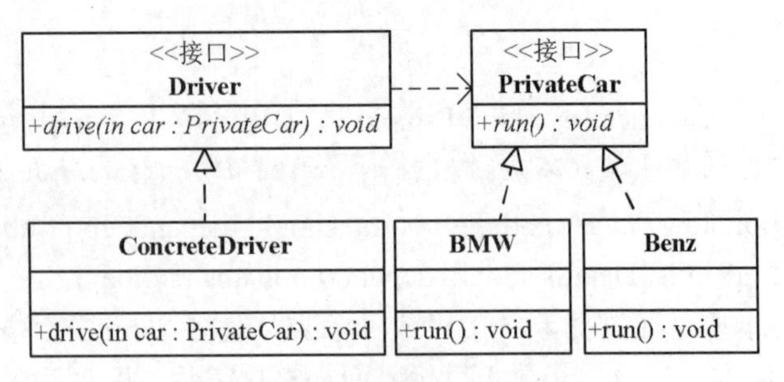


图 2-14　司机驾驶私家车类图

图 2-14 中 Driver 接口指的是高层的抽象的司机模块，ConcreteDriver 代表是细节上某一具体的司机的低层模块，Private Car 是指高层的抽象的私家车模块，而 BMW、Benz 则是细节上某一种具体品牌的私家车的低层模块。私家车可以行驶，但需要有司机驾驶，所以高层模块 Driver 与 PrivateCar 之间是一种依赖关系。这种设计方案当新增某一种低层模块时，只修改了业务场景，也就是高层模块，对其他低层模块则无影响，即屏蔽了细节对抽象的影响，这一定程度上将“变更”引起的风险降至最低，本方案较好地应用了依赖倒置原则。

## 2.5　接口隔离原则

### 2.5.1　引题

随着电子商务系统的应用及发展，其中的订单系统也越来越受人们追捧。对于订单系统来说，假定门户网站仅可对订单进行查询，外部系统可以对订单进行查询和添加，后台管理系统则可以对订单进行增删改查操作，其他功能暂不考虑。试依据描述进行订单系统的设计。

从描述中可以看出，订单系统中有一个订单类，对外提供的功能有增、删、改、查等操作。而不管是门户网站、外部系统还是后台管理均可对订单进行操作。设计类图如图 2-15 所示。

图 2-15 设计方案中，Portal 代表门户网站，OtherSys 代表外部系统，Admin 代表后台管理，Order 代表订单，其中 Order 提供了对订单的相关操作，而 Portal、OtherSys 及 Admin 直接关注 Order 即可。

当系统上线运行一段时间之后，会发现系统的速度会越来越慢，为什么会出现这种情况？而且设计中各个类是符合单一职责原则的，并没有出现一个类引起变化它的原因有多个的情况。通过调试会发现 delOrder()、updateOrder()及 addOrder()方法并发量太大，导致应用服务器性能下降。原因是：门户网站进行订单查询量较大，而对于门户网站，delOrder()、updateOrder()及 addOrder()方法是被限制的，即这些方法不应对门户网站公开，相应地对于外部系统也是一样，delOrder()、updateOrder()也不应对其公开，这样一个比较臃肿的类会导致服务器的性能变低。

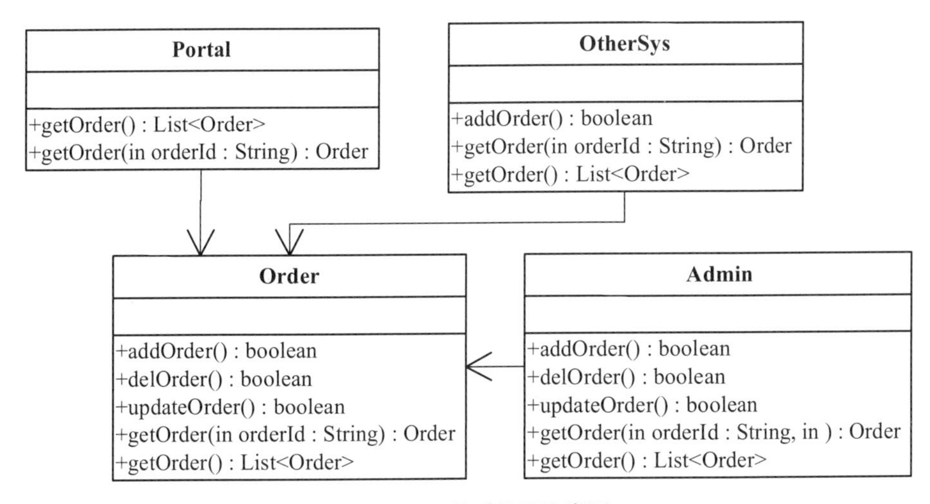


图 2-15　订单系统设计类图

如何实现设计类图的重构呢？可将订单类依据不同访问者需要使用的功能拆分成相应的接口，这样就不会出现限制的功能仍被提供的问题。重构后的设计方案如图 2-16 所示。

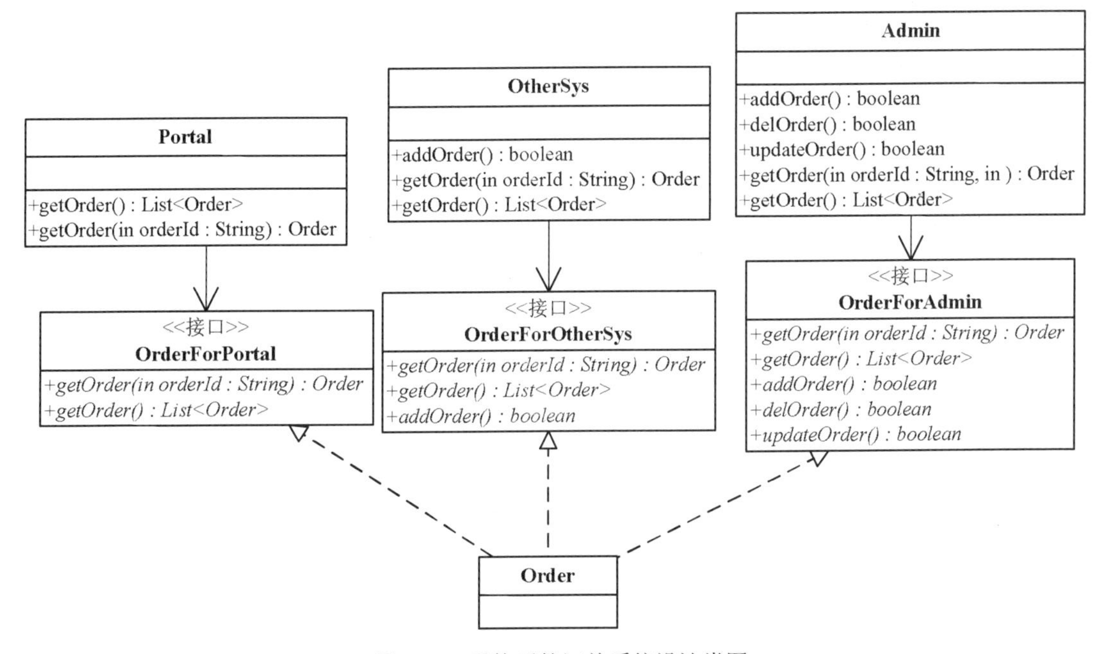


图 2-16　重构后的订单系统设计类图

重构方案中 OrderForPortal 接口仅提供查询的功能，供门户 Portal 使用；OrderForOtherSys 则提供了查询和增加订单的功能以供外部系统 OtherSys 使用，而 OrderForAdmin 接口则提供了所有的功能以供后台 Admin 使用。Order 类则作为 OrderForPortal、OrderForOtherSys 及 OrderForAdmin 三个接口的子类，当不同的访问需要使用接口相应的功能时，则由订单类 Order 进行提供。这样不仅可以保证接口的纯洁性，不至于接口太过臃肿，而且也提高系统的灵活性。这种重构的方案实际上是本节要讲的接口隔离原则的一个应用。

### 2.5.2 相关知识

接口隔离原则（Interface Segregation Principle，ISP）定义 1：类间的依赖关系应建立在最小的接口上（The dependency of one class to another one should depend on the smallest possible interface.）。

接口隔离原则（Interface Segregation Principle, ISP）定义 2：客户端不应该依赖它不需要的接口（Clients should no be forced to depend upon interfaces that they don't use.）。

一个接口代表一个角色，不应当将不同的角色都交给一个接口，如引题中例子订单一样。没有关系的接口合并在一起，形成一个臃肿的大接口，是对角色和接口的污染。

再通俗点说：不要强迫用户使用它们不用的方法。如果强迫使用它们不使用的方法，那么客户就会面临这些不使用的方法的改变所带来的变化。

和单一职责不同的是：单一职责原则注重的是职责，而接口隔离原则注重对接口依赖的隔离；单一职责原则主要是约束类，其次才是接口和方法，它针对的是程序中的实现和细节，而接口隔离原则主要约束接口，针对抽象和程序整体框架的构建。

采用接口隔离原则对接口进行约束时，要注意以下几点：

- 接口尽量小，但是要有限度。对接口进行细化可以提高程序设计灵活性是肯定的，但如果过小，则会造成接口数量过多，使设计复杂化，所以一定要适度。
- 为依赖接口的类定制服务，只暴露给调用的类它需要的方法，它不需要的方法则隐藏起来。只有专注地为一个模块提供定制服务，才能建立最小的依赖关系。
- 提高内聚，减少对外交互。使接口用最少的方法去完成最多的事情。

运用接口隔离原则一定要适度，接口设计过大或过小都不好。设计接口的时候，只有多花些时间去思考和筹划，才能准确地实践这一原则。

### 2.5.3 应用

假如有一部新的电视剧，要求寻找一位美女主角，美女要求面貌好、身材好且有气质。星探随后依据标准开始寻找美女。试给出星探找美女的类图。

在描述中，有两个角色，一个是星探，一个是美女，我们可以很容易地抽取出两个类，分别为星探类和美女类。星探类负责找美女类，美女类则有自己的特征：面貌、身材好且有气质，所以星探类直接关注美女类即可。思考下美女类的抽象，对于美女来言，面貌和身材属于外表，而气质属于内涵，而这部电视剧中需要的美女主角可能是一个谈吐优雅、修养较高的女性，而面貌和身材可以退而求其次；当然也可能是需要一个面貌和身材都超棒，但没有任何素养的人。这样的话，美女类的设计中会出现方法臃肿的情况，即最好将美女类拆分为外形美的美女类和气质型的美女类两种。而对于星探来说，他也未必都是一个具体的人来做这件事，依据接口编程，可将星探也抽取出一个抽象类。具体设计方案如图 2-17 所示。

图 2-17 中 ConcreteSearcher 是一个具体的星探，Searcher 是抽象的星探代表，GoodAppearanceGirl 是外形好的美女类，GoodTemperamentGirl 是指气质好的美女，而 PettyGril 则是兼具外形和气质的美女类，实现了 GoodAppearanceGirl 和 GoodTemperamentGirl 两个接口。对于星探来讲，可以仅寻找外形好的美女，也可以寻找气质好的美女，能够应对电视剧中美女标准的变化，提高灵活性，且可维护性增加。

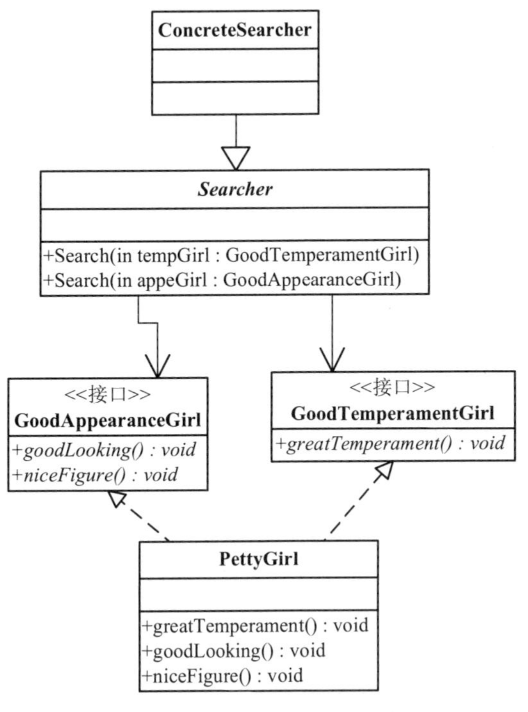


图 2-17　星探寻找美女设计类图

# 2.6　迪米特法则

## 2.6.1　引题

有一个集团公司，下属单位有分公司和直属部门，现在要求集团公司打印出所有员工 ID。试结合业务需求，给出合理的设计方案。

进行员工 ID 的打印对于集团公司来说，不管是总公司的员工还是分公司的员工，直接将其 ID 输出即可，当然对于分公司员工的信息仍需要由分公司提供。设计方案如图 2-18 所示。

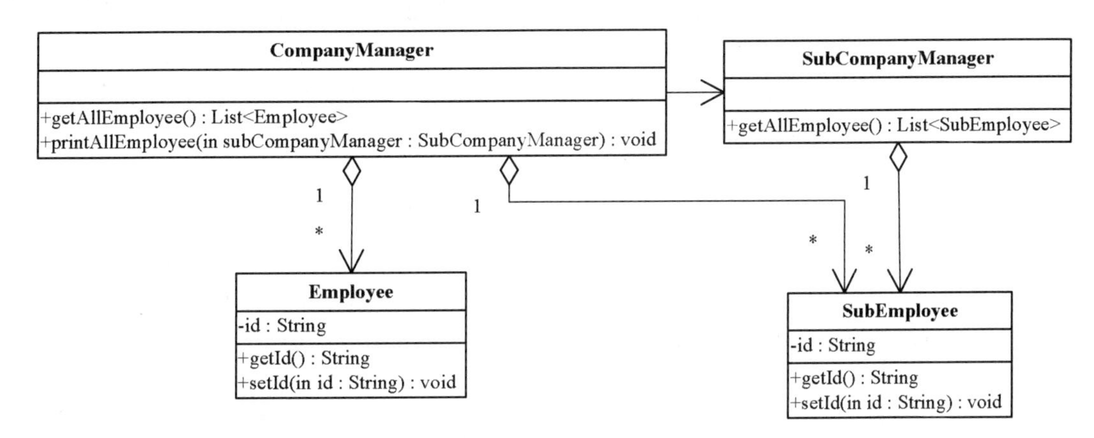


图 2-18　集团公司打印员工 ID 设计类图

图 2-18 中，CompanyManager 代表集团公司负责人，SubCompanyManager 代表分公司负责人，Employee 为集团公司员工，SubEmployee 为分公司员工。对于员工不管是集团公司员工还是分公司员工均有自己的 ID，其他属性暂时忽略。而分公司负责人能够获取自己所有的员工，集团公司负责人可获取集团公司所有员工外，还可以打印所有员工信息，包括分公司员工信息。

试想一下集团公司负责人和分公司负责人的职责。集团公司的负责人只需要进行集团公司员工信息的管理即可，不用具体细致地管理分公司内部的员工，分公司的员工由分公司负责人来管理。而图 2-18 中集团公司负责人 CompanyManager 与分公司员工 SubEmployee 之间有一个聚合关系，即集团公司负责人在进行员工 ID 打印时，需要了解分公司员工的相关信息。这在实际场景中是不必要的，而应将分公司员工 ID 的打印工作交给分公司负责人，集团公司负责人当需要打印分公司员工 ID 时，只需要找到分公司负责人让其打印即可。修改后的设计方案如图 2-19 所示。

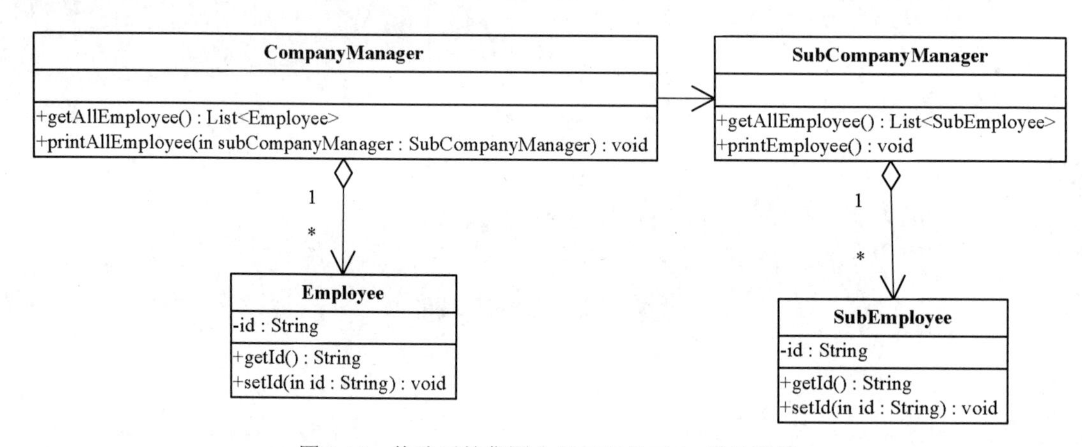


图 2-19 修改后的集团公司打印员工 ID 设计类图

图 2-19 的设计方案与图 2-18 设计方案相比，分公司负责人 SubCompanyManager 中多了一个打印员工 ID 的方法 printEmployee()，此方法负责打印分公司员工 ID。另外，对于集团公司负责人 CompanyManager 和分公司员工之间也没有直接的关系。当集团公司负责人 CompanyManger 需要打印所有员工 ID 时，在 printAllEmpoyee()方法中调用分公司负责人 SubCompanyManager 类对象 subCompanyManager 的 printEmployee()方法打印分公司员工信息，随后再进行集团公司员工信息的打印。本设计方案体现了现实生活中“分而治之”的思想，集团公司和分公司各司其职，避开了集团公司负责人对分公司员工的访问，降低了系统间的耦合，提高了系统的健壮性，其实质上满足本节要讲的迪米特法则。

### 2.6.2 相关知识

迪米特法则（Law of Demeter，LOD）定义：一个对象应对其他对象有最少的了解（An Object should be understanding of other objects at least）。

迪米特法则又称为最少知识原则（Least Knowledge Principle，LKP），也就是说如果两个类不必彼此直接通信，那么这两个类就不应当发生直接的相互作用。如果其中一个类需要调用另一个类的某一个方法，可通过第三者转发这个调用。通俗点说，一个类应该对自己需要耦合或调用的类知道得最少，不管被耦合或调用类的内部如何复杂都与当前类无关，当前类只关心 public 方法。

迪米特法则另一个解释是：只与直接的朋友通信（Only talk to your immediate friends.）。每个对象都会与其他对象有耦合关系，只要两个对象之间有耦合关系，就说这两个对象之间是朋友关系。耦合的方式很多：依赖、关联、组合、聚合等。其中，称出现在成员变量、方法参数、方法返回值中的类为直接的朋友，而出现在局部变量中的类则为间接的朋友。也就是说，陌生的类最好不要作为局部变量的形式出现在类的内部。如引题中的例子，对于分公司的员工不应出现在集团公司管理人员中，因为集团公司管理人员只负责自己的员工即可，对于分公司的员工则应由分公司相关的负责人来负责。

迪米特法则要求朋友之间也是有距离的，并不是朋友之间就能够无话不说，每一个类应当尽量降低成员的访问权限，即一个类应当包装好自己的 private 状态，不需要让其中类知道的字段或行为就不要公开。

迪米特法则还要求，在实际应用中，如果一个方法放在本类中，既不增加类间关系，也对本类不产生负面影响，那就放置在本类中。

迪米特法则的根本思想是强调类之间的松耦合。核心观念是类间解耦，弱耦合，类之间的耦合越弱，越有利于复用，一个处在弱耦合的类被修改，不会对有关系的类造成影响，也就是说信息的隐藏促进了软件的复用。但这样会产生大量的中转或跳转类，导致系统的复杂性提高，同时也为维护带来难度。实际应用中，需要适度地考虑这个原则，反复权衡，不能为了使用原则而做项目，既要做到让结构清晰，也要尽可能做到高内聚低耦合。

### 2.6.3　应用

大家都有过安装软件的经历，在安装软件时通常会有一个安装向导，引导安装者第一步、第二步、第三步……都做什么动作。如果要设计一个软件安装向导，其中仅包括四步，如何让设计方案能够较好地符合迪米特法则。

欲使设计方案满足迪米特法则，很明显类之间的耦合度要相对比较弱，当用户在进行软件安装时，会调用一个安装类，但安装类中并不应封装安装步骤，而是应调用一个向导类，向导类中会有安装步骤，即第一步做什么，第二步做什么等，向导类供软件安装类调用，但其中每一步应干什么对于软件安装类应是透明的，即不应让软件安装类对于安装步骤了如指掌。依据分析，得出的设计方案如图 2-20 所示。

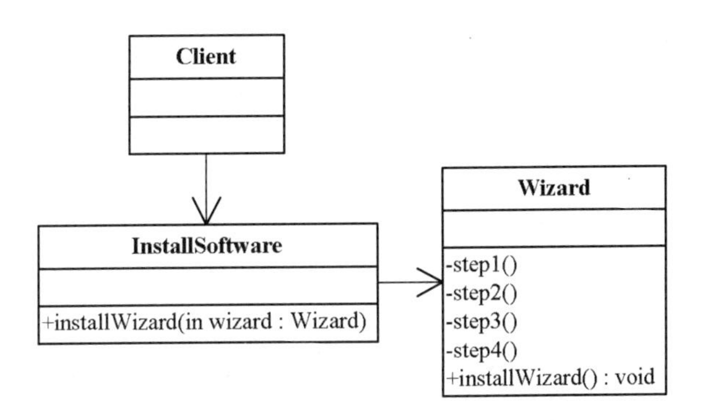


图 2-20　软件安装向导设计类图

图 2-20 中 InstallSoftware 类代表软件安装类，Wizard 类代表安装向导类，为保证类之间的耦合度降低，客户 Client 仅关心软件安装类 InstallSoftware，而软件安装类 InstallSoftware 则只关心向导类 Wizard。当 Client 调用 InstallSoftware 进行软件安装时，InstallSoftware 类的 installWizard()方法会调用 Wizard 向导类的 installWizard()，它将安装步骤进行了封装，具体的向导步骤是什么，并且每一步应做什么均由 Wizard 提供。并且 Wizard 为了与 InstallSoftware 类之间保持朋友距离，将 step1()、step2()、step3()、step4()安装步骤进行私有化，即对于自己的好朋友 InstallSoftware 类来说并不可直接调用。本设计方案结构清晰，类之间的耦合关系较弱，较好地满足了迪米特法则。

# 2.7 合成/聚合复用原则

## 2.7.1 引题

假定开发一个高校管理系统，其中一个模块是对高校人员进行管理，高校人员中有校长、书记、教师、辅导员、保卫人员、后勤人员等。现暂不考虑功能，试仅对高校人员信息进行类设计。

高校人员中不管是校长身份、书记身份、教师身份、辅导员身份、保卫人员身份，还是后勤人员身份，他们都是人，这样看来，对于高校人员信息的设计就比较简单，直接将它们作为人类的子类就可以了。设计方案如图 2-21 所示。

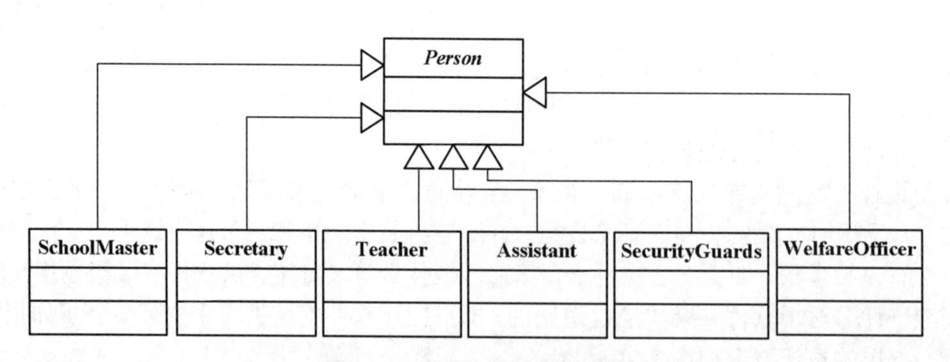


图 2-21 高校人员管理类设计

图 2-21 中 Person 是一个抽象类，代表人，其中 SchoolMaster 代表校长，Secretary 代表书记，Teacher 代表教师，Assistant 代表辅导员，SecurityGuards 代表保卫人员，WelfareOfficer 代表后勤人员。

对于图 2-21 中的设计方案，不管是校长还是书记还是其他身份的高校人员，他们都继承了人，即他们是一个人，这看起来似乎没有任何问题，但细思考一下，对于一个人来说，他今天做辅导员，有一天可能会当书记，也有一天可能任教当教师，还有可能对于同一个人来说，身兼数个身份，这样看来，设计方案中还是存在一些不合理之处。这里的校长、书记、教师等仅是一个身份，他们不应作为 Person 的子类，而应作为“身份”的子类，当进行管理的时候，每一个 Person 拥有一个“身份”。所以设计方案修改为图 2-22。

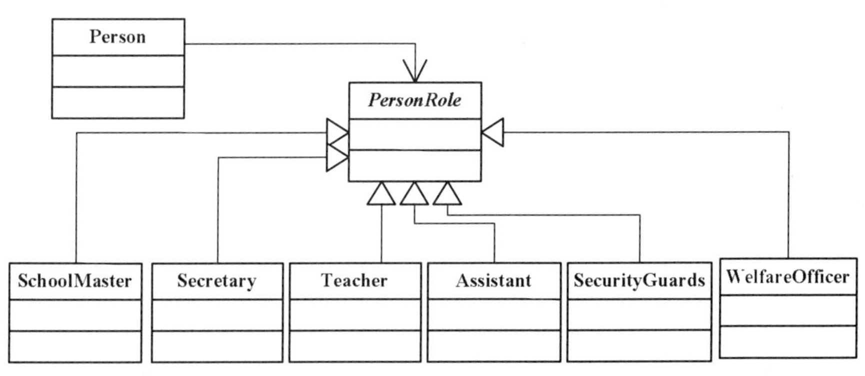


图 2-22　改进后的高校人员管理类设计

图 2-22 中 PersonRole 代表“身份”。不管一个人的身份如何变更，Person 中只需要关注 PersonRole 即可，而不管它到底是 SchoolMaster 还是 Secretary 还是其他的身份均不会影响 Person 类，这样的设计相对灵活、稳定性好。本设计方案实际是本节要讲的合成/聚合复用原则。

### 2.7.2　相关知识

合成/聚合复用原则（Composite/Aggregate Reuse Principle，CAPP）定义：*尽量使用对象组合，而不是继承来达到复用的目的*（Use object composition as far as possible, rather than inheritance to achieve the purpose of reuse. ）。

合成/聚合复用原则中的合成和聚合都是关联的特殊种类，即第一章中讲解的组合和聚合。

在面向对象设计中，有两种基本方法可实现复用：一种是通过合成/聚合，另一种是通过继承。而使用继承时必须满足：子类是父类的一个特殊类，而不是父类的一个角色，即子类和父类之间满足“is-a”关系；永远不会出现需要将子类换成另外一个类的子类的情况；子类具有扩展父类的责任，而不是具有置换或注销父类的责任；只有在分类学角度上有意义时，才可以使用继承。

为什么尽量不要使用类继承而使用合成/聚合？

- 对象的继承关系在编译时已定义，将无法在运行时改变从父类继承的子类的实现。
- 子类的实现和它的父类有非常紧密的依赖关系，以至于父类实现中的任何变化必然会导致子类发生变化。
- 当复用子类时，如果继承下来的实现不适合解决新的问题，则父类必须重写或者被其他更适合的类所替换。
- 这种依赖关系限制了灵活性，并最终限制了复用性。

使用合成/聚合的优点：

- 新对象存取子对象的唯一方法是通过子对象的接口。
- 这种复用是黑箱复用，因为子对象的内部细节是新对象所看不见的。
- 这种复用更好地支持封装性。
- 这种复用实现相互依赖性比较小。
- 每一个新的类可以将焦点集中在一个任务上。
- 这种复用可以在运行时间内动态进行，新对象可以动态的引用与子对象类型相同的对象。

- 此原则作为复用手段可以应用到几乎任何环境中去。

缺点：

- 系统中会有较多的对象需要管理。

### 2.7.3 应用

某软件公司开发人员在初期的 CRM（Customer Relationship Management，客户关系管理）系统设计中，考虑到客户数量较少，于是采用 MySQL 作为数据库，初始设计方案结构如图 2-23 所示。与数据库操作有关的类如 CustomerDAO 类需要连接数据库，连接数据库的方法 getConnection()封装在 DBUtil 类中，由于需要重用 DBUtil 类的 getConnection()方法，设计人员将 CustomerDAO 作为 DBUtil 类的子类，CustomerDAO 中 addCustomer()调用的是 DBUtil 类对象的 getConnection()方法进行数据库的连接。

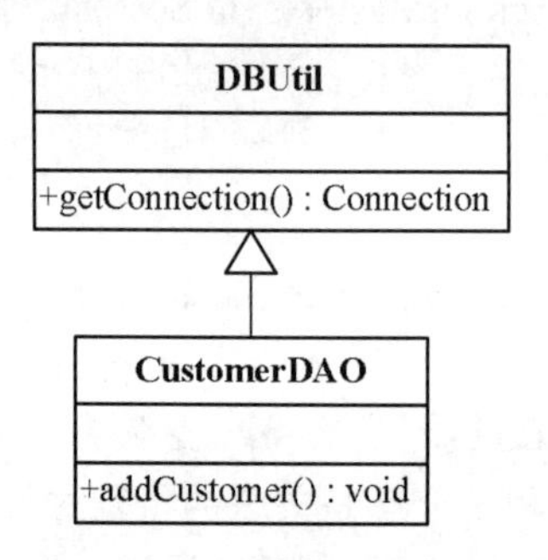


图 2-23　CRM 数据库操作初始设计方案结构图

随着客户数量的增加，系统升级为 Oracle 数据库，试修改初始设计方案，满足连接 Oracle 数据库，同时尽量做到修改最少。

依据初始设计方案，当需要进行 Oracle 数据库连接时，需要增加一个新的 OracleDBUtil 类来连接 Oracle 数据库，由于在初始设计方案中 CustomerDAO 和 DBUtil 之间是继承关系，因此在更换数据库连接方式时，一种方案需要修改 CustomerDAO 类的源代码，将 CustomerDAO 作为 OracleDBUtil 的子类，这将违反开-闭原则。另一种方案是修改 DBUtil 类的源代码，同样会违反开-闭原则。

现依据本节所讲的合成/聚合复用原则，在实现复用时应该多用关联，少用继承。因此在本例中可以使用关联复用来取代继承复用，重构后的结构如图 2-24 所示。

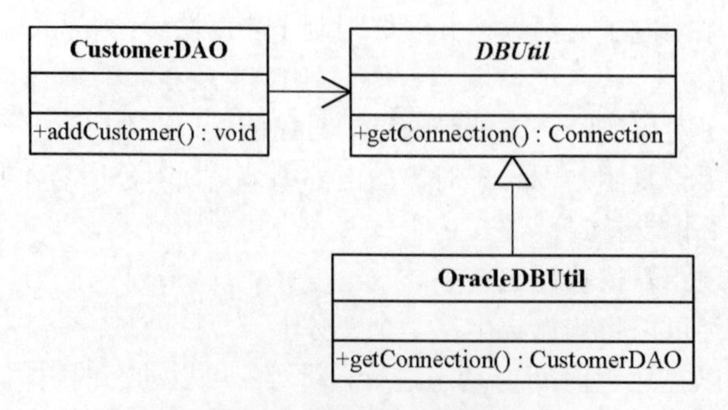


图 2-24　重构后的结构图

在图 2-24 中，CustomerDAO 和 DBUtil 之间的关系由继承关系变为关联关系，采用依赖注入的方式将 DBUtil 对象注入到 CustomerDAO 中，可以使用构造注入，也可以使用 Setter 注入。如果需要对 DBUtil 的功能进行扩展，可以通过其子类来实现，如通过子类 OracleDBUtil 来连接 Oracle 数据库。由于 CustomerDAO 针对 DBUtil 编程，根据里氏替换原则，DBUtil 子类的对象可以覆盖 DBUtil 对象，只需在 CustomerDAO 中注入子类对象即可使用子类所扩展的方法。例如在 CustomerDAO 中注入 OracleDBUtil 对象，即可实现 Oracle 数据库连接，原有代码无须进行修改，而且还可以很灵活地增加新的数据库连接方式。

## 2.8　本章小结

本章主要介绍了面向对象的 7 大设计原则，分别是单一职责原则、里氏替换原则、开-闭原则、依赖倒置原则、接口隔离原则、迪米特法则、合成/聚合复用原则。设计模式实现了这些原则，并将其体现得淋漓尽致，从而达到了代码复用、增强系统扩展性的目的。通过本章学习，将掌握如何规范地设计类，和检验已设计的类是否符合设计原则。

# 第二部分　设计模式

## 第 3 章　创建型模式

各种设计模式在其粒度和抽象级别上各不相同。因为有很多设计模式，需要通过某种方式来组织它们。本部分对设计模式进行分类，以便于找出相关的设计模式，而且有利于发现新的设计模式。

我们以两个标准来对设计模式进行分类。其中一个标准称为目的（Purpose），反映设计模式是干什么的。根据其目的（Purpose），模式可分为创建（Creational）、结构（Structural）、和行为（Behavioral）。“创建型模式”关心对象的创建过程；“结构型模式”涉及类或对象的组合；“行为型模式”刻画了类和对象交互及分配职责的方式。

第二个标准称为范围（Scope）。范围描述了模式主要是应用于对象，还是主要应用于类。“类模式”主要处理类与其子类的关系，这种关系通过继承实现，因此它们是静态关系，在编译时决定；“对象模式”处理对象关系，此关系在运行时决定，是动态关系。几乎所有的模式都在某种程度上使用了继承，因此只有那些标明为“类模式”的模式才重点关注类关系，大多数模式都在“对象模式”范畴。

## 3.1　简单工厂模式

### 3.1.1　引题

有如下应聘题目：一汽奥迪生产 A4、A6、Q5 等多种型号的汽车，客户可以购买指定型号的产品，试用任何一种面向对象程序设计语言描述这一业务。

设计方案一：

对于程序设计初学者，均可写出如下代码：

```
class AudiCarProduce{
    public static void main(String[] args){
        System.out.println("请输入您想要的车型：");
        Scanner sc = new Scanner(System.in);
        String carType=sc.next().toUpperCase();
        String carParams=null;
        switch(carType){
            case "A4":
                carParams="车型 A4，轿车，车身尺寸 4818mm*1843mm*1432mm，轴距 2908mm，
    整车质量 1565kg";
```

```
                    break;
                case "A6":
                    carParams="车型 A6,轿车,车身尺寸 5036mm*1874mm*1466mm,轴距 3012mm,
整车质量 1750kg";
                    break;
                case "Q5":
                    carParams="车型 Q5，小型越野车，车身尺寸 4629mm*1898mm*1655mm，轴距
2807mm，整车质量 1900kg";
                    break;
                default:
                    carParams="您输入的型号尚未生产,无法提供技术参数";
                    break;
            }
            System.out.println("您要的车型"+carType+"的技术参数是："+carParams);
        }
    }
```

上述代码看似解决了客户购买奥迪汽车的问题，但事实上无论从面向对象程序设计还是从设计原则角度上来看，该程序都存在问题。问题一：上述代码不符合面向对象，是纯面向过程的实现。问题二：上述代码违反了开-闭原则，当一汽奥迪又上市一种新的车型 Q7 时，就不得不修改整个 main 函数，最关键的是上市 Q7 和 A4、A6、Q5 没关系，仍需要读完 A4、A6、Q5 的代码才能加上 Q7 的代码，如果添加 Q7 代码的同时不小心改动了其他车型的代码该如何是好（比如改了某种车型的参数——轴距或车身尺寸）？问题三：现在是用控制台程序实现，如果想变更成用桌面程序或者 Web 程序实现，难道原来写的代码，全部需要重写吗？

设计方案二：

基于上述提出的代码弊端，对程序进行重新设计，新方案的类结构如图 3-1 所示。

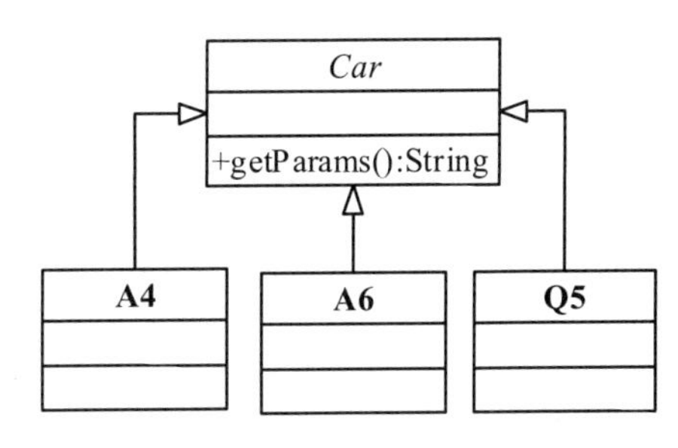

图 3-1　设计方案二的类结构图

从图 3-1 可见，本方案将各种车型面向对象化了，A4、A6、Q5 的生产都放在了各自的类中。代码如下：

Car 类代码：

```
abstract class Car{
    public abstract String getParams();
}
```

A4 类代码：

```
class A4 extends Car{
    @Override
    public String getParams() {
        // TODO Auto-generated method stub
        return "车型 A4，轿车，车身尺寸 4818mm*1843mm*1432mm，轴距 2908mm，整车质量
1565kg";
    }
}
```

A6 类代码：

```
class A6 extends Car{
    @Override
    public String getParams()   {
        // TODO Auto-generated method stub
        return "车型 A6，轿车，车身尺寸 5036mm*1874mm*1466mm，轴距 3012mm，整车质量
1750kg";
    }
}
```

Q5 类代码：

```
class Q5 extends Car{
    @Override
    public String getParams() {
        // TODO Auto-generated method stub
        return "车型 Q5，小型越野车，车身尺寸 4629mm*1898mm*1655mm，轴距 2807mm，整
车质量 1900kg";
    }
}
```

客户端代码：

```
class Client{
    public static void main(String[] args){
        System.out.println("请输入您想要的车型：");
        Scanner sc = new Scanner(System.in);
        String carType=sc.next().toUpperCase();
        Car car=null;
        switch(carType){
        case "A4":
                car=new A4();
                break;
        case "A6":
                car=new A6();
                    break;
        case "Q5":
            car=new Q5();
                break;
        }
            if(car!=null)
                System.out.println("您要的车型"+carType+"的技术参数是："+car.getParams());
            else
                System.out.println("您要的车型"+carType+"不存在,无相关技术参数");

    }
}
```

上述代码解决了问题一：产品面向对象化；解决了问题二：当有新的产品 Q7 出现时，只需要扩展一个 Q7 类即可。而不必再让编写 Q7 类的人去阅读 A4、A6 和 Q5 类；解决了问题三：现在控制台客户端代码只是调用 Car、A4、A6、Q5 类，具体生产 A4、A6、Q5 的代码都

在各自的类中实现，如果想将业务迁移到桌面程序上显示，只需要重新编写一个桌面客户端代码即可，无需改动 A4、A6、Q5 类。

尽管如此，设计方案二仍不能完全描述业务。仔细分析，其实引题中的业务描述包含了三类事物：汽车（A4、A6、Q5）、生产汽车的一汽奥迪工厂以及客户。目前的程序只描述了两类事物，缺失了工厂。现在的客户端代码就像客户在看着生产 A4（new A4()）、A6(new A6())、Q5(new Q5())一样，事实上客户根本不需要关注这些，他只需要说自己“想要什么”即可，生产汽车对象应该由工厂来完成，这就是工厂模式。

### 3.1.2　简单工厂模式定义

简单工厂模式（Simple Factory Pattern）又叫静态工厂方法模式（Static Factory Method Pattern）。专门定义一个类来负责创建其他类的实例，由它来决定实例化哪个具体类，从而避免在客户端代码中显式指定，实现解耦。该类由于可以创建同一抽象类（或接口）下的不同子类对象，就像一个工厂一样，因此被称为工厂类。

简单工厂模式的结构图如图 3-2 所示。

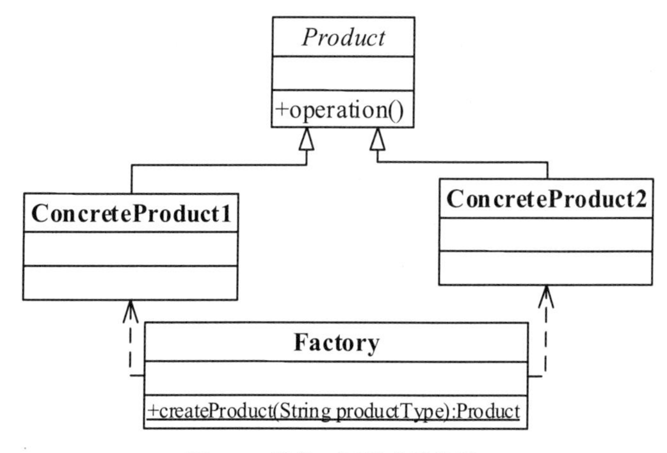


图 3-2　简单工厂模式结构图

从结构图中可以看出，其中涉及三类角色：Product 角色、ConcreteProduct 角色，以及 Factory 角色。

- Product 抽象产品角色。简单工厂模式创建的所有对象的父类，负责描述所有对象共有的公共接口。
- ConcreteProduct 具体产品角色。具体的产品实现。
- Factory 工厂角色。简单工厂模式的核心，负责实现创建所有实例的内部逻辑。工厂角色可以被外界直接调用，创建所需的产品对象。

以下是简单工厂模式的基本代码实现。

Product 类：

```
abstract class Product{
    public abstract void operation();
}
```

ConcreteProduct1 类：

```
class ConcreteProduct1 extends Product{
    @Override
    public void operation() {
      System.out.println("ConcreateProduct1 产品具体操作");
    }
}
```

ConcreteProduct2 类：

```
class ConcreteProduct2 extends Product{
    @Override
    public void operation() {
      System.out.println("ConcreateProduct2 产品具体操作");
    }
}
```

Factory 类：

```
class Factory{
    public static Product createProduct(String productType){
        Product product=null;
        switch(productType){
            case "ConcreteProduct1":
                    product=new ConcreteProduct1();
                    break;
            case "ConcreteProduct2":
                    product=new ConcreteProduct2();
                    break;
        }
        return product;
    }
}
```

客户端代码：

```
class Client{
    public static void main(String[] args){
        System.out.println("请输入您想要的产品：");
        Scanner sc = new Scanner(System.in);
        String productType=sc.next();
        Factory factory=new Factory();
        Product product=factory.createProduct(productType);
        product.operation();
    }
}
```

### 3.1.3 简单工厂模式相关知识

（1）意图：定义一个专门的类来生产对象，令客户端和具体的产品之间解耦。

（2）优缺点。

优点：

- 工厂类含有必要的判断逻辑，可以决定在什么时候创建哪一个产品类的实例，客户端可以免除直接创建产品对象的责任，而仅仅“消费”产品；简单工厂模式通过这种做法实现了对责任的分割，提供了专门的工厂类用于创建对象。
- 客户端无须知道所创建的具体产品类的类名，只需要知道具体产品类所对应的参数即可，对于一些复杂的类名，通过简单工厂模式可以减少使用者的记忆量。
- 通过引入配置文件，可以在不修改任何客户端代码的情况下更换和增加新的具体产品类，在一定程度上提高了系统的灵活性。

缺点：

- 由于工厂类集中了所有产品创建逻辑，一旦不能正常工作，整个系统都要受到影响。
- 使用简单工厂模式将会增加系统中类的个数，在一定程度上增加了系统的复杂度和理解难度。
- 系统扩展困难，一旦添加新产品就不得不修改工厂逻辑，在产品类型较多时，有可能造成工厂逻辑过于复杂，不利于系统的扩展和维护。
- 简单工厂模式由于使用了静态工厂方法，造成工厂角色无法形成基于继承的等级结构。

（3）适用场景。

- 工厂类负责创建的对象比较少。
- 客户只知道传入工厂类的参数，对于如何创建对象（逻辑）不关心。
- 由于简单工厂很容易违反高内聚责任分配原则，因此一般只在很简单的情况下应用。

### 3.1.4　应用举例

现在修改引题中的设计方案二，应用简单工厂模式来完成奥迪汽车生产和销售业务。类结构如图 3-3 所示。

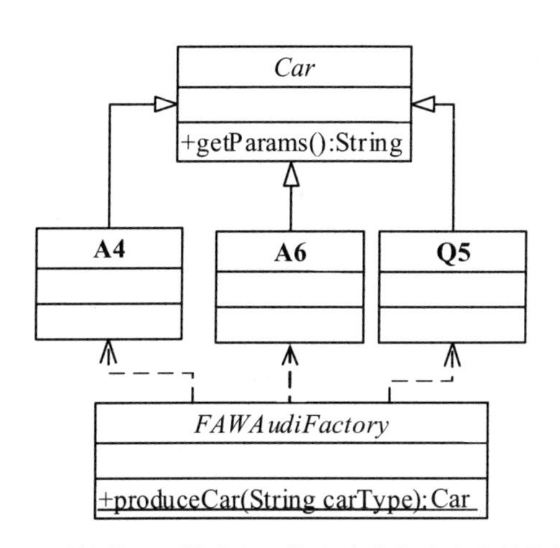


图 3-3　用简单工厂模式实现的奥迪汽车生产和销售程序

FAWAudiFactory 类即一汽奥迪工厂。Car、A4、A6、Q5 类保持设计方案二的代码不变，FAWAudiFactory 类代码如下：

```
class FAWAudiFactory{
    public Car produceCar(String carType){
        Car car=null;
        switch(carType){
            case "A4":
                car= new A4();
                break;
            case "A6":
                car=new A6();
                break;
            case "Q5":
                car=new Q5();
                break;
        }
        return car;
    }
}
```

客户端代码如下：

```
class Client{
    public static void main(String[] args){
        System.out.println("请输入您想要的车型：");
        Scanner sc = new Scanner(System.in);
        String carType=sc.next().toUpperCase();
        FAWAudiFactory factory=new FAWAudiFactory();
        Car car1=factory.produceCar(carType);
        System.out.println("您要的车型"+carType+"的技术参数是："+car1.getParams());
    }
}
```

### 3.1.5 应用扩展——简单工厂模式在 JDK 中的应用

简单工厂模式在 JDK 中最典型的应用要数 JDBC。可以把关系型数据库认为是一种抽象产品，各厂商提供的具体关系型数据库（MySQL、PostgreSQL、Oracle）则是具体产品。DriverManager 是工厂类。应用程序通过 JDBC 接口使用关系型数据库时，并不需要关心具体使用的是哪种数据库，而直接使用 DriverManager 的静态方法去得到该数据库的 Connection。

## 3.2 工厂方法模式

### 3.2.1 引题

3.1 节中使用简单工厂模式实现的奥迪汽车生产和销售程序真的就是完美解决方案吗？观察 3.1.4 节中的类图和代码，考虑当一汽奥迪又生产新产品 Q7 时，除了要增加 Q7 类，还需不需要变动其他类呢？会发现工厂类 FAWAudiFactory 也要增加关于实例化 Q7 的代码才可以。这就再一次违反了开-闭原则。工厂方法模式可以解决这一问题。

### 3.2.2　工厂方法模式定义

工厂方法模式定义一个创建对象的接口，让其子类自己决定实例化哪一个类，工厂方法模式使其创建对象的过程延迟到子类进行。在工厂方法模式中，核心的工厂类不再负责所有的产品创建，而是将具体创建的工作交给子类去做。该核心类成为一个抽象工厂角色，仅负责给出具体工厂子类必须实现的接口，而不接触哪一个产品类应当被实例化这种细节。

工厂方法模式的结构图如图 3-4 所示。

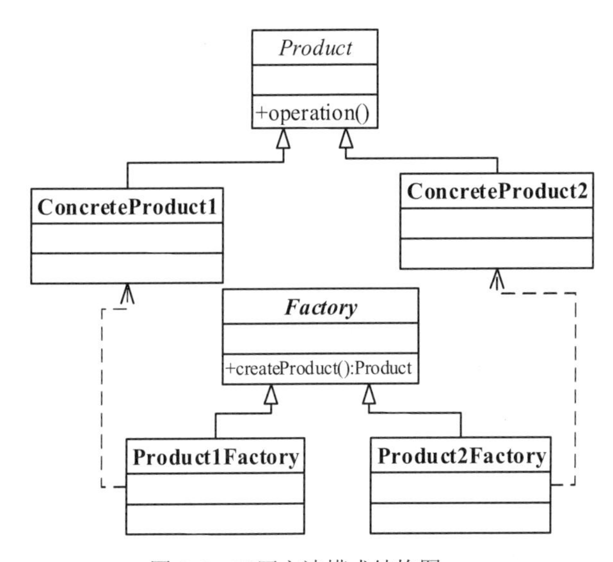


图 3-4　工厂方法模式结构图

从结构图中可以看出，其中涉及四类角色：Product 角色、ConcreteProduct 角色、Factory 角色以及 ProductFactory 角色。

- Product 抽象产品角色。工厂方法模式所创建的所有对象的父类，负责描述所有实例所共有的公共特性及行为。
- ConcreteProduct 具体产品角色。具体的产品实现。
- Factory 抽象工厂角色。工厂方法模式的核心，它与应用程序无关。封装着具体工厂角色必须继承的方法。
- ProductFactory 具体工厂角色。各具体工厂用来创建各自负责的产品。

Product、ConcreteProduct1、ConcreteProduct2 类代码同 3.1.2 不变，Factory、Product1Factory、Product2Factory 代码如下：

Factory 类代码：

```
abstract class Factory{
    public abstract Product createProduct();
}
```

Product1Factory 类代码：

```
class Product1Factory extends Factory{
    @Override
    public Product createProduct() {
```

```
            return new ConcreteProduct1();
        }
    }
```

Product2Factory 类代码：

```
    class Product2Factory extends Factory{
        @Override
        public Product createProduct() {
            return new ConcreteProduct2();
        }
    }
```

客户端代码：

```
    class Client{
        public static void main(String[] args){
            Factory factory=new Product1Factory();
            Product product1=factory.createProduct();
            product1.operation();
            Product product2=factory.createProduct();
            product2.operation();
        }
    }
```

基于上述程序，如果再增加一种新的产品会如何改动程序呢？例如在增加新产品ConcreteProduct3的同时，只需要增加一个用于生产ConcreteProduct3对象的具体工厂Product3Factory即可，无需再改动原有其他类的实现。当然，有的读者可能会质疑，既然每个工厂都生成一个特定的类对象，那何必还用工厂呢？在客户端通过工厂生成对象与直接生成具体的产品还会有什么区别吗？

观察上述客户端代码中的阴影代码，上述代码产生了两个ConcreteProduct1对象，现在如果想把生成两个ConcreteProduct1对象改成生成两个ConcreteProduct2对象，该如何改动代码呢？只需将第一句Factory factory=new Product1Factory()改成Factory factory=new Product2Factory()即可。这就是工厂方法模式的作用所在。而如果在客户端直接使用new Concrete1Product()生成两个对象，在面临同样的需求变化时需要改动几个地方呢？答案是两个：需要将两次new Concrete1Product()都改成new Concrete2Product()。工厂方法模式最大的特点还是解决了简单工厂模式的问题，完全遵守开-闭原则，实现扩展性，可以应用于产品结构复杂的场合。

### 3.2.3 工厂方法模式相关知识

（1）意图：改进简单工厂模式，完全遵守开-闭原则。

（2）优缺点。

优点：

- 一个调用者想创建一个对象，只要知道其名称即可。
- 扩展性高，如果想增加一个产品，只要扩展一个工厂类即可。
- 屏蔽产品的具体实现，调用者只关心产品的接口。

缺点：

- 每次增加一个产品时，都需要增加一个具体类和对象实现工厂，使得系统中类的个数成倍增加，在一定程度上增加了系统的复杂度，同时也增加了系统具体类的依赖。

（3）适用场景。

- 一个类不知道它所需要的对象的类。在工厂方法模式中，不需要具体产品的类名，只需要知道创建它的具体工厂即可。
- 一个类通过其子类来指定创建哪个对象。在工厂方法模式中，对于抽象工厂类只需要提供一个创建产品的接口，而由其子类来确定具体要创建的对象，在程序运行时，子类对象将覆盖父类对象，从而使得系统更容易扩展。
- 将创建对象的任务委托给多个工厂子类中的某一个，客户端在使用时可以无须关心是哪一个工厂子类创建产品子类，需要时再动态指定。

### 3.2.4 应用举例

现使用工厂方法模式重写奥迪汽车生产和销售程序，来弥补用简单工厂模式违反开-闭原则的缺陷。类结构如图 3-5 所示。

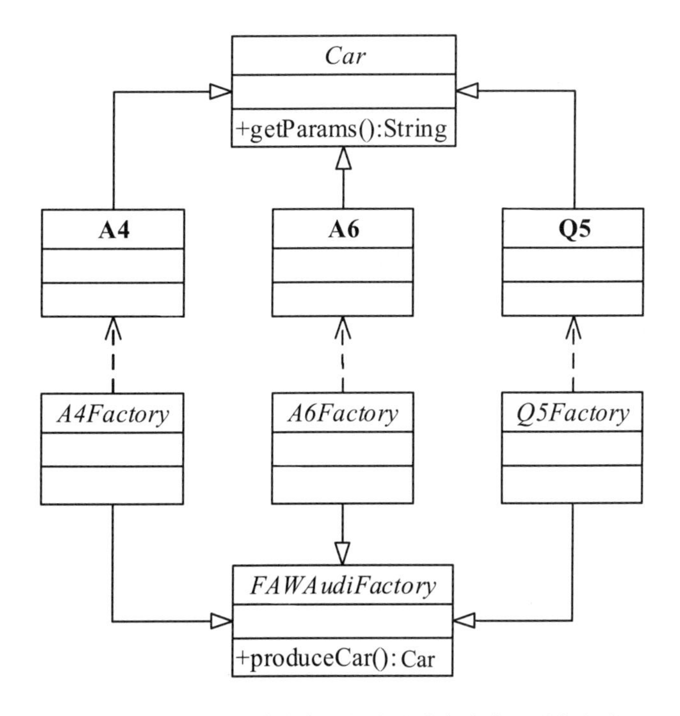


图 3-5 用工厂方法模式实现的奥迪汽车生产和销售程序

Car 类、A4 类、A6 类以及 Q5 类保持 3.1.1 中的代码不变。

FAWAudiFactory 类为抽象工厂角色，代码如下：

```
abstract class FAWAudiFactory{
    public abstract Car produceCar();
}
```

A4Factory 类是专门生产 A4 对象的具体工厂，代码如下：

```
class A4Factory extends FAWAudiFactory{
    @Override
    public Car produceCar(){
        return new A4();
    }
}
```

A6Factory 类是专门生产 A6 对象的具体工厂，代码如下：

```
class A6Factory extends FAWAudiFactory{
    @Override
    public Car produceCar(){
        return new A6();
    }
}
```

Q5Factory 类是专门生产 Q5 对象的具体工厂，代码如下：

```
class Q5Factory extends FAWAudiFactory{
    @Override
    public Car produceCar(){
        return new Q5();
    }
}
```

客户端代码如下：

```
class Client{
    public static void main(String[] args){
        FAWAudiFactory factory=new A4Factory();
        Car car1=factory.produceCar();
        System.out.println("car1 的技术参数是："+car1.getParams());
        Car car2=factory.produceCar();
        System.out.println("car2 的技术参数是："+car2.getParams());
        System.out.println(car1==car2);
    }
}
```

现在思考，如果一汽奥迪又生产了一种新产品 Q7，该如何改动类结构？方案如图 3-6 所示。

从图 3-6 可见，在面临增加新产品的需求变化时，只需要新增 Q7 类和 Q7Factory 类即可，完全不需要改动其他类，当然如果客户端生成 Q7 对象还是需要改动代码的，将上述客户端代码中的第一行：

```
FAWAudiFactory factory=new A4Factory();
```

改为：

```
FAWAudiFactory factory=new Q7Factory();
```

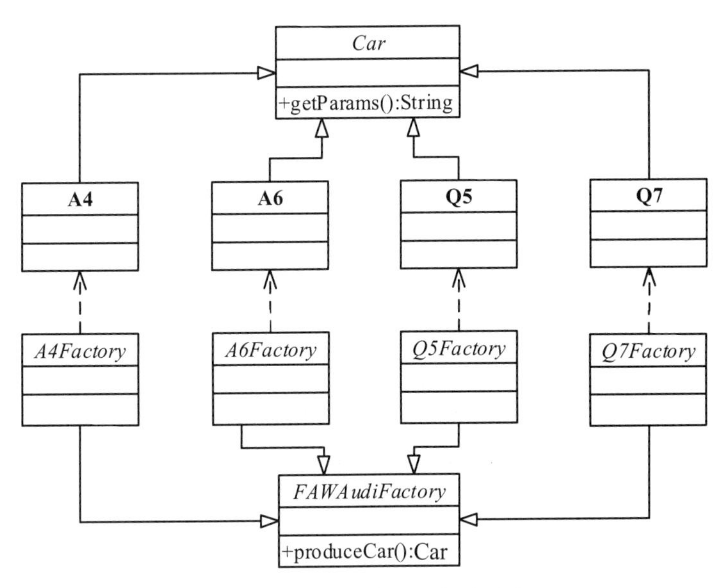


图 3-6　新增 Q7 产品后的类结构

### 3.2.5　应用扩展——反射在工厂方法模式中的应用

有没有办法在 A4 变为 Q7 时，连客户端代码都不用修改呢？我们可以通过反射机制来达到上述目的。

（1）反射机制的概念。反射机制是在运行状态中，对于任意一个类，都能够知道这个类的所有属性和方法；对于任意一个对象，都能够调用它的任意一个方法和属性。这种动态获取信息以及动态调用对象方法的功能称为反射机制。

（2）反射机制用途。反射机制主要提供了以下功能：

- 在运行时判断任意一个对象所属的类。
- 在运行时构造任意一个类的对象。
- 在运行时判断任意一个类所具有的成员变量和方法。
- 在运行时调用任意一个对象的方法。
- 生成动态代理。

我们可以利用反射机制“在程序运行时构造任意一个类的对象”这一特点，来代替 new 语句生成类对象。

（3）反射机制的相关 API。可以通过 Class.forName(String className)方法来动态加载一个类，通过该类的 newInstance()方法来实例化该类的对象。例如：

```
abstract class I{
    public abstract void print();
}
class A extends I{
    @Override
        public void print(){
            System.out.println("这是 A 类");
    }
```

```
}
class B extends I{
    @Override
    public void print(){
        System.out.println("这是 B 类");
    }
}
class Test{
    public static void main(String[] args) {
        try {
            I a = (I)Class.forName("A").newInstance();//加载 A 类并创建实例
            a.print();
        } catch (Exception e) {
            e.printStackTrace();
        }
    }
}
```

上述加阴影的代码行就是利用反射机制动态创建 A 类对象的实现。使用 new 创建对象最大的弊端就是 new 后面必须是具体要实例化的类的构造函数，这就违反了依赖置换原则。而使用反射机制替代 new 之后，具体的类 A 已经变成了字符串形式，例如，调用 Class.forName() 时传递的字符串参数“A”，而字符串相比类最大的优点就是可以外部化，也就是可以将这个代表类名的字符串写到外部文件中去。这样，在将来需要变更类的时候，只需要在外部文件中把原类名改成其他的类名即可。

例如，将类名写入 properties 文件，键值信息为 className=A。改造 Test 类代码如下：

```
class Test{
    public static void main(String[] args) {
        try {
            Properties prop = new Properties();//构建输入流对象指向 properties 文件
            InputStream in = new BufferedInputStream (new FileInputStream("app.properties"));
            prop.load(in); ///加载属性列表
            String className=prop.get("className").toString();//读取键为 className 的值信息
            I a = (I)Class.forName(className).newInstance();//按读取出来的类名加载类并创建实例
            a.print();
        } catch (Exception e) {
            e.printStackTrace();
        }
    }
}
```

经改造后，上述 Test 类如果想把 A 类改成 B 类，只需改动 properties 文件中的 Class Name 值信息即可，无需改动任何代码。

基于上述知识点，请读者自行思考，改造 3.2.4 中的 Client 类，令其完全解耦。

# 3.3　抽象工厂模式

## 3.3.1　引题

我国境内目前在售的奥迪汽车除了一汽奥迪生产的产品外，还有德国原装进口的产品。3.1 节和 3.2 节只考虑了一汽奥迪生产的国产 A4、A6、Q5，其实同样的产品还存在进口的版本。用户在选择国产车的同时，也可以在经济条件充裕的情况下，直接定位到进口车的选择上。需求变更点和 3.2 节比发生了变化，3.2 节的需求变更点是满足产品的扩展，而上述话题的变更点则是产品族群的变更。原来的预算下，只考虑购买一汽奥迪的国产汽车，但是现在不考虑国产奥迪，转而考虑购买纯进口奥迪。面临产品族类的变更，采用抽象工厂模式更适合。

## 3.3.2　抽象工厂模式定义

抽象工厂模式是所有形态的工厂模式中最为抽象和最具一般性的一种形态。它的定义是：提供一个创建一系列相关或相互依赖对象的接口，而无需指定它们具体的类。

抽象工厂模式是指当有多个抽象角色时，使用的一种工厂模式。抽象工厂模式可以向客户端提供一个接口，使客户端在不必指定具体产品的情况下，创建多个产品族中的产品对象。根据里氏替换原则，任何接受父类型的地方，都应当能够接受子类型要求，实际上系统所需要的仅仅是类型与抽象产品角色相同的一些实例，而不是这些抽象产品的实例。换言之，也就是这些抽象产品的具体子类的实例。工厂类负责创建抽象产品的具体子类的实例。抽象工厂模式的结构图如图 3-7 所示。

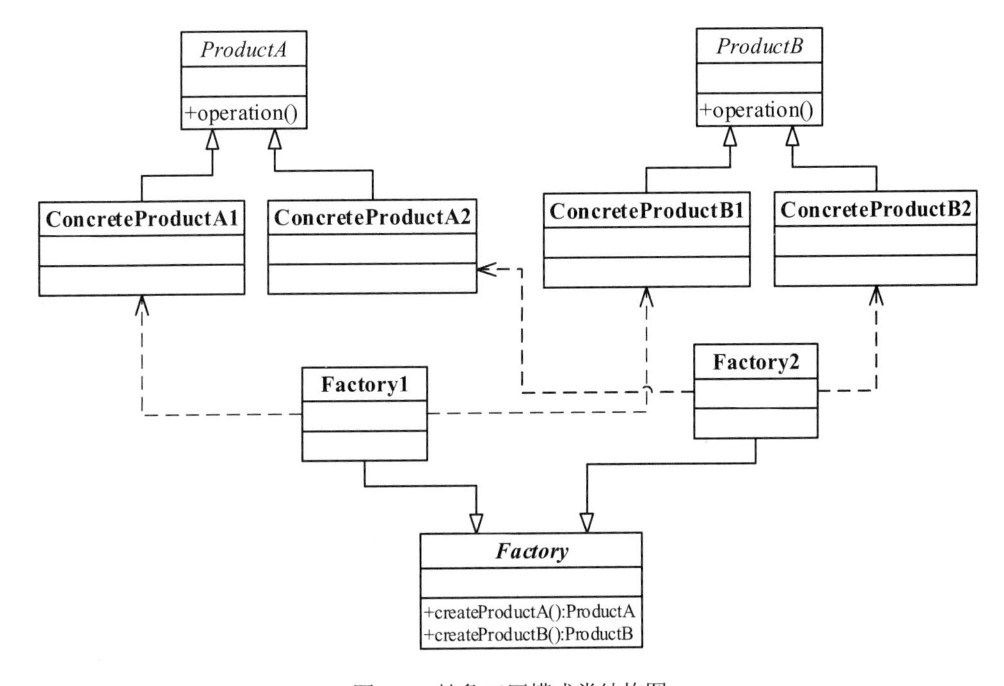


图 3-7　抽象工厂模式类结构图

从结构图中可以看出，其中涉及四类角色：抽象产品角色（ProductA、ProductB）、具体产品角色（ConcreteProductA1、ConcreteProductA2、ConcreteProductB1、ConcreteProductB2）、抽象工厂角色（Factory）以及具体工厂角色（Factory1、Factory2）。

- 抽象产品角色。它是具体产品继承的父类或者是实现的接口。在抽象工厂中涉及的抽象产品都是多个，否则也就没必要应用抽象工厂模式了。
- 具体产品角色。具体工厂角色所创建的对象就是此角色的实例。
- 抽象工厂角色。工厂的抽象，它规约了具体工厂应具备的生产行为（即都可以生产哪些对象）。
- 具体工厂角色。具体创造实例的工厂。相比工厂方法模式，具体工厂创建的不会是一个类对象，而是一族类对象。

以下是抽象工厂模式的基本代码实现。

ProductA 类代码：

```
abstract class ProductA{
    public abstract void operation();
}
```

ProductB 类代码：

```
abstract class ProductB{
    public abstract void operation();
}
```

ConcreteProductA1 类代码：

```
class ConcreteProductA1 extends ProductA{
    @Override
    public void operation() {
        System.out.println("ConcreteProductA1 产品具体操作");
    }
}
```

ConcreteProductA2 类代码：

```
class ConcreteProductA2 extends ProductA{
    @Override
    public void operation() {
        System.out.println("ConcreateProductA2 产品具体操作");
    }
}
```

ConcreteProductB1 类代码：

```
class ConcreteProductB1 extends ProductB{
    @Override
    public void operation() {
        System.out.println("ConcreteProductB1 产品具体操作");
    }
}
```

ConcreteProductB2 类代码：

```
class ConcreteProductB2 extends ProductB{
    @Override
```

```
        public void operation() {
            System.out.println("ConcreateProductB2 产品具体操作");
        }
    }
```

Factory 类代码：

```
    abstract class Factory{
        public abstract ProductA createProductA();
        public abstract ProductB createProductB();
    }
```

Factory1 类代码：

```
    class Factory1 extends Factory{
        @Override
        public ProductA createProductA() {
            return new ConcreteProductA1();
        }
        @Override
        public ProductB createProductB() {
            return new ConcreteProductB1();
        }
    }
```

Factory2 类代码：

```
    class Factory2 extends Factory{
        @Override
        public ProductA createProductA() {
            return new ConcreteProductA2();
        }
        @Override
        public ProductB createProductB() {
            return new ConcreteProductB2();
        }
    }
```

客户端代码：

```
    class Client{
        public static void main(String[] args){
            Factory factory=new Factory1();
            ProductA productA=factory.createProductA();
            productA.operation();
            ProductB productB=factory.createProductB();
            productB.operation();
        }
    }
```

运行结果如下：

```
    ConcreteProductA1 产品具体操作
    ConcreteProductB1 产品具体操作
```

如果现在想切换产品系列，不想生产 ConcreteProductA1 和 ConcreteProductB1，转而生产 ConcreteProductA2 和 ConcreteProductB2 该如何改动呢？只需将上述客户端代码中的阴影代码：

```
Factory factory=new Factory1();
```

修改为：

```
Factory factory=new Factory2();
```

### 3.3.3 抽象工厂模式相关知识

（1）意图。抽象工厂模式主要用于产品族的切换。

（2）优缺点。

优点：

- 抽象工厂隔离了具体类的生成，使得客户端不需要知道什么被创建。所有的具体工厂都实现了抽象工厂中定义的公共接口，因此只需要改变具体工厂的实例，就可以在某种程度上改变整个软件系统的行为。
- 当一个产品族中的多个对象被设计成一起工作时，它能够保证客户端始终只使用同一个产品族中的对象。

缺点：

- 添加新的行为时比较麻烦。如果需要添加一个新产品族对象时，需要更改接口及其下所有子类，这必然会带来很大的麻烦。

（3）适用场景。

- 一个系统不应依赖于产品类实例如何被创建、组合和表达的细节，这对于所有类型的工厂模式都是重要的。
- 系统中有多于一个的产品族，而每次只使用其中某一产品族。
- 属于同一个产品族的产品将在一起使用，这一约束必须在系统的设计中体现出来。
- 系统提供一个产品类的库，所有的产品以同样的接口出现，从而使客户端不依赖于具体实现。

### 3.3.4 应用举例

依据上述两节对抽象工厂模式的介绍，针对引题中提出的问题，应用抽象工厂模式给出方便在客户端切换进口车与国产车的解决方案，如图 3-8 所示。

AudiFactory 为抽象工厂，FAWAudiFactory 为一汽奥迪工厂，ImportedAudiFactory 为进口奥迪工厂，A4Car 为 A4 汽车抽象，A6Car 为 A6 汽车抽象，Q5Car 为 Q5 汽车抽象，FAWA4 为一汽奥迪 A4 产品，ImportedA4 为进口奥迪 A4 产品，FAWA6 为一汽奥迪 A6 产品，ImportedA6 为进口奥迪 A6 产品，FAWQ5 为一汽奥迪 Q5 产品，ImportedQ5 为进口奥迪 Q5 产品。程序代码如下：

AudiFactory 类代码：

```
abstract class AudiFactory{
    public abstract A4Car produceA4();
    public abstract A6Car produceA6();
    public abstract Q5Car produceQ5();
}
```

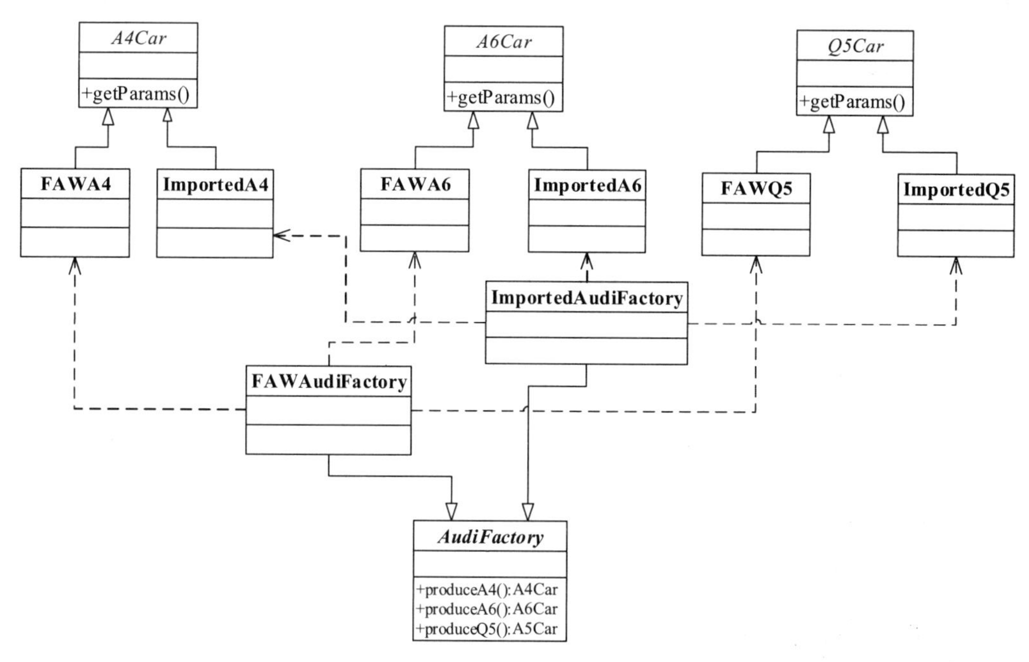


图 3-8　应用了抽象工厂模式的汽车生产和销售程序

FAWAudiFactory 类代码：

```
class FAWAudiFactory extends AudiFactory{
    @Override
    public A4Car produceA4(){
        return new FAWA4();
    }
    @Override
    public A6Car produceA6(){
        return new FAWA6();
    }
    @Override
    public Q5Car produceQ5(){
        return new FAWQ5();
    }
}
```

ImportedAudiFactory 类代码：

```
class ImportedAudiFactory extends AudiFactory{
    public A4Car produceA4(){
        return new ImportedA4();
    }
    public A6Car produceA6(){
        return new ImportedA6();
    }
    public Q5Car produceQ5(){
        return new ImportedQ5();
    }
}
```

A4Car 类代码：

```
abstract class A4Car{
    public abstract String getParams();
}
```

A6Car 类代码：

```
abstract class A6Car{
    public abstract String getParams();
}
```

Q5Car 类代码：

```
abstract class Q5Car{
    public abstract String getParams();
}
```

FAWA4 类代码：

```
class FAWA4 extends A4Car{
    @Override
    public String getParams() {
        return "车型国产 A4，轿车，车身尺寸 4818mm*1843mm*1432mm，轴距 2908mm，整车
质量 1565kg";
    }
}
```

ImportedA4 类代码：

```
class ImportedA4 extends A4Car{
    @Override
    public String getParams() {
        return "车型进口 A4，轿车，车身尺寸 4750mm*1842mm*1433mm，轴距 2828mm，整车
质量 1730kg";
    }
}
```

FAWA6 类代码：

```
class FAWA6 extends A6Car{
    @Override
    public String getParams()  {
        return "车型国产 A6，轿车，车身尺寸 5036mm*1874mm*1466mm，轴距 3012mm，整车
质量 1750kg";
    }
}
```

ImportedA6 类代码：

```
class ImportedA6 extends A6Car{
    @Override
    public String getParams()  {
        return "车型进口 A6，轿车，车身尺寸 4923mm*1874mm*1426mm，轴距 2922mm，整车
质量 1845kg";
    }
}
```

FAWQ5 类代码：

```
class FAWQ5 extends Q5Car{
    @Override
    public String getParams() {
        return "车型国产 Q5，小型越野车，车身尺寸 4629mm*1898mm*1655mm，轴距 2807mm，
整车质量 1900kg";
    }
}
```

ImportedQ5 类代码：

```
class ImportedQ5 extends Q5Car{
    @Override
    public String getParams() {
        return "车型进口 Q5，小型越野车，车身尺寸 4629mm*1898mm*1655mm，轴距 2815mm，
整车质量 1900kg";;
    }
}
```

客户端代码：

```
class Client{
    public static void main(String[] args){
        AudiFactory factory=new FAWAudiFactory();
        A4Car car1=factory.produceA4();
        System.out.println("car1 的技术参数是："+car1.getParams());
        A6Car car2=factory.produceA6();
        System.out.println("car2 的技术参数是："+car2.getParams());
        Q5Car car3=factory.produceQ5();
        System.out.println("car3 的技术参数是："+car3.getParams());
    }
}
```

上述客户端代码是选择一汽奥迪产品的代码，如果想改成选择进口奥迪，只需要将代码：

```
AudiFactory factory=new FAWAudiFactory();
```

改成：

```
AudiFactory factory=new ImportedAudiFactory();
```

其他代码都不需要改变。如果连这句代码都不想改动的话，可使用反射机制，替代 new，只需修改配置文件即可。

### 3.3.5 应用扩展——抽象工厂模式在 JDK 中的应用

到现在为止，三个工厂模式已讲解完毕，工厂模式是 Java 各个框架使用最为广泛的设计模式，也是 Java API 使用最为广泛的模式。在 Java 语言的 AWT（Abstract Window Toolkit，抽象窗口工具包）中就使用了抽象工厂模式，它使用抽象工厂模式来实现在不同的操作系统中应用程序呈现与所在操作系统一致的外观界面。把 Window 系统的组件看成一个产品族，把 Mac 系统的组件看作一个产品族，把 Linux 系统组件看作一个产品族，使用抽象工厂模式实现了 Java 的跨平台。

# 3.4 单例模式

## 3.4.1 引题

在实际应用中有很多情况需要约束一个程序（或系统）运行期间，某个类（或某个进程）只能存在唯一的一个实例，如：

- Windows 的 Task Manager（任务管理器），任何情况下都不可能打开两个任务管理器。
- Web 服务器的内置对象 Application。在 Web 项目的整个请求生命周期 Application 对象是唯一的。正因如此，Application 才可以实现多客户间的数据共享。

在如下场景中：

少林寺景区门票是由少林寺唯一授权部门制作并发放的，姑且称为票务管理中心。每张门票上面都具有唯一编号，绝不可能重复。现在需要编写一段程序来模拟票务管理中心生成票号的过程。

票务管理中心 TicketMaker 类结构图如图 3-9 所示。

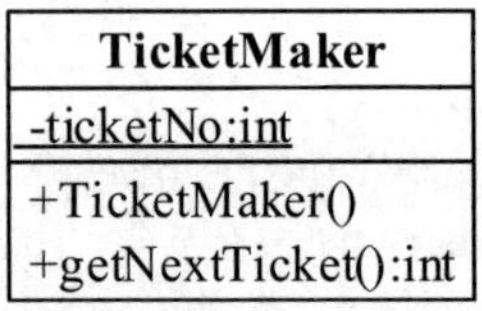

| **TicketMaker** |
|---|
| -ticketNo:int |
| +TicketMaker()<br>+getNextTicket():int |

图 3-9　票务管理中心类图

TicketMaker 类代码如下：

```
class TicketMaker{
    public TicketMaker(){
        System.out.println("实例化了一个新的票务管理中心");
    }
    private int ticketNo=10000;//已生成的最新票号
    public int getNextTicket(){//生成下一个票号
        return ticketNo++;
    }
}
```

客户端 ClientDemo 代码如下：

```
class ClientDemo{
    public static void main(String[] args){
        TicketMaker tm=new TicketMaker();
        System.out.println("当前票号："+tm.getNextTicket());
        System.out.println("当前票号："+tm.getNextTicket());
    }
}
```

运行结果如下：

```
实例化了一个新的票务管理中心
```

当前票号：10000
当前票号：10001

表面看起来运行效果并没有任何问题，但当项目规模较大，编写 ClientDemo 的程序员与编写 TicketMaker 的程序员并非同一人时，编写 ClientDemo 的程序员就可能将代码写成这样：

```
class ClientDemo{
    public static void main(String[] args){
        TicketMaker tm=new TicketMaker();
        System.out.println("当前票号："+tm.getNextTicket());
        TicketMaker tm2=new TicketMaker();
        System.out.println("当前票号："+tm2.getNextTicket());
    }
}
```

那么运行结果就变成了：

实例化了一个新的票务管理中心
当前票号：10000
实例化了一个新的票务管理中心
当前票号：10000

很显然两次打印的票号都是一样的。而根本原因在于，在打印第二个票号时又重新生成了一个新的 TicketMarket 实例（编写 ClientDemo 的程序员有权这样做，他并不知道 TicketMarket 产生多个实例时会造成数据共享问题），并非使用原来的 TicketMarket 实例，两次使用的 ticketNo 也自然不是同块内存的数据。

那么如何解决这个问题？这就要从根本上令 TicketMarker 无法产生多个实例，只可以产生一个实例。单例模式恰好可以解决这一问题。

### 3.4.2　单例模式定义

单例模式也叫单子模式、单态模式，是设计模式中最简单的形式之一。其最初的定义出现于《设计模式》（艾迪生维斯理，1994）：“保证一个类仅有一个实例，并提供一个访问它的全局访问点。”也就是说，单例模式的目的是使类在程序运行过程中只产生唯一实例。

单例模式的结构图如图 3-10 所示。

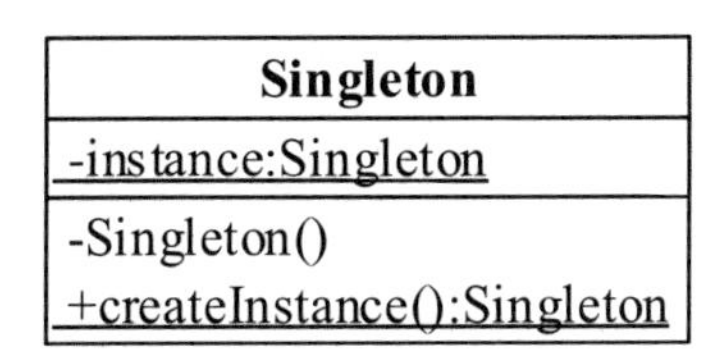


图 3-10　单例模式结构图

从结构图中可以看出，单例模式只涉及一个角色，即需要限制只能产生唯一实例的类——Singleton 本身，该类具有三个要素：

（1）构造函数需要私有化，只有将构造函数私有化，才能杜绝在外界随意使用 new 创建实例对象。

（2）需要一个静态的 Singleton 类型的成员变量 instance，用于存放该类的唯一实例。

（3）需要一个静态的 createInstance 函数，该函数就是 Singleton 类提供给外界的全局访问点，外界通过此函数创建并获得 Singleton 类的唯一实例。

以下是单例模式的基本代码实现。

Singleton 类：

```
class Singleton{
    private static Singleton instance;
    private Singleton(){
    }
    public static Singleton createInstance(){
        if(instance==null){
            instance=new Singleton();
        }
        return instance;
    }
}
```

### 3.4.3 单例模式相关知识

（1）意图。保证一个类仅有一个实例，并提供一个访问它的全局访问点。

（2）优缺点。

优点：

- 在内存里只有一个实例，减少了内存的开销，尤其是频繁的创建和销毁实例。
- 避免对资源的多重占用（比如写文件操作）。

缺点：

- 没有接口，不能继承。
- 与单一职责原则冲突，一个类应该只关心内部逻辑，而不关心外面如何实例化。

（3）适用场景。

- 资源共享的情况下，避免由于资源操作时导致的性能或损耗。
- 控制资源的情况下，方便资源之间的互相通信，如线程池等。

### 3.4.4 应用举例

依据上述两节对单例模式的介绍，针对引题中的例子，应用单例模式给出解决方案，如图 3-11 所示。

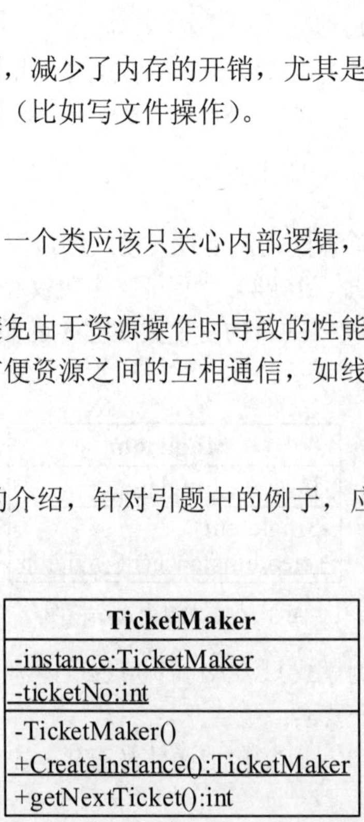

| **TicketMaker** |
| --- |
| -instance:TicketMaker<br>-ticketNo:int |
| -TicketMaker()<br>+CreateInstance():TicketMaker<br>+getNextTicket():int |

图 3-11 应用单例模式设计 TicketMaker 类

TicketMaker 类代码如下：

```
class TicketMaker{
    private TicketMaker(){
        System.out.println("实例化了一个新的票务管理中心");
    }
    private static TicketMaker instance=null;
    public static TicketMaker createInstance(){
        if(instance==null){
            instance=new TicketMaker();
        }
        return instance;
    }
    private int ticketNo=10000;
    public int getNextTicket(){
        return ticketNo++;
    }
}
```

客户端 ClientDemo 代码如下：

```
class ClientDemo{
    public static void main(String[] args){
        TicketMaker tm=TicketMaker.createInstance();
        System.out.println("当前票号："+tm.getNextTicket());
        TicketMaker tm2=TicketMaker.createInstance();
        System.out.println("当前票号："+tm2.getNextTicket());
        System.out.println(tm.equals(tm2));
    }
}
```

运行结果如下：

```
实例化了一个新的票务管理中心
当前票号：10000
当前票号：10001
true
```

从运行结果可见，尽管使用了两次 TicketMaker.createInstance()方法，所返回的实例确实是同一个，票号也打印正常，有效解决了 3.4.1 中遇到的难题。

### 3.4.5　应用扩展——单例模式在多线程中的应用

3.4.4 小节的实现是基于单线程的，如果将 main 函数改成以多线程的形式生成票号就会出现问题。

加入线程类 MyThread，代码如下：

```
class MyThread extends Thread{
    public void run(){
        TicketMaker tm=TicketMaker.createInstance();
        System.out.println("当前票号："+tm.getNextTicket());
    }
}
```

客户端 ClientDemo 代码改造如下：

```
class ClientDemo{
    public static void main(String[] args){
        MyThread t1=new MyThread();
        MyThread t2=new MyThread();
        t1.start();
        t2.start();
    }
}
```

运行结果如下：

```
实例化了一个新的车票生成器
实例化了一个新的车票生成器
当前票号：10000
当前票号：10000
```

从运行结果可见，在多线程下，现有的单例模式失效了，在程序运行过程中产生了两个 TicketMaker 实例。

原因在于 TicketMaker 类实现不够严谨。观察 TickerMaker 中 createInstance 函数的这个代码片段：

```
if(instance==null){
    instance=new TicketMaker();
}
```

该代码首先读 instance，判断 instance 是否为 null，接下来实例化 TicketMaker 对象，写 instance。如果在多线程中同时读写同一个对象，就会涉及线程同步问题。

上述 main 函数启动两个线程，各调用一次 createInstance 函数，初始时 instance 必然为 null，假设 t1 线程先拿到 CPU 使用权，执行完 if(instance==null)语句后，还没来得急执行 instance=new TickerMaker()时，t1 的时间到了，必须让出 CPU 使用权给其他线程。此时，线程 t2 拿到 CPU 使用权，执行 if(instance==null)语句，此时由于刚才 t1 还没有执行 new 语句，所以 instance 仍然为 null，t2 满足判断条件就会执行 instance=new TickerMaker()语句，此时实例化一个 TickerMaker 对象。t2 执行完毕后，t1 再次拿到 CPU 使用权，会接着执行没有执行完的内容，即 instance=new TickerMaker()，这时又创建了一个 TickerMaker 对象，问题就出现了。

解决该问题也很简单，只要为上述语句块加同步锁 synchronized，令该语句块必须在一个线程中执行完才能执行另一个线程相同语句块。修改后的 TicketMaker 完整代码如下：

```
class TicketMaker{
    private TicketMaker(){
        System.out.println("实例化了一个新的车票生成器");
    }
    private static TicketMaker instance=null;
    public static TicketMaker createInstance(){
        synchronized(TicketMaker.class){
            if(instance==null){
```

```
                instance=new TicketMaker();
            }
        }
        return instance;
    }
    private int ticketNo=10000;
    public int getNextTicket(){
        return ticketNo++;
    }
}
```

运行结果如下：

```
实例化了一个新的车票生成器
当前票号：10000
当前票号：10001
```

运行结果表明单例模式再次生效。

但是众所周知，synchronized 是以 CPU 使用权空轮转为代价的，效率较低，当 synchronized 频繁调用时效率更会受影响，应尽量避免 synchronized 的调用。观察上述代码，其实只有当 instance 为空时，才有必要去同步，如果 instance 并不为空也就不涉及 instance 写的问题，那么也就不存在线程同步的问题。所以，可以在 synchronized 之前先做一次 instance 是否为空的判断，如果 instance 为空，才考虑使用同步锁解决同时读写的问题。改造后的代码片段如下：

```
public static TicketMaker createInstance(){
    if(instance==null){
        synchronized(TicketMaker.class){
            if(instance==null){
                instance=new TicketMaker();
            }
        }
    }
    return instance;
}
```

上述代码在synchronized的前后，做了两次if检测，这就是经典的“双重检查锁定”，可以有效降低 synchronized 造成的负面影响。

## 3.5　原型模式

### 3.5.1　引题

饭店为促进生意，会派发许多宣传单，宣传单上一般具有如下信息：饭店名称、饭店简介。现在要用程序实现这一业务，宣传单类设计如图 3-12 所示。

| Leaflet |
| --- |
| -restaurantName:String<br>-restaurantIntroduce:String |
| +Leaflet(String restName,String restIntro)<br>+setRestaurantName(String restaurantName)<br>+getRestaurantName()<br>+setRestaurantIntroduce(String restaurantIntroduce)<br>+getRestaurantIntroduce()<br>+pintLeaflet() |

图 3-12　宣传单类设计图

Leaflet 类代码如下：

```
class Leaflet{
    private String restaurantName;
    private String restaurantIntroduce;
    public String getRestaurantName() {
        return restaurantName;
    }
    public void setRestaurantName(String restaurantName) {
        this.restaurantName = restaurantName;
    }
    public String getRestaurantIntroduce() {
        return restaurantIntroduce;
    }
    public void setRestaurantIntroduce(String restaurantIntroduce) {
        this.restaurantIntroduce = restaurantIntroduce;
    }
    public Leaflet(String restName,String restIntro){
        restaurantName=restName;
        restaurantIntroduce=restIntro;
    }
    public void printLeaflet(){
        System.out.println("---------"+restaurantName+"-----------");
        System.out.println(restaurantIntroduce);
        System.out.println("---------期待您的光临---------");
    }
}
```

客户端代码如下：

```
class ClientDemo{
    public static void main(String[] args){
        //创建第一份传单
        Leaflet leaflet=new Leaflet("华豫川","这是一家正宗的川菜馆，欢迎来品尝！");
        leaflet.printLeaflet();
        //创建第二份传单
        Leaflet leaflet1=new Leaflet("华豫川","这是一家正宗的川菜馆，欢迎来品尝！");
        leaflet1.printLeaflet();
    }
}
```

上述代码可见，第二份传单所传参数与第一份传单一模一样，事实上再创建 100 份“华豫川”酒店的传单所传参数还是一样的。面对这种情况，重复的用“new+参数”的形式来构建对象未免太过麻烦。如果有像复印机一样的实现方法就最好了，创建好第一份传单后，剩下的直接复制即可。原型模式利用的就是复印机原理，有了一个原型对象后，利用克隆（Clone）技术复制多个内容相同对象（但不是同一个对象）出来。

### 3.5.2 原型模式定义

原型模式就是用原型实例指定创建对象的种类，并通过复制这些原型创建新的对象。原型模式其实就是从一个对象克隆出另外一个可定制的对象，而且不需要知道任何创建的细节。

原型模式的结构图如图 3-13 所示。

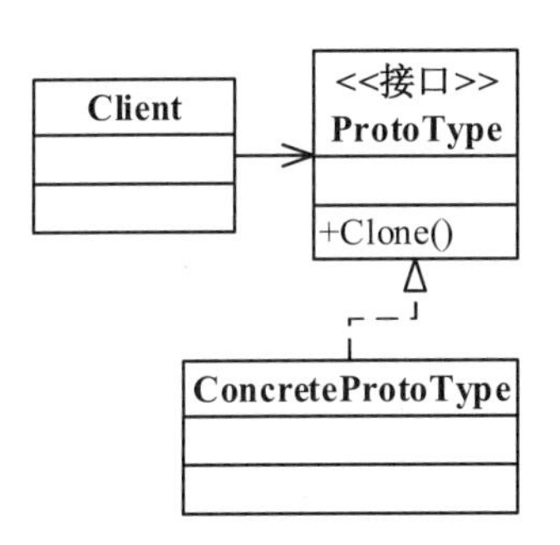


图 3-13 原型模式结构图

从结构图中可以看出，其中涉及三个角色：ProtoType 角色、ConcreteProtoType 角色以及 Client 角色。

- ProtoType 抽象原型角色。规定了具体原型对象必须实现的接口，主要就是复制接口。事实上，Java 已为我们提供了用于复制对象的接口 Cloneable，如果没有特殊方法需要从具体原型角色中抽象出来的话，完全可以直接使用 Cloneable 作为抽象原型角色，如果还有某些方法需要从具体原型对象中抽象出来，可自定义一个抽象原型接口，但该接口必须实现 Cloneable 接口才能够实现对象复制。
- ConcreteProtoType 具体原型角色。从抽象原型派生而来，是客户程序使用的对象，即被复制的对象。此角色需要实现抽象原型角色所要求的接口。
- Client 角色。使用原型对象的客户程序。

以下是原型模式的基本代码实现（本例直接使用 Cloneable 接口作为原型抽象，因此省略了 ProtoType 类的实现）。

ConcreteProtoType 类：

```
class ConcreteProtoType implements Cloneable{
    @Override
    protected Object clone() throws CloneNotSupportedException {
        return super.clone();
    }
}
```

Client 类：

```
class Client{
    public static void main(String[] args) throws CloneNotSupportedException{
        ConcreteProtoType concreteProtoType=new ConcreteProtoType();
        ConcreteProtoType concreteProtoType2=(ConcreteProtoType)concreteProtoType.clone();
    }
}
```

从上述代码可见，concreteProtoType 对象是使用 new 创建的，而 concreteProtoType2 对象，则是使用 concreteProtoType 的 clone()方法复制出来的。

### 3.5.3 原型模式相关知识

（1）意图。用最简单的方法复制出一个新的对象。

（2）优缺点。

优点：

- 根据客户端要求实现动态创建对象，客户端不需要知道对象的创建细节，便于代码的维护和扩展。
- 使用原型模式创建对象比直接 new 一个对象在性能上要好，因为 Object 类的 clone 方法是一个本地方法，它直接操作内存中的二进制流，特别是复制大对象时，性能的差别非常明显。所以在需要重复地创建相似对象时可以考虑使用原型模式。比如，需要在一个循环体内创建对象，假如对象创建过程比较复杂或者循环次数很多，使用原型模式不但可以简化创建过程，而且可以使系统的整体性能提高。
- 原型模式类似于工厂模式，但它没有工厂模式中的抽象工厂和具体工厂的层级关系，代码结构更清晰和简单。

缺点：

- 每一个类必须配备一个克隆方法。
- 配备克隆方法需要对类的功能进行整体考虑，这对于全新的类不难，但对于已有的类有难度，特别当一个类引用不支持串行化的间接对象，或者引用含有循环结构时。

（3）适用场景。原型模式的主要思想是基于现有的对象克隆一个新的对象，一般由对象的内部提供克隆方法，通过该方法返回一个对象的副本，这种创建对象的方式与之前说的几类创建型模式还是有区别的，之前讲述的工厂模式与抽象工厂都是通过工厂封装具体的 new 操作过程，返回一个新的对象，有时通过创建工厂创建对象不合理，特别是以下的几个场景，可能使用原型模式更简单，效率也更高。

- 当一个系统应该独立于它的产品创建、构成和表示时，要使用 Prototype 模式。
- 当要实例化的类是在运行时指定时，例如，通过动态装载。
- 为了避免创建一个与产品类层次平行的工厂类层次时。
- 当一个类的实例只能有几个不同状态组合中的一种时，建立相应数目的原型并克隆它可能比每次用合适的状态手工实例化该类更方便，即在处理一些比较简单的对象，并且对象之间的区别很小，可能只是固定的几个属性不同的时候，可能使用原型模式更合适。

（4）注意事项。使用原型模式复制对象不会调用类的构造方法。因为对象的复制是通过调用 Object 类的 clone()方法来完成的，它直接在内存中复制数据，因此不会调用到类的构造方法。不但构造方法中的代码不会执行，甚至连访问权限都对原型模式无效。还记得单例模式吗？单例模式中，只要将构造方法的访问权限设置为 private 型，就可以实现单例。但是 clone()方法直接无视构造方法的权限，所以，单例模式与原型模式是冲突的。

### 3.5.4 应用举例

依据上述两节对原型模式的介绍，针对引题中的例子，应用原型模式可给出解决方案，如图 3-14 所示。

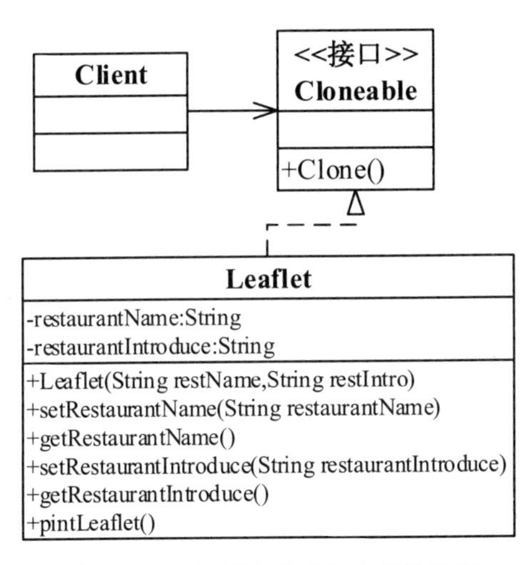


图 3-14 应用原型模式的宣传单程序

Leaflet 类代码如下：

```
class Leaflet implements Cloneable{
    private String restaurantName;
    private String restaurantIntroduce;
    public String getRestaurantName() {
        return restaurantName;
    }
    public void setRestaurantName(String restaurantName) {
        this.restaurantName = restaurantName;
    }
    public String getRestaurantIntroduce() {
        return restaurantIntroduce;
    }
    public void setRestaurantIntroduce(String restaurantIntroduce) {
        this.restaurantIntroduce = restaurantIntroduce;
    }
    public Leaflet(String restName,String restIntro){
        restaurantName=restName;
        restaurantIntroduce=restIntro;
```

```
    }
    public void printLeaflet(){
        System.out.println("---------"+restaurantName+"-----------");
        System.out.println(restaurantIntroduce);
        System.out.println("---------期待您的光临---------");
    }
    @Override
    protected Object clone() throws CloneNotSupportedException {
        return super.clone();
    }
}
```

Client 类代码如下：

```
class Client{
    public static void main(String[] args){
        //创建第一份传单
        Leaflet leaflet=new Leaflet("华豫川","这是一家正宗的川菜馆，欢迎来品尝！");
        leaflet.printLeaflet();
        //创建第二份传单
        try {
            Leaflet leaflet1=(Leaflet)leaflet.clone();
            leaflet1.printLeaflet();
            leaflet1.setRestaurantName("华豫川酒店");//更改 leaflet1 的酒店名称
            leaflet1.printLeaflet();
            leaflet.printLeaflet();
        } catch (CloneNotSupportedException e) {
            e.printStackTrace();
        }
    }
}
```

运行结果如下：

```
---------华豫川-----------
这是一家正宗的川菜馆，欢迎来品尝！
---------期待您的光临---------
---------华豫川-----------
这是一家正宗的川菜馆，欢迎来品尝！
---------期待您的光临---------
---------华豫川酒店-----------
这是一家正宗的川菜馆，欢迎来品尝！
---------期待您的光临---------
---------华豫川-----------
这是一家正宗的川菜馆，欢迎来品尝！
---------期待您的光临---------
```

从上述代码和运行结果可见，在 leaflet1 重置酒店名称（restaurantName）后，leaflet 并没有受影响，可见 leaflet1 是由 leaflet 克隆出来的独立对象。

### 3.5.5　应用扩展——浅复制与深复制

如果上述例子存在如下需求扩展：在制作宣传单时，不但要在宣传单中注明酒店名称、简介还要附上该酒店的特色菜及其价格。类结构变更如图 3-15 所示。

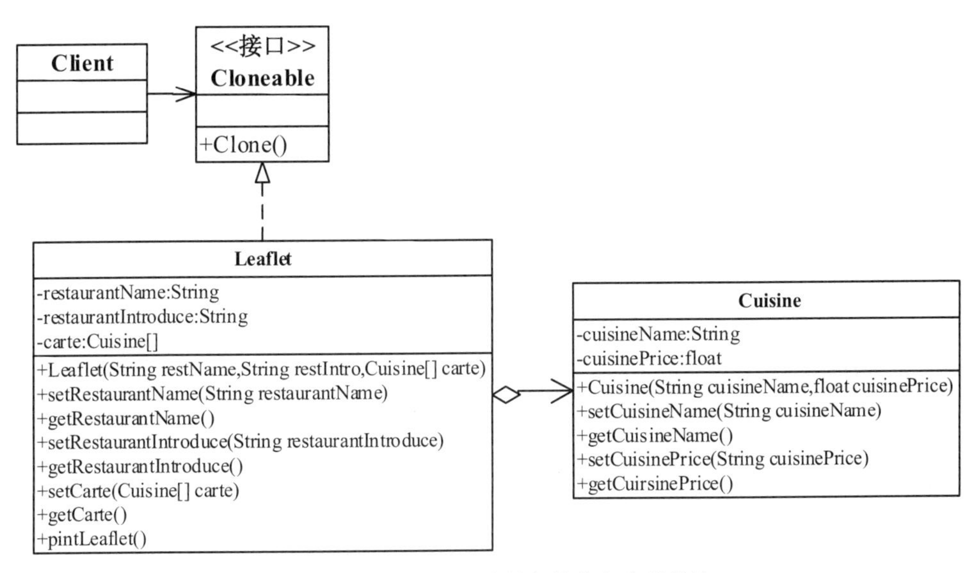


图 3-15　加入特色菜单的宣传单程序类结构

新加的 Cuisine 类为菜品类，两个成员 cuisineName 为菜品名称、cuisinePrice 为菜品价格。Cuisine 类代码如下：

```
class Cuisine{
    private String cuisineName;
    private float cuisinePrice;
    public String getCuisineName() {
        return cuisineName;
    }
    public void setCuisineName(String cuisineName) {
        this.cuisineName = cuisineName;
    }
    public float getCuisinePrice() {
        return cuisinePrice;
    }
    public void setCuisinePrice(float cuisinePrice) {
        this.cuisinePrice = cuisinePrice;
    }
    public Cuisine(String cuisineName,float cuisinePrice){
        this.cuisineName=cuisineName;
        this.cuisinePrice=cuisinePrice;
    }
}
```

Leaflet 类代码变更如下：

```
class Leaflet implements Cloneable{
    private String restaurantName;
    private String restaurantIntroduce;
    private Cuisine[] carte;
    public String getRestaurantName() {
        return restaurantName;
    }
    public void setRestaurantName(String restaurantName) {
        this.restaurantName = restaurantName;
    }
    public String getRestaurantIntroduce() {
        return restaurantIntroduce;
    }
    public void setRestaurantIntroduce(String restaurantIntroduce) {
        this.restaurantIntroduce = restaurantIntroduce;
    }
    public Cuisine[] getCarte() {
        return carte;
    }
    public void setCarte(Cuisine[] carte) {
        this.carte = carte;
    }
    public Leaflet(String restName,String restIntro,Cuisine[] carte){
        restaurantName=restName;
        restaurantIntroduce=restIntro;
        this.carte=carte;
    }
    public void printLeaflet(){
        System.out.println("---------"+restaurantName+"-----------");
        System.out.println(restaurantIntroduce);
        System.out.println("---------推荐菜品---------");
        System.out.println("菜品\t\t 价格");
        for(int i=0;i<carte.length ;i++){//循环打印菜品和价格
            System.out.println(carte[i].getCuisineName()+"\t\t"+carte[i].getCuisinePrice());
        }
        System.out.println("---------期待您的光临---------");
    }
    @Override
    protected Object clone() throws CloneNotSupportedException {
        return super.clone();
    }
}
```

Client 类代码变更如下：

```
class Client{
    public static void main(String[] args) throws CloneNotSupportedException{
        //创建菜单
        Cuisine cuisine=new Cuisine("毛血旺",58);
        Cuisine cuisine1=new Cuisine("麻婆豆腐",28);
        Cuisine cuisine2=new Cuisine("爆炒腰花",48);
        Cuisine[] carte={cuisine,cuisine1,cuisine2};
        //创建第一份菜单
        Leaflet leaflet=new Leaflet("华豫川","这是一家正宗的川菜馆，欢迎来品尝！",carte);
        leaflet.printLeaflet();
        //创建第二份传单
        try {
            Leaflet leaflet1=(Leaflet)leaflet.clone();
            leaflet1.printLeaflet();
            leaflet1.setRestaurantName("华豫川酒店");//更改 leaflet1 的酒店名称
            leaflet1.getCarte()[0].setCuisinePrice(68);//更改 leaflet1 中第一个菜品“毛血旺”的价格
            leaflet1.printLeaflet();
            leaflet.printLeaflet();
        } catch (CloneNotSupportedException e) {
            e.printStackTrace();
        }
    }
}
```

运行结果如下：

```
---------华豫川-----------
这是一家正宗的川菜馆，欢迎来品尝！
---------推荐菜品---------
菜品        价格
毛血旺      58.0
麻婆豆腐    28.0
爆炒腰花    48.0
---------期待您的光临---------
---------华豫川-----------
这是一家正宗的川菜馆，欢迎来品尝！
---------推荐菜品---------
菜品        价格
毛血旺      58.0
麻婆豆腐    28.0
爆炒腰花    48.0
---------期待您的光临---------
---------华豫川酒店-----------
这是一家正宗的川菜馆，欢迎来品尝！
---------推荐菜品---------
菜品        价格
毛血旺      68.0
```

```
麻婆豆腐        28.0
爆炒腰花        48.0
---------期待您的光临---------
---------华豫川-----------
这是一家正宗的川菜馆，欢迎来品尝!
---------推荐菜品---------
菜品            价格
毛血旺          68.0
麻婆豆腐        28.0
爆炒腰花        48.0
---------期待您的光临---------
```

从程序代码和运行结果会发现一个“怪像”：leaflet1 的酒店名称改变并不会影响 leaflet 的酒店名称，但是 leaflet1 的菜品价格改变时却同时影响了 leaflet 的菜品价格（leaflet 的毛血旺的价格也变成了 68 元)。证明 leaflet 和 leaflet1 其实是共用了一个“毛血旺”对象，而并没有克隆出新的对象。

上述现象是典型的“浅复制”表现。事实上 Clone 方法只会复制对象中的基本数据类型，对于数组、容器对象、引用对象等不会复制，这就是浅复制。如果要实现深复制，必须将原型模式中的数组、容器对象、引用对象等另行复制。要想实现 Leaflet 深复制，需要令类中的引用对象所属类 Cuisine 也实现 Cloneable 接口，并在 Leaflet 类的 Clone 函数中手动复制 carte 集合中的各 Cuisine 对象。

修改 Cuisine 类代码如下：

```
class Cuisine implements Cloneable{
    private String cuisineName;
    private float cuisinePrice;
    public String getCuisineName() {
        return cuisineName;
    }
    public void setCuisineName(String cuisineName) {
        this.cuisineName = cuisineName;
    }
    public float getCuisinePrice() {
        return cuisinePrice;
    }
    public void setCuisinePrice(float cuisinePrice) {
        this.cuisinePrice = cuisinePrice;
    }
    public Cuisine(String cuisineName,float cuisinePrice){
        this.cuisineName=cuisineName;
        this.cuisinePrice=cuisinePrice;
    }
    @Override
    protected Object clone() throws CloneNotSupportedException {
        return super.clone();
    }
}
```

修改 Leaflet 类的 Clone 函数如下：

```
protected Object clone() throws CloneNotSupportedException {
    Leaflet leafletTemp=(Leaflet)super.clone();
    Cuisine[] carteTemp=new Cuisine[carte.length];
    for(int i=0;i<carte.length ;i++){//手动复制各 Cuisine 对象
        carteTemp[i]=(Cuisine)carte[i].clone();
    }
    leafletTemp.setCarte(carteTemp);
    return leafletTemp;
}
```

Client 保持不变，运行结果如下：

```
---------华豫川-----------
这是一家正宗的川菜馆，欢迎来品尝！
---------推荐菜品---------
菜品          价格
毛血旺        58.0
麻婆豆腐      28.0
爆炒腰花      48.0
---------期待您的光临---------
---------华豫川-----------
这是一家正宗的川菜馆，欢迎来品尝！
---------推荐菜品---------
菜品          价格
毛血旺        58.0
麻婆豆腐      28.0
爆炒腰花      48.0
---------期待您的光临---------
---------华豫川酒店-----------
这是一家正宗的川菜馆，欢迎来品尝！
---------推荐菜品---------
菜品          价格
毛血旺        68.0
麻婆豆腐      28.0
爆炒腰花      48.0
---------期待您的光临---------
---------华豫川-----------
这是一家正宗的川菜馆，欢迎来品尝！
---------推荐菜品---------
菜品          价格
毛血旺        58.0
麻婆豆腐      28.0
爆炒腰花      48.0
---------期待您的光临---------
```

从上述运行结果可见，leaflet1 的毛血旺价格的改变没有影响到 leaflet 的毛血旺价格，从而证明现在的 leaflet1 和 leaflet 是各自拥有了一个“毛血旺”对象，有效实现了深复制。

# 3.6 建造者模式

## 3.6.1 引题

KFC 在全球连锁店超过 10000 家，值得关注的是每一家的产品味道都基本相同。以炸薯条为例，基本没有客户能吃得出来不同 KFC 营业网点做的炸薯条有什么味道上的差别。反观中餐菜品，一道简单的番茄炒蛋，不同的厨师做出来的口味都会千差万别。究其原因，中餐过于依赖于厨师，没有标准化制作流程；而 KFC 的产品制作已完全流程化，根本不会依赖于厨师的技艺，烹饪流程的每一个细节都有严格的标准，早已工程化。就像建房子一样，建造流程早已具备明确的流程标准，只要依照标准做下去房屋的建造就一定是合格的。食品也一样，只要按照固定的流程和标准做，味道也不会改变。

现在用程序来实现 KFC 的炸薯条过程，肯德基薯条类 KFCFrenchFries 设计如图 3-16 所示。

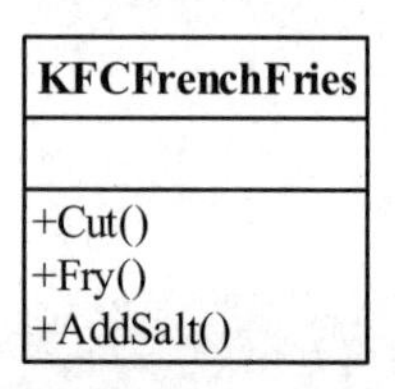


图 3-16 薯条类结构设计

KFCFrenchFries 类代码如下：

```
class KFCFrenchFries {
    public void Cut() {
        System.out.println("将土豆去皮、洗净，切成 6cm*0.5cm*0.5cm 的薯条，每批次总重量 500g");
    }
    public void Fry() {
        System.out.println("将薯条放入 300 摄氏度的油锅中煎炸 15 秒后捞出");
    }
    public void AddSalt() {
        System.out.println("在薯条上均匀撒食盐 10g");
    }
}
```

Client 类代码如下：

```
class Client{
    public static void main(String[] args){
        KFCFrenchFries kfcFrenchFries1=new KFCFrenchFries();
        kfcFrenchFries1.Cut();
        kfcFrenchFries1.Fry();
        kfcFrenchFries1.AddSalt();//kfcFrenchFries1 先切薯条，再炸薯条，再撒盐

        KFCFrenchFries kfcFrenchFries2=new KFCFrenchFries();
        kfcFrenchFries2.Cut();
```

```
            kfcFrenchFries2.AddSalt();
            kfcFrenchFries2.Fry();//kfcFrenchFries2 先切薯条，再撒盐，再炸薯条

            KFCFrenchFries kfcFrenchFries3=new KFCFrenchFries();
            kfcFrenchFries2.Cut();
            kfcFrenchFries2.Fry(); //kfcFrenchFries3 缺少了撒盐工序
        }
    }
```

运行结果如下：

```
将土豆去皮、洗净，切成 6cm*0.5cm*0.5cm 的薯条，每批次总重量 500g
将薯条放入 300 摄氏度的油锅中煎炸 15 秒后捞出
在薯条上均匀撒食盐 10g
将土豆去皮、洗净，切成 6cm*0.5cm*0.5cm 的薯条，每批次总重量 500g
在薯条上均匀撒食盐 10g
将薯条放入 300 摄氏度的油锅中煎炸 15 秒后捞出
将土豆去皮、洗净，切成 6cm*0.5cm*0.5cm 的薯条，每批次总重量 500g
将薯条放入 300 摄氏度的油锅中煎炸 15 秒后捞出
```

从程序代码和运行结果可见，客户端实例化的三个肯德基薯条类对象，每个对象调用的制作工序步骤都不同，有的先炸后加盐，有的先加盐后炸，最后一个 kefFrenchFries 对象甚至都忘记了加盐。可想而知，这个实现做出来的三份薯条一定味道大不相同。想要保证制作每份薯条时不丢失步骤，且做出来的味道一样，就得规约整个炸薯条的流程，建造者模式可以解决这一问题。

### 3.6.2　建造者模式定义

建造者模式（Builder）是创建一个复杂对象的创建型模式，将构建复杂对象的过程和它的部件解耦，使得构建过程和部件的表示分离开来，两者之间的耦合也降到最低，同样的构建过程可以创建不同的表示。

建造者模式的结构图如图 3-17 所示。

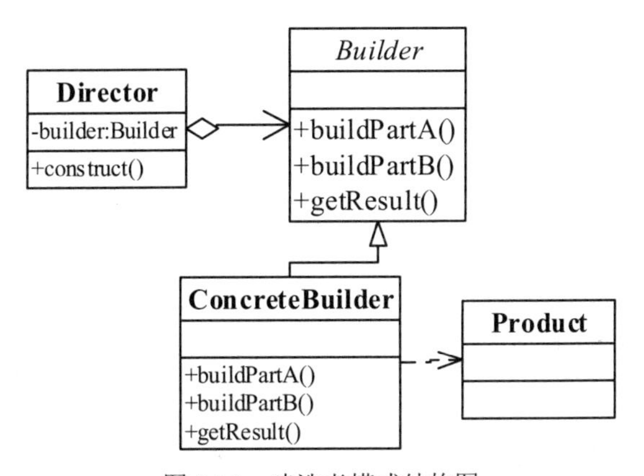


图 3-17　建造者模式结构图

从结构图中可以看出，其中涉及四个角色：Builder 角色、ConcreteBuilder 角色、　Director 角色以及 Client 角色。

- Builder 抽象建造者角色。它声明为创建一个 Product 对象的各个部件指定的抽象接口。buildPartA()和 buildPartB()为建造部件的方法，getResult()用于返回建造结果 Product。
- ConcreteBuilder 具体建造者角色。实现抽象接口，构建和装配各个部件。
- Director 指挥者角色。构建一个使用 Builder 接口的对象。它主要是用于创建一个复杂的对象，有两个作用：一是隔离客户与对象的生产过程，二是负责控制产品对象的生产过程。
- Product 产品角色。一个具体的产品对象。

以下是建造者模式的基本代码实现。

Product 类：

```
class Product{
    private ArrayList<String> parts=new ArrayList<String>();//用于存放产品部件或步骤
    public void Add(String part){//添加产品部件或步骤
        parts.add(part);
    }
    public void Show(){//展示产品
        System.out.println("产品由以下部件或制作步骤组成：");
        for(int i=0;i<parts.size();i++){
            System.out.println(parts.get(i));
        }
    }
}
```

Builder 类：

```
abstract class Builder{
    public abstract void buildPartA();
    public abstract void buildPartB();
    public abstract Product getResult();
}
```

ConcreateBuilder 类：

```
class ConcreteBuilder extends Builder{
    private Product product = new Product();
    @Override
    public void buildPartA() {
        product.Add("部件 A");
    }
    @Override
    public void buildPartB() {
        product.Add("部件 B");
    }
    @Override
    public Product getResult() {
        return product;
    }
}
```

Director 类：

```
class Director{
    Builder builder;
    public Director(Builder builder){
        this.builder=builder;
    }
    public void construct() {
        builder.buildPartA();
        builder.buildPartB();
    }
}
```

Client 类：

```
class Client{
    public static void main(String[] args) {
        Builder b1 = new ConcreteBuilder();
        Director director = new Director(b1);
        director.construct();
        Product product = b1.getResult();
        product.Show();
    }
}
```

### 3.6.3　建造者模式相关知识

（1）意图。将一个复杂的构建与其表示相分离，使得同样的构建过程可以创建不同的表示。

（2）优缺点。

优点：

- 将复杂产品的创建步骤分解在不同的方法中，使得创建过程更加清晰，能够更加精确地控制复杂对象的产生过程。
- 将产品的创建过程与产品本身分离，可以使用相同的创建过程来得到不同的产品，即细节依赖抽象。
- 每一个具体建造者都相对独立，而与其他的具体建造者无关，因此可以很方便地替换具体建造者或增加新的具体建造者，用户使用不同的具体建造者即可得到不同的产品对象。

缺点：

- 建造者模式所创建的产品一般具有较多的共同点，其组成部分相似，如果产品之间的差异性很大，则不适合使用建造者模式，因此其使用范围受到一定的限制。
- 如果产品的内部变化复杂，可能会导致需要定义很多具体建造者类来实现这种变化，导致系统变得很庞大。

### 3.6.4 应用举例

依据上述两节对建造者模式的介绍，针对引题中的例子，应用建造者模式可给出解决方案，如图 3-18 所示。

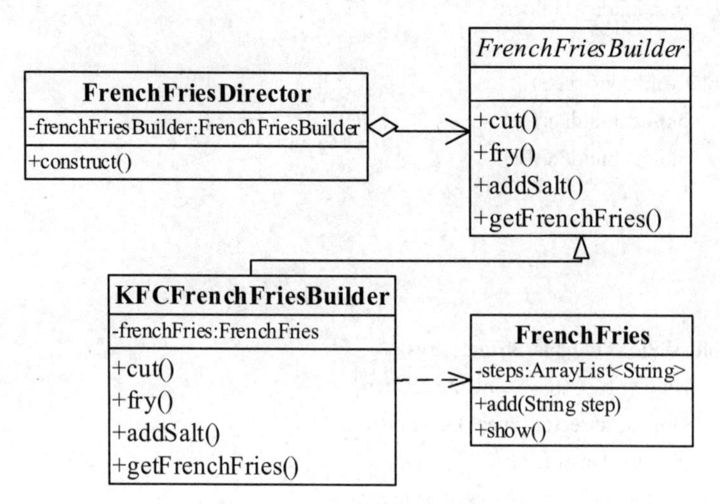


图 3-18 应用建造者模式的炸薯条程序

FrenchFries 类即产品类——薯条，成员变量 steps 即炸薯条的工序，add()方法向工序集合中加入工序，show()方法显示炸薯条过程。代码如下：

```
class FrenchFries{
    private ArrayList<String> steps=new ArrayList<String>();
    public void add(String step){
        steps.add(step);
    }
    public void show(){
        System.out.println("薯条制作步骤：");
        for(int i=0;i<steps.size();i++){
            System.out.println("第"+(i+1)+"步："+steps.get(i));
        }
    }
}
```

FrenchFriesBuilder 类代码如下：

```
abstract class FrenchFriesBuilder{
    public abstract void cut();
    public abstract void fry();
    public abstract void addSalt();
    public abstract FrenchFries getFrenchFries();
}
```

KFCFrenchBuilder 类代码如下：

```
class KFCFrenchFriesBuilder extends FrenchFriesBuilder{
    protected FrenchFries frenchFries = new FrenchFries();
```

```
    @Override
    public void cut() {
        frenchFries.add("将土豆去皮、洗净，切成 6cm*0.5cm*0.5cm 的条状");
    }
    @Override
    public void fry() {
        frenchFries.add("将 500g 切好的薯条放入 300 摄氏度的油锅中煎炸 15 秒后捞起");
    }
    @Override
    public void addSalt() {
        frenchFries.add("在出锅的薯条上均匀撒食盐 10g");
    }
    @Override
    public FrenchFries getFrenchFries() {
        return frenchFries;
    }
}
```

FrenchFriesDirector 类代码如下：

```
class FrenchFriesDirector{
    private FrenchFriesBuilder builder;
    public FrenchFriesDirector(FrenchFriesBuilder builder){
        this.builder=builder;
    }
    public void construct(){
         builder.cut();
         builder.fry();
         builder.addSalt();
    }
}
```

客户端代码如下：

```
class Client{
    public static void main(String[] args){
        FrenchFriesBuilder b1 = new KFCFrenchFriesBuilder();
        FrenchFriesDirector director = new FrenchFriesDirector(b1);
        director.construct();
        FrenchFries frenchFries = b1.getFrenchFries();
        frenchFries.show();
    }
}
```

上述程序如果改成麦当劳炸薯条该如何变化呢？只需新建一个与 KFCFrenchFriesBuilder 类似的 MacDonaldFrenchFriesBuilder 即可，两家公司的薯条制作步骤、工序都一样，只是可能煎炸时间、撒盐比例不同而已。

### 3.6.5 应用扩展——建造者模式在 Java API 中的应用

很多类库都有使用建造者模式，例如 StringBuilder 类：

```
StringBuilder strBuilder= new StringBuilder();
strBuilder.append("one");
strBuilder.append("two");
strBuilder.append("three");
String str= strBuilder.toString();
```

append()方法类似于炸薯条例子中的一个步骤，toString()方法用来获得产品对象。系统整体结构比较复杂，不过继承自 AbstractStringBuilder 的 StringBuilder，正是上面所说的建造者模式。

## 3.7 本章小结

本章主要介绍了 6 种创建型模式，包括简单工厂模式、工厂方法模式、抽象工厂模式、单例模式、原型模式以及建造者模式。分别介绍了这 6 种模式的定义、类结构以及适用场景。简单来讲，创建型模式就是用来创建对象的模式，它抽象了对象的创建过程。所有的创建型模式都有两个永恒的主题：第一，它们都将系统使用哪些具体类的信息封装起来；第二，它们隐藏了这些类的实例是如何被创建和组织的，外界对于这些对象只知道它们共同的接口，而不清楚其具体的实现细节。正因如此，创建型模式在创建什么（what）、由谁（who）创建以及何时（when）创建这些方面，都为软件设计者提供了尽可能大的灵活性。通过本章学习，可以了解到每个模式的应用场景，每个模式能够解决的问题，并能够使用相应的模式进行设计及编码。

## 3.8 习题

### 一、选择题

1．以下属于创建型模式的是（　　）。

A．简单工厂模式　　B．装饰模式

C．外观模式　　D．桥接模式

2．以下哪个意图用来描述工厂方法？（　　）

A．提供一个创建一系列相关或相互依赖对象的接口，而无需指定它们具体的类

B．表示一个作用于某对象结构中的各元素的操作。它使开发者可以在不改变各元素的类的前提下定义作用于这些元素的新操作

C．定义一个用于创建对象的接口，让子类决定实例化哪一个类。该模式使一个类的实例化延迟到其子类

D．定义一系列的算法，把它们一个个封装起来，并且使它们可相互替换。本模式使得算法可独立于使用它的客户而变化

3．以下哪个意图用来描述原型？（　　）

A．允许一个对象在其内部状态改变时改变它的行为。对象看起来似乎修改了它的类

B．表示一个作用于某对象结构中的各元素的操作。它使开发者可以在不改变各元素

的类的前提下定义作用于这些元素的新操作

C. 定义对象间的一种一对多的依赖关系，当一个对象的状态发生改变时，所有依赖于它的对象都得到通知并被自动更新

D. 用原型实例指定创建对象的种类，并且通过拷贝这些原型创建新的对象

4. 以下哪个意图用来描述单例？（　　）

A. 将一个类的接口转换成客户希望的另外一个接口。该模式使得原本由于接口不兼容而不能一起工作的那些类可以一起工作

B. 保证一个类仅有一个实例，并提供一个访问它的全局访问点

C. 定义一系列的算法，把它们一个个封装起来，并且使它们可相互替换。本模式使得算法可独立于使用它的客户而变化

D. 用一个中介对象来封装一系列的对象交互

5. 以下哪个意图用来描述抽象工厂？（　　）

A. 提供一个创建一系列相关或相互依赖对象的接口，而无需指定它们具体的类

B. 定义一个用于创建对象的接口，让子类决定实例化哪一个类

C. 将一个类的接口转换成客户希望的另外一个接口

D. 表示一个作用于某对象结构中的各元素的操作

6. 以下哪个意图用来描述建造者？（　　）

A. 定义一个用于创建对象的接口，让子类决定实例化哪一个类

B. 将一个复杂对象的构建与它的表示分离，使得同样的构建过程可以创建不同的表示

C. 保证一个类仅有一个实例，并提供一个访问它的全局访问点

D. 运用共享技术有效地支持大量细粒度的对象

7. 下面的类图表示的是（　　）设计模式。

A. 简单工厂　　B. 工厂方法　　C. 抽象工厂　　D. 建造者

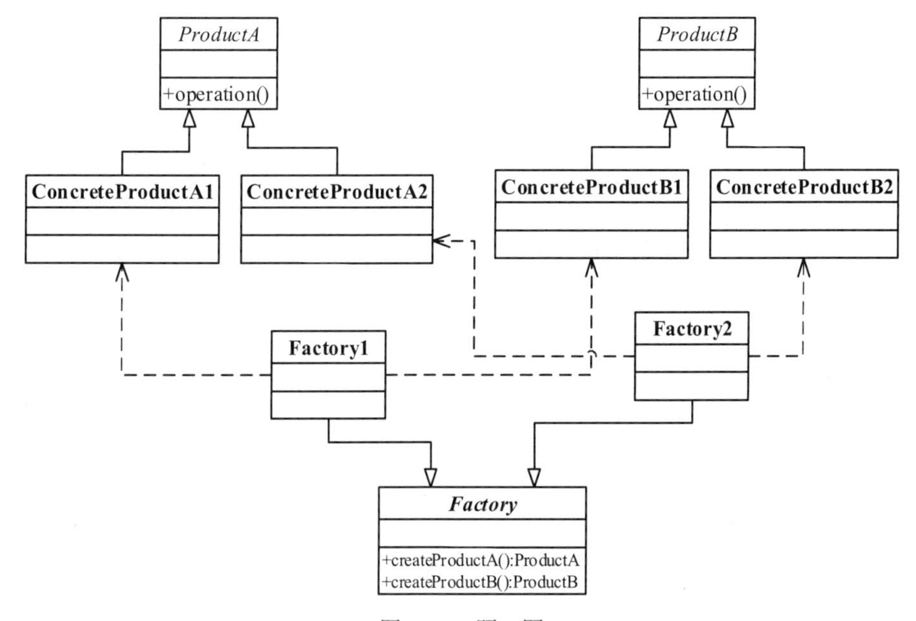


图 3-19　题 7 图

8．以下（　　）模式是利用一个对象，快速地生成一批对象。

A．抽象工厂　　B．合成

C．原型　　D．建造者

9．静态工厂的核心角色是（　　）。

A．抽象产品　　B．具体产品　　C．静态工厂　　D．消费者

10．下列关于简单工厂与工厂方法表述错误的是（　　）。

A．两者都满足开-闭原则：简单工厂以 if else 方式创建对象，增加需求的时候会修改源代码

B．简单工厂对具体产品的创建类别和创建时机的判断是混合在一起的

C．不能形成简单工厂的继承结构

D．在工厂方法模式中，对于存在继承等级结构的产品树，产品的创建是通过相应等级结构的工厂创建的

## 二、设计题

1．某系统提供一个简单计算器，具有简单的加法和减法功能，系统可以根据用户的选择实例化相应的操作类。现使用简单工厂模式设计该系统。

2．某软件公司欲开发一个数据格式转换工具，可以将不同数据源如 txt 文件、数据库、Excel 表格中的数据转换成 XML 格式。为了让系统具有更好的扩展性，在未来支持新类型的数据源，开发人员使用工厂方法模式设计该转换工具的核心类。在工厂类中封装了具体转换类的初始化和创建过程，客户端只需使用工厂类即可获得具体的转换类对象，再调用其相应方法实现数据转换操作。

3．某手机游戏软件公司欲推出一款新的游戏软件，该软件能够支持 iOS、Android 和 Windows Mobile 等多个主流的手机操作系统平台，针对不同的手机操作系统，该游戏软件提供了不同的游戏操作控制类和游戏界面控制类，并提供相应的工厂类来封装这些类的初始化。软件要求具有较好的扩展性以支持新的操作系统平台，为了满足上述需求，采用抽象工厂模式进行设计。

4．为了避免监控数据显示不一致并节省系统资源，在某监控系统的设计方案中提供了一个主控中心类，该主控中心类使用单例模式进行设计。

5．某数据处理软件需要增加一个图表复制功能，在图表对象中包含一个数据集对象，用于封装待显示的数据，可以通过界面的“复制”按钮将该图表复制一份，复制后可以得到新的图表对象，用户可以修改新图表的编号、颜色和数据。现使用原型模式设计该软件。

6．某软件公司欲开发一个音频和视频播放软件，为了用户使用方便，该播放软件提供了多种界面显示模式，如完整模式、精简模式、记忆模式、网络模式等。在不同的显示模式下主界面的组成元素有所差异，如在完整模式下将显示菜单、播放列表、主窗口、控制条等，在精简模式下只显示主窗口和控制条，而在记忆模式下将显示主窗口、控制条、收藏列表等。现使用建造者模式设计该软件。

# 第 4 章　结构型模式

应用程序中通常包含一些聚合了其他对象的对象，如职能制组织图中以树的结构聚合一些职能部门或员工对象。这种情况使用设计模式中的结构型模式处理。

结构型模式描述如何将类对象结合在一起形成一个更大的结构，即结构型模式是从结构上解决模式之间的耦合问题。其描述中涉及类和对象，因此结构型模式可分为类结构模式和对象结构模式。前者描述的是如何通过继承提供更有用的接口，而后者描述的则是通过使用对象的组合或对象包含关系以获得更有用的结构。

结构型模式的设计目的就是表示一些复杂的对象（以静态的观点），同时通过一定的方式利用聚合的对象来获得某种功能（动态的观点）。以下针对几种具体的结构型设计模式进行介绍。

## 4.1　装饰者模式

### 4.1.1　引题

XX 影印馆业务之一是装饰照片，客户的需求是将照片经过一定的加工能够挂在墙上并且照片要彰显出个性化。通常影印馆负责人会将客户的照片按照客户挑选的画框、小挂饰等物品进行装扮，即会把照片镶上画框，蒙上蒙板，加上客户挑选的必要的小挂饰即可。

假如现在影印馆负责人需要开发一个电子化的装饰过程，即类似于美图秀秀等图像处理软件，在用户看到真实效果之前能够先预览装饰效果，如何设计相关的类图？

设计方案一：

由于照片能够挂墙上，并且能够向照片上装扮不同的东西，所以抽取出照片类，如图 4-1 所示。

| 照片 |
| --- |
| |
| +镶画框()<br>+蒙蒙板()<br>+加挂饰()<br>+挂墙上() |

图 4-1　装饰照片设计方案一

照片类代码如下：

```
public class 照片 {
    public void 镶画框(){System.out.println("为照片镶画框");}
    public void 蒙蒙板(){System.out.println("为照片蒙蒙板");}
    public void 加挂饰(){System.out.println("为照片加挂饰");}
    public void 挂墙上(){System.out.println("将照片挂墙上");}
}
```

客户端代码如下：

```
public class Client {
    public static void main(String[] args){
        //第一张照片什么都不需要
        照片 照片 01 = new 照片();
        System.out.println("***第一张照片***");
        //第二张照片需要一个金色的画框
        照片 照片 02 = new 照片();
```

```
            System.out.println("***第二张照片***");
            照片 02.镶画框();
            //第三张照片需要一个画框和加上蒙板
            照片 照片 03 = new 照片();
            System.out.println("***第三张照片***");
            照片 03.镶画框();
            照片 03.蒙蒙板();
        }
    }
```

程序输出结果如下：

```
***第一张照片***
***第二张照片***
为照片镶画框
***第三张照片***
为照片镶画框
为照片蒙蒙板
```

从客户端代码及输出结果来看，程序中暂时只给出三张照片，且每张照片需要的功能不同。现实生活中每张照片所需要的画框、蒙板、挂饰都是不一样的，也可以说照片的需求都是动态的，并且可能有的照片不需要挂饰，仅加一画框即可，这样来看，上述设计方案会导致照片类在扩展方面存在很大问题，且灵活性差，很明显违反了开-闭原则。

设计方案二：

从面向对象的角度看，抽取出画框、蒙板和挂饰三个类，将照片的一部分功能转移到其他类中，如图 4-2 所示。

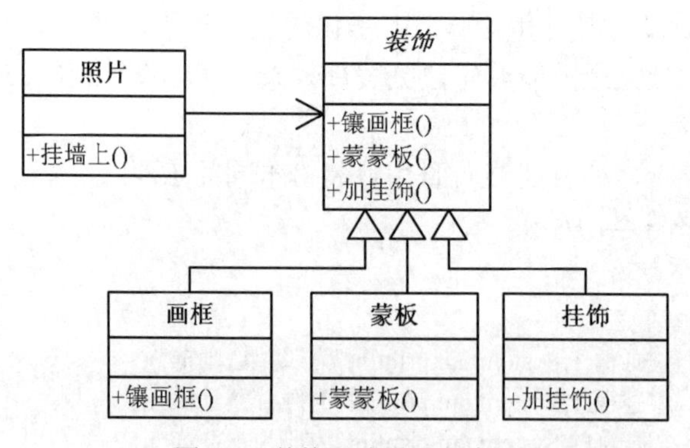


图 4-2 装饰照片设计方案二

照片类的代码如下：

```
public class 照片 {
    装饰 装饰物;
    public void 挂墙上(){System.out.println("将照片挂墙上");}
}
```

设计图中装饰类是斜体，表明装饰类应是一个抽象类，它的代码如下：

```
public abstract class 装饰 {
    public abstract void 镶画框();
    public abstract void 蒙蒙板();
```

```
        public abstract void 加挂饰();
    }
```

画框的代码如下：

```
    public class 画框 extends 装饰 {
        @Override
        public void 镶画框() {
            System.out.println("为照片镶画框");
        }
        @Override
        public void 蒙蒙板() {      }
        @Override
        public void 加挂饰() {      }
```

蒙板的代码如下：

```
    public class 蒙板 extends 装饰 {
        @Override
        public void 镶画框() {      }
        @Override
        public void 蒙蒙板() {
            System.out.println("为照片蒙蒙板");
        }
        @Override
        public void 加挂饰() {      }
    }
```

挂饰的代码如下：

```
    public class 挂饰 extends 装饰 {
        @Override
        public void 镶画框() {      }
        @Override
        public void 蒙蒙板() {      }
        @Override
        public void 加挂饰() {
            System.out.println("为照片加挂饰");
        }
```

客户端代码如下：

```
    public class Clien {
        public static void main(String[] args){
            //第一张照片什么都不需要
            照片 照片 01 = new 照片();
            System.out.println("***第一张照片***");
            //第二张照片需要一个金色的画框
            照片 照片 02 = new 照片();
            System.out.println("***第二张照片***");
            装饰 装饰 01 = new 画框();
            照片 02.装饰物 = 装饰 01;
            照片 02.装饰物.镶画框();
```

```
            //第三张照片需要一个画框和加上蒙板
            照片 照片03 = new 照片();
            System.out.println("***第三张照片***");
            装饰 装饰02 = new 画框();
            装饰 装饰03 = new 蒙板();
            照片03.装饰物 = 装饰02;
            照片03.装饰物.镶画框();
            照片03.装饰物 = 装饰03;
            照片03.装饰物.蒙蒙板();
        }
```

程序输出结果如下：

```
***第一张照片***
***第二张照片***
为照片镶画框
***第三张照片***
为照片镶画框
为照片蒙蒙板
```

程序的输出结果和设计方案一相同，但类的个数及客户端为完成功能所做的操作完全不同。设计方案二中当有照片需要装饰时，直接使用装饰类，从而进行画框、蒙板、挂饰的装扮。现实生活中有的照片只需要镶画框、有的是镶画框及蒙蒙板，当然也存在有的则是镶画框及加小挂饰，而且照片所需要添加的装饰物很大程度上不止以上三种。当按照设计方案二实现会出现装饰子类爆炸的情况。并且从客户端代码中可以看出，像照片03，它需要两个不同的装饰，每次都是实例化一个装饰类对象后直接赋值给照片03的装饰属性，而现实生活中则是将一张照片加上一样装饰后，随后在已装饰过的照片上再加新的装饰物，这与现实生活中的照片装饰过程并不吻合，如何解决呢？这就是本章节需要讲解的装饰者模式。

### 4.1.2 装饰者模式定义

装饰者模式（Decorator Pattern）又称为包装模式、包裹模式，是一种比较常用的设计模式。其定义如下：

装饰者模式动态地将责任附加到对象上，若要扩展功能，装饰者提供了比继承更有弹性的替代方案。

也就是说装饰者模式提供了一种给类增加功能的方法。它通过动态地组合对象，可以给原来的类添加新的代码，而无须修改现有的代码。因此引入bug或产生意外副作用的机会将大幅度减少。

装饰者模式的结构图如图4-3所示。

从结构图中可以看出，其中涉及四个角色：Component角色、ConcreteComponent角色、Decorator角色及ConcreteDecorator角色。

- Component抽象组件。Component是一个接口或抽象类，是定义的核心对象，也就是最原始的对象。
- ConcreteComponent具体构件。ConcreteComponent是最核心、最原始、最基本的接口或抽象类的实现，是需要装饰的对象。

- Decorator 装饰角色。一般是一个抽象类，实现 Component 的方法，并且有一个私有的变量指向 Component 抽象组件。
- ConcreteDecorator 具体装饰角色。使用 ConcreteDecorator 将最核心、最原始、最基本的东西装饰成其他东西。

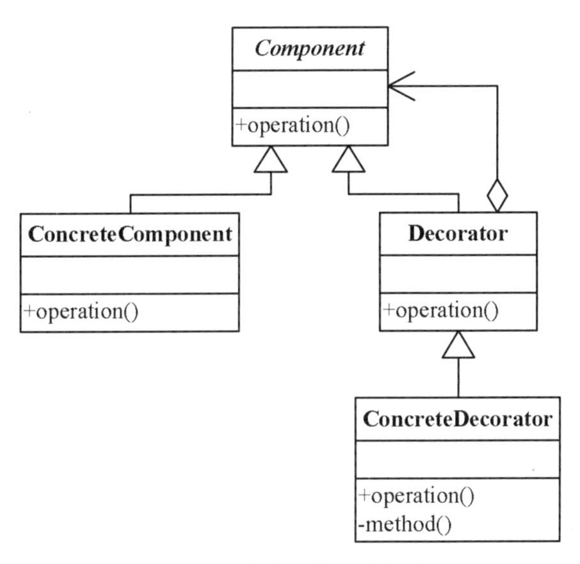


图 4-3　装饰者模式结构图

如何实现装饰模式呢？以下是基本的代码实现。

Component 类：

```
public abstract class Component{
    public abstract void operation();    //抽象方法
}
```

ConcreteComponent 类：

```
public class ConcreteComponent extends Component{
    public void operation(){    //具体实现
        System.out.println("具体对象的操作");
    }
}
```

Decorator 类：

```
public abstract class Decorator extends Component{
    private Component component = null;
    public Decorator(Component component){    //通过构造方法传递被装饰者
        this.component = component;
    }
    public void operation(){    //委托给被装饰者执行
        this.component().operation();
    }
}
```

ConcreteDecorator 类：

```
public class ConcreteDecorator extends Decorator{
        public ConcreteDecorator(Component component){ //定义被装饰者
                super(compoent);
        }
        public void method(){     //定义自己的修饰方法
                System.out.println("具体装饰 1");
        }
        public void operation(){     //重写父类的方法
                super.operation();
                this.method1();
        }
}
```

### 4.1.3 装饰者模式相关知识

（1）意图。动态地给对象添加一些额外的职责。就增加功能来言，装饰者模式相比生成子类更加灵活。

（2）优缺点。

优点：

- 装饰者模式可提供比继承更多的灵活性。
- 通过使用不同的具体装饰类以及这些装饰类的排列组合，设计师可创造出很多不同行为的组合。

缺点：

- 增加程序的复杂性。
- 许多小类如果过度使用，会使程序变得更加复杂。

（3）适用场景。

- 需要扩展一个类的功能或给一个类添加附加职责。
- 需要动态地给一个对象添加功能，这些功能可以再动态地撤销。
- 需要增加由一些基本功能的排列组合而产生的非常大量的功能，从而使继承关系变得不现实。

### 4.1.4 应用举例

依据上述两节对装饰者模式的介绍，针对引题中的例子，可给出设计方案三，如图 4-4 所示。

从图中可以看出这里的画框、玻璃、小挂饰就是对画的装饰，装饰后成为一个物体，然后挂在墙上，而挂的实际上是画框。

**示例 1　超市购物小票**

超市购物小票上面会有购买者购买的物品名称、数量、单价及总价等信息，以及购物时间、收银号码等最基本的信息，这些是不变的。不过有时超市还会在这张票的上方或下方打印其他信息，例如：欢迎词、促销广告等。而且这些信息的内容及打印位置也不固定，它们相对购物小票来说相当于是装饰成分。

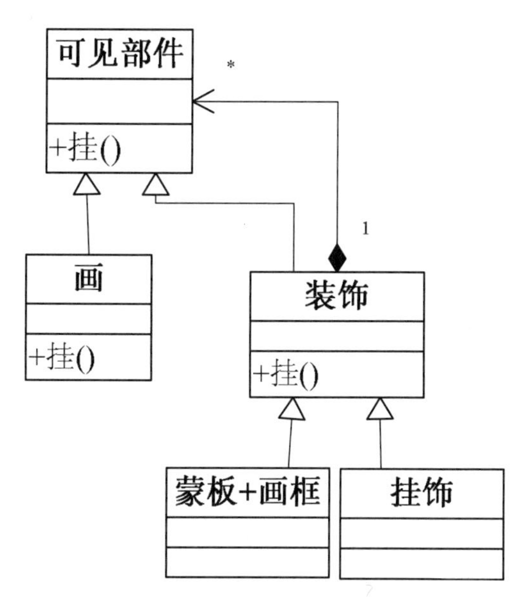


图 4-4 装饰照片设计方案三

如何将购物小票上具体的顶部信息和脚注信息动态地添加到票据里面？

依据描述可以看出，购物小票上会包含一些基本不变的信息，随着购买者不同或超市当前促销等情况不同时，小票的上方或下方的打印信息不同，所以可使用装饰者模式进行设计。此处最核心、最基本、最原始的接口是购物小票，即其是装饰者模式中的 Component 组件，而购买者拥有的其中一张购物小票则是一个具体的被装饰者，相当于是装饰者模式中的 ConcreteComponent 组件，而对于描述中像欢迎词、促销广告等则属于具体的装饰者，依据装饰者模式的结构图，本示例的结构图如图 4-5 所示。

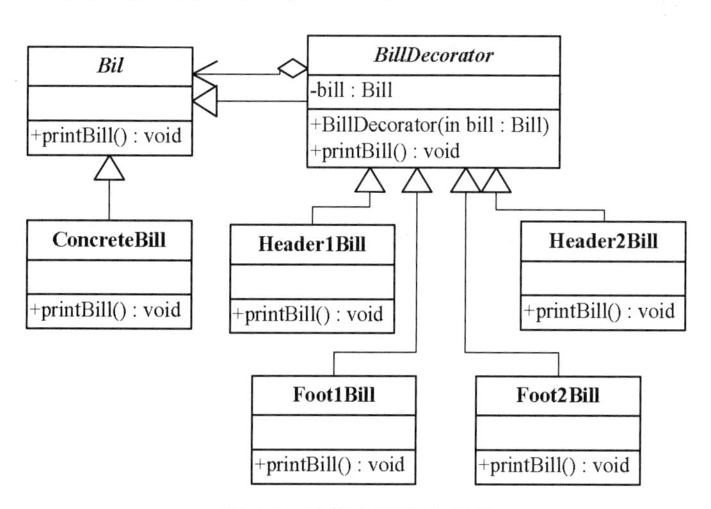


图 4-5 购物小票设计方案

图 4-5 中 Bill 代表抽象的购物小票类，ConcreteBill 代表某一个具体的购物小票类，BillDecorator 代表购物小票的抽象装饰类，而 Header1Bill、Header2Bill、Foot1Bill 及 Foot2Bill 则是具体的不同的小装饰类。

模拟代码如下：

Bill 类：

```
public abstract class Bill {
    public abstract void printBill();
}
```

ConcreteBill 类：

```
public class ConcreteBill extends Bill{
    public void printBill(){
        System.out.println("小票的主体内容");
    }
}
```

BillDecorator 类：

```
public abstract class BillDecorator extends Bill {
    private Bill bill;
    public BillDecorator(Bill bill){
        this.bill = bill;
    }
    public void printBill() {
        bill.printBill();
    }
}
```

Header1Bill 类：

```
public class Header1Bill extends BillDecorator {
    public Header1Bill(Bill bill) {
        super(bill);
    }
    public void printBill() {
        System.out.println("修饰小票的头部 1");
        super.printBill();
    }
}
```

Header2Bill 类：

```
public class Header2Bill extends BillDecorator {
    public Header2Bill(Bill bill) {
        super(bill);
    }
    public void printBill() {
        System.out.println("修饰小票的头部 2");
        super.printBill();
    }
}
```

Footer1Bill 类：

```
public class Footer1Bill extends BillDecorator {
    public Footer1Bill(Bill bill) {
        super(bill);
```

```
        }
        public void printBill() {
            super.printBill();
            System.out.println("修饰小票的尾部 1");
        }
    }
```

Footer2Bill 类：

```
    public class Footer2Bill extends BillDecorator {
        public Footer2Bill(Bill bill) {
            super(bill);
        }
        public void printBill() {
            super.printBill();
            System.out.println("修饰小票的尾部 2");
        }
    }
```

测试类：

```
    public class Client {
        public static void main(String[] args) {
            Bill bill = new ConcreteBill();
            //使用头部 1 进行购物小票的装饰
            BillDecorator header1 = new Header1Bill(bill);
            //打印小票
            System.out.println("***使用头部 1 装饰购物小票***");
            header1.printBill();
            //使用尾部 1 进一步装饰购物小票
            BillDecorator footer1 = new Footer1Bill(header1);
            //打印小票
            System.out.println("\n***使用尾部 1 装饰购物小票***");
            footer1.printBill();
            //使用头部 2 进一步装饰购物小票
            BillDecorator header2 = new Header2Bill(footer1);
            //打印小票
            System.out.println("\n***使用头部 2 装饰购物小票***");
            header2.printBill();
            //使用尾部 2 进一步装饰购物小票
            BillDecorator footer2 = new Footer2Bill(header2);
            //打印购物小票
            System.out.println("\n***使用尾部 2 装饰购物小票***");
            footer2.printBill();
        }
    }
```

运行结果：

```
    ***使用头部 1 装饰购物小票***
    修饰小票的头部 1
    小票的主体内容
```

***使用尾部 1 装饰购物小票***
修饰小票的头部 1
小票的主体内容
修饰小票的尾部 1

***使用头部 2 装饰购物小票***
修饰小票的头部 2
修饰小票的头部 1
小票的主体内容
修饰小票的尾部 1

***使用尾部 2 装饰购物小票***
修饰小票的头部 2
修饰小票的头部 1
小票的主体内容
修饰小票的尾部 1
修饰小票的尾部 2

**示例 2 “小猪逃命”游戏**

一头小猪和一匹灰狼，小猪最多 5 条命，灰狼每咬到小猪一次，小猪就要少一条命。小猪的任务是要逃过灰狼的追咬进入猪栏。在逃的过程中小猪可以吃到三种苹果，吃“红苹果”可以给小猪加上保护罩，吃“绿苹果”可以加快小猪奔跑速度，吃“黄苹果”可以使猪趟着水跑。小猪如果吃多种苹果的话，小猪可以拥有多种苹果提供的功能。结合所学知识，请给出此款游戏较为合理设计方案。

依据问题描述可以看出，小猪的能力是在逃的过程中动态形成的，所以可以使用装饰者模式，小猪即是装饰者模式中被装饰的对象，而“红苹果”“绿苹果”“黄苹果”则是用于为小猪动态添加功能的类，动态添加的功能有加上防护罩、提高奔跑速度及能趟着水跑，防护罩功能、奔跑速度提高及能趟着水跑则为具体装饰者，结合装饰者模式的结构图，设计方案如图 4-6 所示。

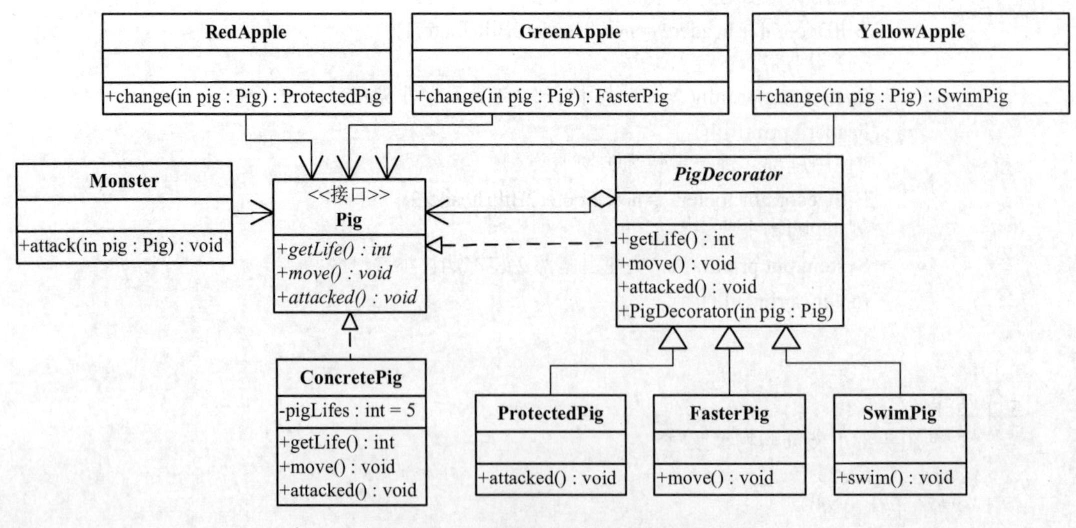


图 4-6 “小猪逃命”游戏设计方案

设计方案中 Pig 是小猪的抽象类代表，而 ConcretePig 则是具体的小猪类，PigDecorator 是对小猪的抽象装饰类，而 ProtectedPig、FasterPig、SwimPig 则是具体的对小猪的装饰类，分别代表具有保护罩功能的小猪类、奔跑速度提高的小猪类和会趟水跑的小猪类，而 Monster 则代表大灰狼类，它能够对小猪进行攻击。RedApple、GreenApple 及 YellowApple 是游戏中为小猪添加功能相对应的红苹果类、绿苹果类及黄苹果类。

模拟代码如下：

Pig 接口：

```
public interface Pig {
    public int getLife();
    public void move();
    public void attacked();
}
```

ConcretePig 类：

```
public class ConcretePig implements Pig {
    private int pigLifes = 5;
    @Override
    public int getLife() {
        return pigLifes;
    }
    public void move() {
        System.out.println("小猪在奔跑......");
    }
    public void attacked() {
        pigLifes--;
        System.out.println("小猪的生命值为："+pigLifes);
    }
}
```

PigDecorator 类：

```
public abstract class PigDecorator implements Pig {
    protected Pig pig;
    public PigDecorator(Pig pig){
        this.pig = pig;
    }
    public int getLife() {
        return pig.getLife();
    }
    public abstract void move();
    public abstract void attacked();
}
```

ProtectedPig 类：

```
public class ProtectedPig extends PigDecorator{
    public ProtectedPig(Pig pig) {
        super(pig);
    }
```

```
        public void move() {
            pig.move();
        }
        public void attacked() {    // 重写本方法，小猪被攻击后生命值不减少
            System.out.println("小猪的生命值为："+pig.getLife());
        }
    }
```

FasterPig 类：

```
    public class FasterPig extends PigDecorator{
        public FasterPig(Pig pig) {
            super(pig);
        }
        public void move() {    //重写本方法，小猪的奔跑速度加快
            System.out.println("小猪加速奔跑......");
        }
        public void attacked() {
            pig.attacked();
        }
    }
```

SwimPig 类：

```
    public class SwimPig extends PigDecorator{
        public SwimPig(Pig pig) {
            super(pig);
        }
        public void move() {
            pig.move();
        }
        public void attacked() {
            pig.attacked();
        }
        public void swim(){    //给小猪加上会游泳的功能
            System.out.println("小猪现在会游泳......");
        }
    }
```

RedApple 类：

```
    public class RedApple {
        public ProtectedPig change(Pig pig){
            return new ProtectedPig(pig);
        }
    }
```

GreenApple 类：

```
    public class GreenApple {
        public FasterPig change(Pig pig){
            return new FasterPig(pig);
        }
    }
```

YellowApple 类：

```
public class YellowApple {
    public SwimPig change(Pig pig){
        return new SwimPig(pig);
    }
}
```

Monster 类：

```
public class Monster {
    public void attack(Pig pig){    //攻击小猪
        pig.attacked();
    }
}
```

测试类：

```
public class Client {
    public static void main(String[] args) {
        // 一只原生的小猪
        Pig pig = new ConcretePig();
        //一只灰狼
        Monster monster = new Monster();
        //小猪开始跑
        System.out.println("***一只小猪***");
        pig.move();
        //灰狼攻击小猪
        monster.attack(pig);
        //出现一只红苹果
        RedApple redApple = new RedApple();
        //小猪吃到红苹果，变为"有保护罩"的小猪
        pig = redApple.change(pig);
        System.out.println("***一只带有防护罩的小猪***");
        pig.move();
        //小猪受到攻击，但生命值并不减少
        monster.attack(pig);
        //出现一只绿苹果
        GreenApple greemApple = new GreenApple();
        //小猪吃到绿苹果，跑得快
        pig = greemApple.change(pig);
        //小猪跑得快并且受到攻击不减生命
        System.out.println("***一只带有防护罩并加快速度的小猪***");
        pig.move();
        monster.attack(pig);
        //一只黄苹果
        YellowApple yelloApple = new YellowApple();
        //小猪吃到黄苹果
```

```
            pig = yelloApple.change(pig);
            System.out.println("***一只带有防护罩并加快速度且能游泳的小猪***");
            //小猪还会游泳
            pig.move();
            ((SwimPig)pig).swim();
            //小猪受到攻击后，生命力仍不会减少
            monster.attack(pig);
        }
    }
```

运行结果：

```
***一只小猪***
小猪在奔跑......
小猪的生命值为：4
***一只带有防护罩的小猪***
小猪在奔跑......
小猪的生命值为：4
***一只带有防护罩并加快速度的小猪***
小猪加速奔跑......
小猪的生命值为：4
***一只带有防护罩并加快速度且能游泳的小猪***
小猪加速奔跑......
小猪现在会游泳......
小猪的生命值为：4
```

### 4.1.5 应用扩展——装饰者模式在 Java API 中的应用

装饰者模式用于 java.io 包中形成开发者期望的输入和输出流，如下一条读取控制台程序的声明：

```
BufferedReader br = new BufferedReader(new InputStreamReader(System.in));
```

System.in 是一个 InputStream 对象。图 4-7 显示了构造这个对象的类模型框架。

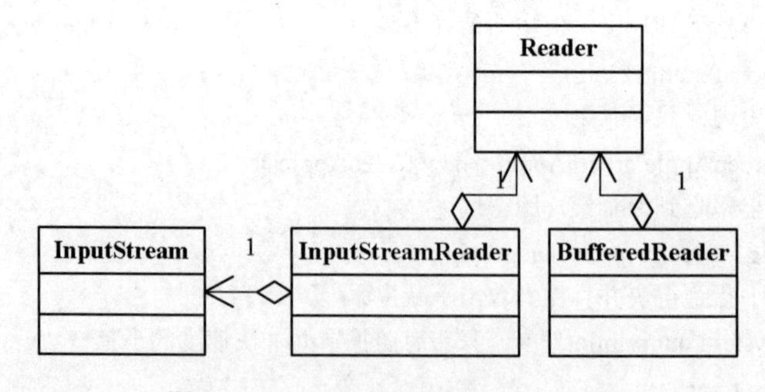


图 4-7 Java IO 中的装饰者模式应用

表达式 new InputStreamReader(System.in)从 System.in 中创建了新的 InputStream 对象。图 4-8 显示了如何使用 BufferedReader 对象来修饰这个对象。通过使用装饰者模式，应用程序就可在运行时创建读和写的方式。

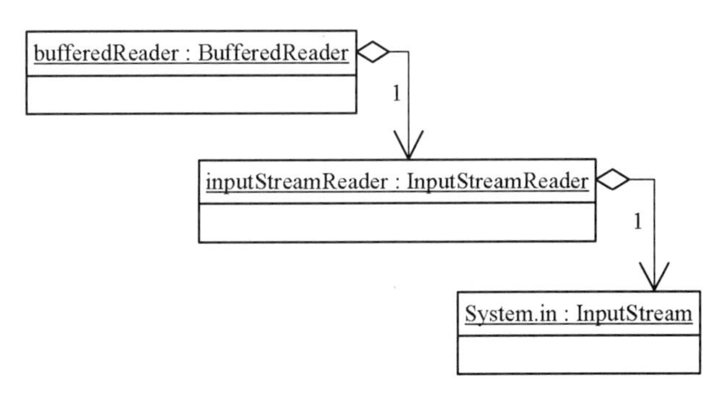


图 4-8　Java IO 中装饰者模式实例

# 4.2　代理模式

## 4.2.1　引题

随着人们消费水平的提高和互联网技术的飞速发展，国内的商品已远远不能满足消费者的需求，越来越多的人把眼光投放到国际范围搜寻更多国际知名品牌，这时代购应运而生。假如某一代购网站能够进行全球商品的代购，请站在消费者的角度上，给出某代购网站的设计方案。

设计方案一：

消费者在代购网站上能够进行商品的购买，而商家也可以进行商品的出售，所以设计方案一如图 4-9 所示。

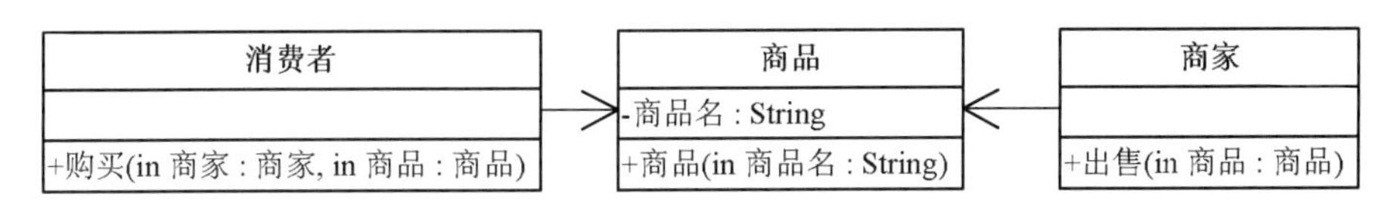


图 4-9　设计方案一

商品类代码：

```
public class 商品 {
    private String 商品名;
    public String get 商品名() {
        return 商品名;
    }
    public void set 商品名(String 商品名) {
        this.商品名 = 商品名;
    }
    商品(String 商品名){
        this.商品名 = 商品名;
    }
}
```

消费者类代码：

```
public class 消费者 {
    private 商品 商品01;
    public void 购买(商家 商家01,商品 商品01){System.out.println("消费者从"+商家01.getClass().
getName()+"购买"+商品01.get商品名());}
}
```

商家类代码：

```
public class 商家 {
    private 商品 商品01;
    public proxy.商品 get商品() {
        return 商品01;
    }
    public void set商品(proxy.商品 商品01) {
        this.商品01 = 商品01;
    }
    public void 出售(商品 商品01){System.out.println("商家出售"+商品01.get商品名());
}
```

模拟消费者借助于网站购物过程：

```
public class Test {
    public static void main(String[] args){
        商品 商品01 = new 商品("进口奶粉");
        商品 商品02 = new 商品("IT书籍");

        商家 商家01 = new 商家();
        商家01.set商品(商品01);

        商家 商家02 = new 商家();
        商家02.set商品(商品02);

        消费者 消费者01 = new 消费者();
        消费者01.购买(商品01);
        消费者01.购买(商品02);
    }
}
```

程序输出结果如下：

```
消费者从商家购买进口奶粉
消费者从商家购买IT书籍
```

从上述设计类图及代码实现过程来看，从消费者角度，并不清楚商家的货源是来自其自家生产还是代销，也就是说在代购网站上进行商品出售的商家，很大程度上自己并不是实际的商家，而是从实际商家处取货到代购网站上进行销售，如何体现这点？

设计方案二：

从面向对象角度出发，商家包括实际的商家和网上代购的商家，更改后的设计方案如图4-10所示。

设计方案二中的商品及消费者的代码实现和方案一保持一致。

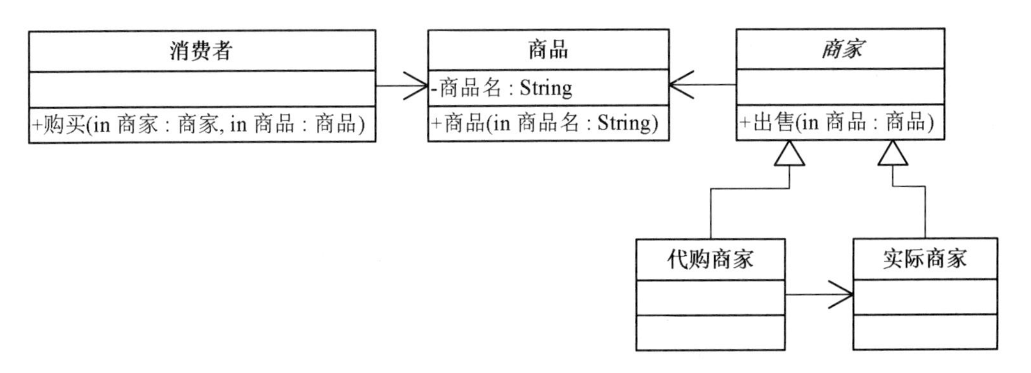


图 4-10　设计方案二

商家不再直接进行商品的出售，将其使用抽象类表示，具体实现代码如下：

```
public abstract class 商家 {
    private 商品 商品01;
    public proxy.商品 get商品() {
        return 商品01;
    }
    public void set商品(proxy.商品 商品01) {
        this.商品01 = 商品01;
    }
    public abstract void 出售(商品 商品01);
}
```

代购商家实现了商家出售行为，具体实现代码如下：

```
public class 代购商家 extends 商家 {
    private 实际商家 实际商家01;
    public proxy.实际商家 get实际商家() {
        return 实际商家01;
    }
    public void set实际商家(proxy.实际商家 实际商家01) {
        this.实际商家01 = 实际商家01;
    }
    @Override
    public void 出售(proxy.商品 商品01) {
        System.out.println("代理商家出售"+实际商家.getClass().getName()+"的"+商品01.get商品名());
    }
}
```

实际商家实现代码如下：

```
public class 实际商家 extends 商家 {
    @Override
    public void 出售(proxy.商品 商品01) {
        System.out.println("出售自家"+商品01.get商品名());
    }
}
```

模拟消费者借助于网站购物过程代码：

```
public class Test {
    public static void main(String[] args){
        商品 商品 01 = new 商品("进口奶粉");
        商品 商品 02 = new 商品("IT 书籍");

        商家 商家 01 = new 代购商家();
        商家 01.set 商品(商品 01);

        商家 商家 02 = new 实际商家();
        商家 02.set 商品(商品 02);

        消费者 消费者 01 = new 消费者();
        消费者 01.购买(商家 01,商品 01);
        消费者 01.购买(商家 02,商品 02);
    }
}
```

程序输出结果如下：

```
消费者从代购商家购买进口奶粉
消费者从实际商家购买 IT 书籍
```

从程序运行结果可以看出，设计方案二中消费者在购买时可以知道商家的性质，了解商品到底是商家自己的还是商家代销的，方案二比较符合代购网站的实际情况，也就是消费者希望在代购网站上进行某些商品的购买，而此时出售商品的并不是实际的商家，而是代购商家。其实此方案体现了设计模式中很重要的一个模式，即本章要讲解的代理模式。

### 4.2.2 代理模式定义

代理模式（Proxy Pattern）也是一个较为常用的模式，它的定义如下：

为另一个对象提供一个替身或点位符，以控制对这个对象的访问。也就是说代理模式给某一个对象提供一个代理，并由代理对象控制对原对象的引用。

代理模式的结构图如图 4-11 所示。

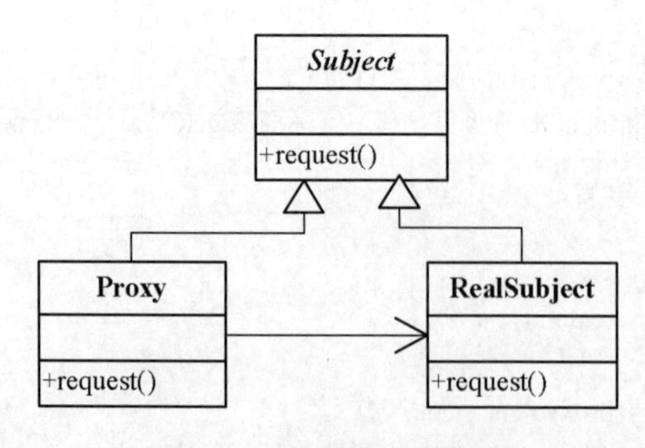


图 4-11 代理模式结构图

从图中可以看出，代理模式中有核心的三个角色：Subject 角色、Proxy 角色和 RealSubject 角色。

- Subject 抽象角色。Subject 是一个接口或抽象类，定义 RealSubject 和 Proxy 的共同接口。这样就可以在任何使用 RealSubject 的地方都可以使用 Proxy。
- RealSubject 真实角色。定义 Proxy 所代表的真实对象，是最终要引用的对象。
- Proxy 代理角色。维持一个对 RealSubject 的引用。

如何实现代理模式呢？以下是基本的代码实现：

Subject 类：

```
public abstract class Subject{
    public abstract void request();
}
```

RealSubject 类：

```
public class RealSubject extends Subject{
    public void request(){
        System.out.println("真实者的请求");
    }
}
```

Proxy 类：

```
public class Proxy{
    RealSubject realSubject;
    public void request(){
        if(realSubject == null){
            realSubject = new RealSubject();
        }
        realSubject.request();
    }
}
```

常见的代理有：

（1）远程代理（Remote Proxy）：对一个位于不同地址空间的对象提供一个局部代表对象，如 RMI 中的 Stub。

（2）虚拟代理（Virtual Proxy）：根据需要将一个资源消耗很大或比较复杂的对象延迟加载，在真正需要的时候才创建。

（3）保护代理（Protect or Access Proxy）：控制对一个对象的访问权限。

（4）智能引用（Smart Reference Proxy）：提供比目标对象额外的服务和功能。

### 4.2.3　代理模式相关知识

（1）意图。为客户端程序提供一种中间层以控制对这个对象的访问。

（2）优缺点。

优点：

- 封装转换过程，也就是转换规则。
- 枚举可能的代理。

缺点：

- 需要事先确定代理种类。

（3）适用场景。

- 远程代理：为一个对象在不同的地址空间提供局部代表。这样可隐藏一个对象存在于不同地址空间的事实，如 RMI 中的 Stub。
- 虚拟代理：是根据需要创建开销很大的对象。通过它来存放实例化需要很长时间的真实对象。
- 安全代理：用来控制真实对象访问时的权限。
- 智能指针：是指当调用真实的对象时，代理处理另外一些事。

### 4.2.4 应用举例

通过前面代理的定义及相关知识讲解，引题中的设计方案二即符合代理模式的结构类图，即使用了代理模式。

**示例 1** “电话接听助手”安全代理

用户在使用电话时，如何保证用户对不希望接到的电话进行自动处理？“电话接听助手”可依据用户的设置进行电话的接听与拒听操作。

从描述中可分析出“电话接听助手”充当了拨打电话者与接听者之间的一个桥梁，起到控制对真实对象访问的权限，即符合代理模式中的安全代理。

假定设置“电话接听助手”中如来电者为“张三”时拒接电话，而其他用户则直接接听电话。依据代理模式的结构图，得出设计方案如图 4-12 所示。

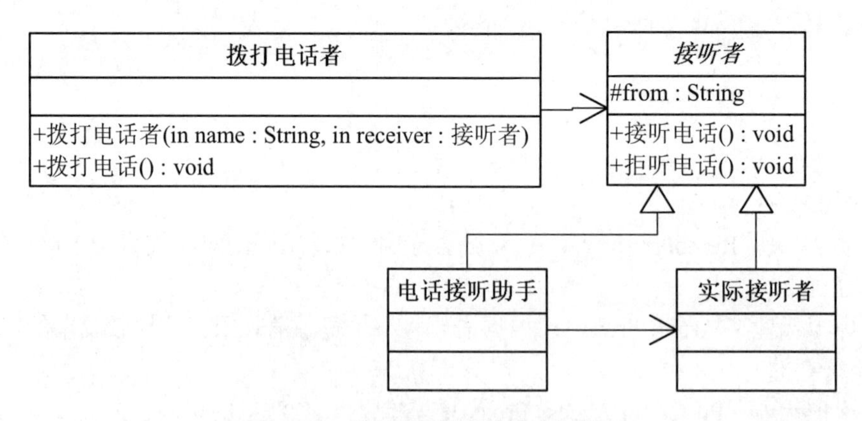


图 4-12 “电话接听助手”示例类图

模拟代码如下：

接听者类：

```
public abstract class 接听者 {
    String from;
    public abstract void 接听电话();
    public abstract void 拒听电话();
}
```

电话接听助手类：

```
public class 电话接听助手 extends 接听者 {
    private 实际接听者  realReceiver;
```

```
        public 电话接听助手(String from,实际接听者 realReceivr){
            this.from = from;
            this.realReceiver = realReceivr;
            this.realReceiver.from = from;
        }
        public void 接听电话() {
            //如果是张三打过来的，则拒接，其他的均正常接听
            if("张三" equals(this.from))
                realReceiver.拒听电话();
            else
                realReceiver.接听电话();
        }
        public void 拒听电话() {
            realReceiver.拒听电话();
        }
    }
```

实际接听者类：

```
    public class 实际接听者 extends 接听者 {
        public void 接听电话() {
            System.out.println("接听"+from+"电话......");
        }
        public void 拒听电话() {
            System.out.println("拒听"+from+"电话......");
        }
    }
```

拨打电话者类：

```
    public class 拨打电话者 {
        private 接听者 reveiver;
        public 拨打电话者(String name,接听者 receiver){
            this.reveiver = receiver;
            this.reveiver.from = name;
        }
        public void 拨打电话(){
            reveiver.接听电话();
        }
    }
```

测试类：

```
    public class Client {
        public static void main(String[] args){
            实际接听者 realReceiver = new 实际接听者();
            接听者 receiver = new 电话接听助手("张三",realReceiver);
            拨打电话者 caller = new 拨打电话者("张三",receiver);
            caller.拨打电话();
            //假定是李四打的电话
            接听者 receiver1 = new 电话接听助手("李四",realReceiver);
```

```
            拨打电话者 caller1 = new 拨打电话者("李四",receiver1);
            caller1.拨打电话();
        }
    }
```

输出结果为：

```
拒听张三电话......
接听李四电话......
```

**示例 2　远程代理**

当不同的客户需使用同一套加密算法时，加密算法不能存在客户端，而应在服务器端存储与处理，此时所有的客户端均需要访问服务端进行信息的加密，为使客户端不考虑网络的存在也即隐藏网络细节，此时可使用代理承担大部分的网络通信工作，如图 4-13 所示。

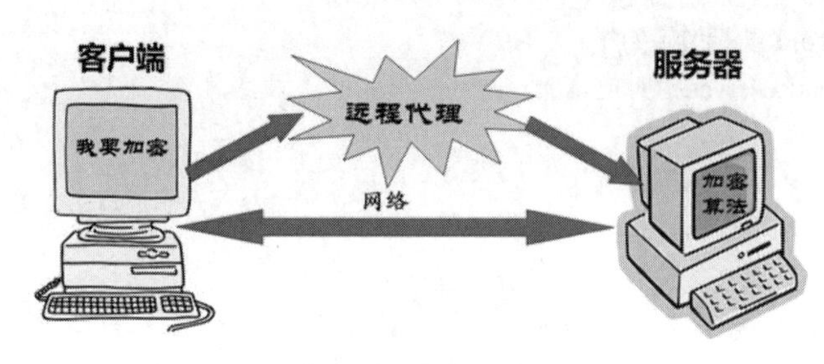


图 4-13　远程代理示例图

这是一个典型的远程代理示例，客户端要求使用服务器端加密算法进行加密时，不是通过网络直连操作，而是借助于远程代理来完成，远程代理本身并不提供真正的加密操作，而是将客户端的请求发送至服务器端进行处理。设计方案如图 4-14 所示。

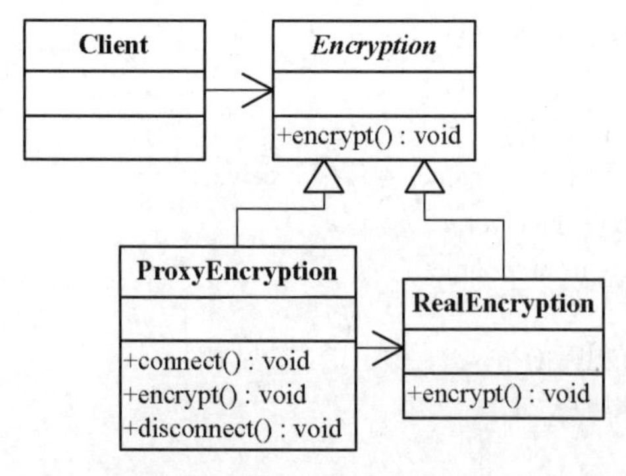


图 4-14　远程代理设计类图

图中 Encryption 类代表加密算法代理，主要是进行加密操作；ProxyEncryption 类代表远程代理，它除可以使用 RealEncryption（服务器端加密）中的加密算法进行加密之外，还负责网络的连接和断开等操作。

模拟代码如下：

Encrytion 类：

```
public abstract class Encryption {
    public abstract void encrypt();
}
```

RealEncryption 类：

```
public class RealEncryption extends Encryption {
    public void encrypt() {
        System.out.println("采用 XX 算法实现加密");
    }
}
```

ProxyEncryption 类：

```
public class ProxyEncryption extends Encryption {
    private RealEncryption encryption;
    public ProxyEncryption(RealEncryption encryption) {
        this.encryption = encryption;
    }
    public void connect(){
        System.out.println("与网络建立连接...");
    }
    public void encrypt() {
        connect();
        encryption.encrypt();
        disconnect();
    }
    public void disconnect(){
        System.out.println("与网络断开连接...");
    }
}
```

Client 类：

```
public class Client {
    public static void main(String[] args) {
        Encryption realEncryption = new RealEncryption();
        Encryption proxyEncryption = new ProxyEncryption(realEncryption);
        proxyEncryption.encrypt();
    }
}
```

运行结果：

```
与网络建立连接...
采用 XX 算法实现加密
与网络断开连接...
```

### 4.2.5　应用扩展——代理模式在 Java API 中的应用

Java RMI（Remote Method Invocation，远程方法调用）可利用属于一个平台上的代码来激活属于另一个平台上类的方法。假设远程功能是执行接口 MyRemoteClass 类的一个实例。通过 rmic 命令执行 MyRemoteClass 类文件来产生.class 文件和 MyRemoteClass_stub.class 文件。这是一个客户端的 Proxy 类，它能使客户端的程序员对远程 MyRemoteClass 实例进行虚拟调用以及激活该实例的方法，就好像调用本地方法一样。此时的主要目的并不是保留不必要的调用，而是简单地使用远程功能调用即可。

# 4.3 适配器模式

## 4.3.1 引题

随着智能手机的普及，以及人们对物质生活追求的提高，用户在使用手机时更注重体验，因此人们更换手机的频率越来越快，但手机电量的问题一直存在。当手机没有电的时候，可以使用原装或配套的充电器充电，当然也可以使用 USB 充电线进行充电。假如某一天忘记带 iPhone6 原装或配套的手机充电器或相应的 USB 充电线，需要借用安卓手机的充电线时应如何进行充电？（如 iPhone6 的充电线口与 iPhone4 或安卓手机的充电线口不同。）相信有过此种经历的使用者都会想到 USB 转换头。在这种场景下，由于需要使用的充电线接口与现有的充电线接口不同，但又只能使用现有的充电线接口完成充电任务，此时只能借助于一个转换器——USB 转换头。转换过程如图 4-15 所示。

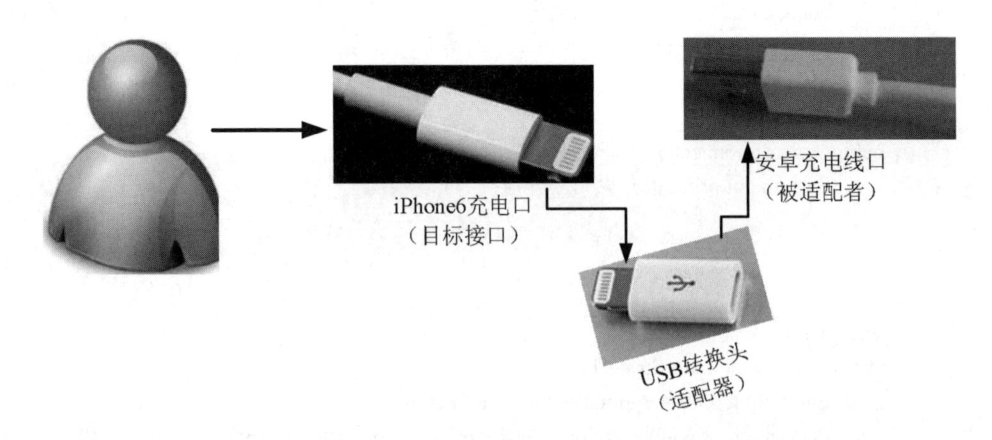


图 4-15 手机充电线接口转换过程

用户期望的是 iPhone6 充电口，当使用安卓充电口时只能使用 USB 转换头充当适配器，将安卓充电口转换为期望的目标接口。其实这里面体现了设计模式中很重要的一个模式，即是本节要讲解的适配器模式。

## 4.3.2 适配器模式定义

适配器模式（Adapter Pattern）也称为变压器模式，也叫做包装模式，但包装模式不止一样，还包括装饰者模式。适配器模式属于补偿模式，专门用来在系统后期扩展、修改时使用，它的定义如下：

适配器模式将一个类的接口转换成客户期望的另一个接口。适配器让原本接口不兼容的类可以合作无间。也就是说将一个类的接口变成客户端所期望的另一种接口，从而使原本因接口不匹配而无法在一起工作的两个类能够在一起工作。

适配器模式的结构图有两种，一种是对象适配器，另一种是类适配器，如图 4-16 所示。

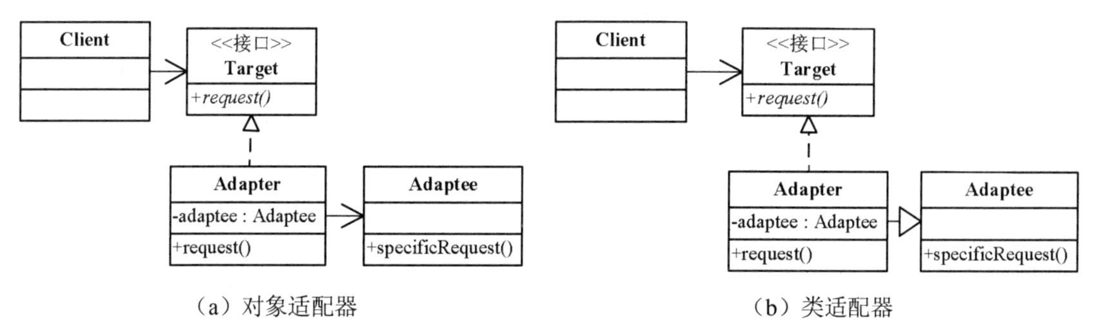


图 4-16　适配器模式结构类图

从图中可看出，无论是对象适配器结构图还是类适配器结构图，其中均包括 Target、Adaptee、Adapter 三个核心角色：

- Target 目标角色。Target 是抽象类或接口，它定义把其他类转换为何种接口，也就是客户端期望的接口，为解决单继承语言的问题，在类适配器模式结构图中，建议 Target 为接口。
- Adaptee 源角色。即把哪个角色转换成目标角色，也就是现在需要适配的接口，它是已经存在的、运行良好的类或对象。
- Adapter 适配器角色。本模式的核心角色，其他两个角色都是已经存在的角色，而适配器角色是需要新建立的，它的职责非常简单：把源角色转换为目标角色，通过类关联或继承的方式转换。因此本角色不可以是接口，而必须是具体类。

对于对象适配器和类适配器，如何进行选取呢？如果要适配一个类及其子类，或者只是简单地包装以转换接口，就选用对象适配器，其他情况下选用类适配器。

以下以类适配器模式为例，以通用源码的形式展示如何实现适配器模式。

Target 接口：

```
public interface Target{
    //目标角色有自己的方法
    public void request();
}
```

Adaptee 类：

```
public class Adaptee{
    //原有的业务逻辑
    public void specificRequest(){
        //具体处理
    }
}
```

Adapter 类：

```
public class Adapter extends Adaptee implements Target{
    public void request(){
        super.specificRequest();
    }
}
```

Client 类：

```
public class Client{
    public static void main(String[] args){
        Target target = new Adapter();
        target.request();
    }
}
```

### 4.3.3 适配器模式相关知识

（1）意图。将接口不同而功能相同或相近的两个接口加以转换。

（2）优缺点。

优点：

- 可让两个没有任何关系的类在一起运作。
- 增加了类的透明性。
- 提高了类的利用度。
- 灵活性非常好。

缺点：

- 对象适配器重新定义被适配的类的行为比较困难。
- 类适配器不能适配一个类及其子类。

（3）适用场景。

- 当使用一个已经存在的类，而它的接口不符合要求的时候。
- 想要创建一个可复用的类，该类可以与原接口的类协同工作。
- 在对象适配器中，当要匹配数个子类的时候，对象适配器可以适配它们的父类接口。

### 4.3.4 应用举例

通过前面适配器模式的定义及相关知识讲解，引题中的手机充电线接口转换即符合适配器模式的结构类图，即使用了适配器模式。

**示例 1** 日志管理系统——存储方式

XX 公司开发了一款日志管理系统，在第一版中用户要求以日志的形式记录，开发人员遵照用户的要求，对日志文件的存取进行相应的实现。随着系统的使用，用户期望对系统进行升级，在第二版中使用数据库存储方式。试问：如何进行系统的静态结构图设计，才能满足在第二版中既支持数据库存储方式又支持文件的存储方式？

第二版中新增加了数据库存储方式，需要支持数据库操作的增删改查，而第一版中只有日志管理操作的实现，即读文件和写文件，显然第一版中的接口和第二版中需求的接口不兼容，不能直接使用第一版的实现。此时可使用所讲的适配器模式，增加一个新的适配器类，通过调用原有的文件存取日志的实现来完成第二版需求中接口的功能。设计类图如图 4-17 所示。

图 4-17 中 LogModel 代表日志实体，LogFileOperation 是原来日志的实现方式，LogDbOperation 则是新的使用数据库来实现的方式，Adapter 是将 LogFileOperation 类转换为 LogDbOperation 的转换器。

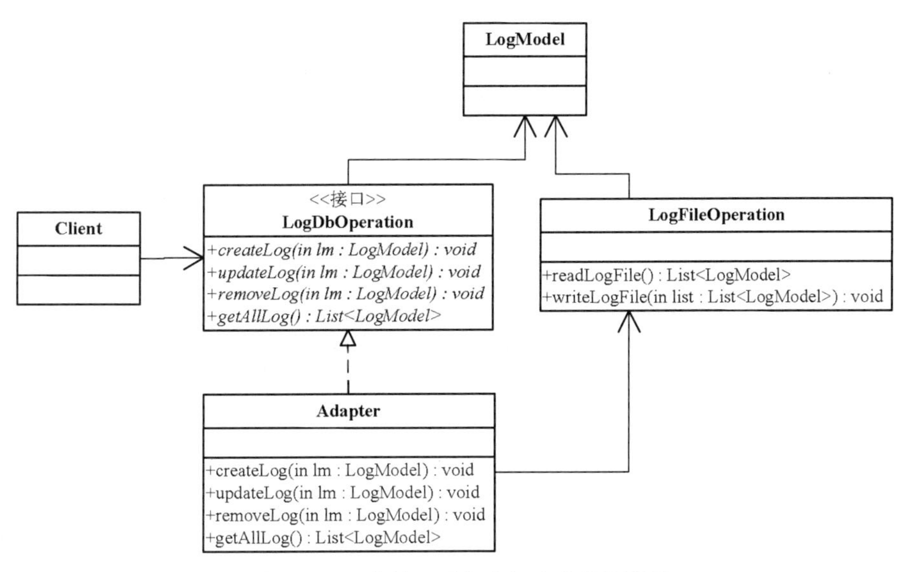


图 4-17　日志管理系统升级改进结构类图

模拟代码如下：

LogModel 类（假定该类中有日志 ID、日志来源和级别三项内容）：

```
public class LogModel {
    private String id;       //事件 ID
    private String source;  //来源
    private String level;    //级别
    public LogModel() {
    }
    LogModel(String id, String source, String level){
        this.id = id;
        this.source = source;
        this.level = level;
    }

    public String getId() {
        return id;
    }
    public void setId(String id) {
        this.id = id;
    }
    public String getSource() {
        return source;
    }
    public void setSource(String source) {
        this.source = source;
    }
    public String getLevel() {
        return level;
    }
```

```
        public void setLevel(String level) {
            this.level = level;
        }
    }
```

LogFileOperation 类：

```
    public class LogFileOperation {
        public List<LogModel> readLogFile() throws IOException{
            List<LogModel> list = new ArrayList<LogModel>();
            LogModel log;
            File file = new File("f:\\log.txt");// 指定要读取的文件
            FileReader reader = new FileReader(file);// 获取该文件的输入流
            BufferedReader bReader = new BufferedReader(reader);
            String str = bReader.readLine();
            while(str != null)
            {
                String[] strArr = str.split("\t");
                log = new LogModel();
                log.setId(strArr[0]);
                log.setSource(strArr[1]);
                log.setLevel(strArr[2]);
                list.add(log);
                str = bReader.readLine();
            }
            return list;
        }
        public void writeLogFile(List<LogModel> list) throws IOException{
            File file = new File("f:\\newlog.txt");
            LogModel log;
            FileWriter writer = new FileWriter(file);
            BufferedWriter bWriter = new BufferedWriter(writer);
            if(list != null && list.size() != 0){
                for(int i = 0; i < list.size(); i++){
                    log = list.get(i);
                    bWriter.write(log.getId()+"\t"+log.getSource()+"\t"+log.getLevel()+"\r\n");
                }
            }
            bWriter.close();
            writer.close();
        }
    }
```

LogDbOperation 类：

```
    public interface LogDbOperation {
        public void createLog(LogModel lm);
        public void updateLog(LogModel lm);
        public void removeLog(LogModel lm);
        public List<LogModel> getAllLog();
    }
```

Adapter 类：

```
public class Adapter implements LogDbOperation{
    private LogFileOperation logFileOperation;
    public Adapter(LogFileOperation operation){
        this.logFileOperation = operation;
    }
    public void createLog(LogModel lm) {
        System.out.println("使用日志文件实现增加一条日志记录");
        List<LogModel> list = new ArrayList<LogModel>();
        list.add(lm);
        try {
            logFileOperation.writeLogFile(list);
        } catch (IOException e) {
            e.printStackTrace();
        }
    }
    public void updateLog(LogModel lm) {
        System.out.println("使用数据库技术实现日志内容更新");
    }
    public void removeLog(LogModel lm) {
        System.out.println("使用数据库技术实现日志内容删除");
    }
    public List<LogModel> getAllLog() {
        try {
            return logFileOperation.readLogFile();
        } catch (IOException e) {
            e.printStackTrace();
            return null;
        }
    }
}
```

Client 类：

```
public class Client {
    public static void main(String[] args) {
        LogFileOperation fileOperation = new LogFileOperation();
        LogDbOperation dbOperation = new Adapter(fileOperation);
        //获取所有日志
        List<LogModel> list = dbOperation.getAllLog();
        System.out.println("获取所有日志");
        for(int i = 0; i < list.size(); i++){
            System.out.println(list.get(i).getId()+"\t"+list.get(i).getSource()+"\t"+list.get(i).getLevel());
        }
        //删除一条日志
        LogModel lm = new LogModel();
        dbOperation.removeLog(lm);
        //更新一条日志
```

```
            lm.setLevel("警告");
            dbOperation.updateLog(lm);
            //写入日志
            dbOperation.createLog(lm);
        }
    }
```

运行结果：

```
    获取所有日志
    2004  resource-exhaustion-detector                    警告
    7036  service control manager                         信息
    1012  terminalservices-remoteconnectionmanager        信息
    使用数据库技术实现日志内容删除
    使用数据库技术实现日志内容更新
    使用日志文件实现增加一条日志记录
```

**示例 2** 仿生机器人

要求机器人可模拟各种动物行为，在机器人中定义了一系列方法，如机器人叫喊方法 cry()、机器人移动方法 move()等。如果希望在不修改已有代码的基础上使得机器人能够像狗一样汪汪叫，像狗一样快跑，或者像鸟一样叽叽叫，像鸟一样快飞。请结合所学知识，进行系统设计。

结合题目描述来看，系统中已有狗类的实现，它能够汪汪叫并且可以快跑，也有鸟类的实现，它能够叽叽叫，也能够快飞。现在不修改代码的基础上，想实现机器人模拟狗的行为或鸟的行为，此时需要增加一个新的适配器类，当需要模拟狗时，将狗对象的行为传递给机器人，而当需要模拟鸟时，则将鸟对象的行为传递给机器人。设计类图如图 4-18 所示。

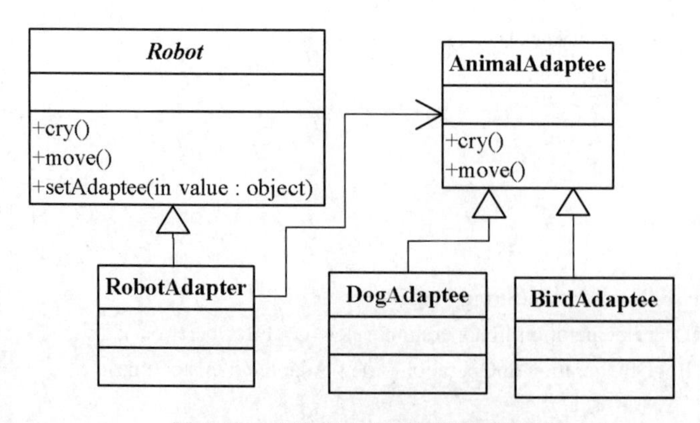


图 4-18 仿生机器人系统设计类图

图中 Robot 指的是抽象的机器人类，AnimalAdaptee 是一个被适配者，具体的被适配者有狗 DogAdaptee 和鸟 BirdAdaptee 两种，而为让机器人模仿动物行为，RobotAdapter 类实现了 DogAdaptee 及 BirdAdaptee 的转换。

模拟代码如下：

Robot 类：

```
    public abstract class Robot {
        public abstract void cry();
```

```
        public abstract void move();
        public abstract void setAdaptee(Object value);
    }
```

AnimalAdaptee 类：

```
    public class AnimalAdaptee {
        public void cry(){
        }
        public void move(){
        }
    }
```

DogAdaptee 类：

```
    public class DogAdaptee extends AnimalAdaptee {
        public void cry() {
            System.out.println("小狗汪汪叫");
        }
        public void move() {
            System.out.println("小狗在奔跑");
        }
    }
```

BirdAdaptee 类：

```
    public class BirdAdaptee extends AnimalAdaptee {
        public void cry() {
            System.out.println("小鸟吱吱叫");
        }
        public void move() {
            System.out.println("小鸟在飞翔");
        }
    }
```

RobotAdapter 类：

```
    public class RobotAdapter extends Robot {
        AnimalAdaptee adaptee;
        public void cry() {
            if(adaptee == null)
                adaptee = new AnimalAdaptee();
            adaptee.cry();
        }
        public void move() {
            if(adaptee == null)
                adaptee = new AnimalAdaptee();
            adaptee.move();
        }
        public void setAdaptee(Object value) {
            this.adaptee = (AnimalAdaptee)value;
        }
    }
```

测试类：

```
public class Client {
    public static void main(String[] args) {
        Robot robot = new RobotAdapter();
        System.out.println("***机器人模拟狗的行为***");
        AnimalAdaptee adaptee = new DogAdaptee();
        robot.setAdaptee(adaptee);
        robot.cry();
        robot.move();
        //更改为小鸟
        System.out.println("***机器人模拟小鸟的行为***");
        adaptee = new BirdAdaptee();
        robot.setAdaptee(adaptee);
        robot.cry();
        robot.move();
    }
}
```

运行结果：

```
***机器人模拟狗的行为***
小狗汪汪叫
小狗在奔跑
***机器人模拟小鸟的行为***
小鸟吱吱叫
小鸟在飞翔
```

### 4.3.5 应用扩展——适配器模式在 Java API 中的应用

Java I/O 库大量使用了适配器模式，例如 ByteArrayInputStream 是一个适配器类，它继承了 InputStream 的接口，并且封装了一个 byte 数组。也就是说它将一个 byte 数组的接口适配成 InputStream 流处理器的接口，是一个对象形式的适配器类。FileInputStream 也是一个适配器类，FileInputStream 继承了 InputStream 类型，同时持有一个对 FileDiscriptor 的引用，它将 FileDiscriptor 对象适配成 InputStream 类型对象形式的适配器模式。ByteArrayOutputStream 和 FileOutputStream 也符合适配器模式的描述，是一个对象形式的适配器类。

## 4.4 外观模式

### 4.4.1 引题

XX 公司开发一个可应用于多个软件的文件加密模块，该模块可以对文件中的数据进行加密并将加密之后的数据存储在一个新文件中，具体的流程包括三部分：分别是读取源文件、加密、保存加密之后的文件。其中，读取文件和保存文件使用流来实现，加密操作通过求模运算实现。这三个操作相对独立，为了实现代码的独立重用，让设计更符合单一职责原则，这三个操作的业务代码分别封装在三个不同的类中。

XX 公司开发人员独立实现了这三个具体的业务类：FileReader 类用于读取文件；CipherMachine 类用于对数据进行加密；FileWriter 用于保存文件。由于该文件加密模块的通用性，它在××公司开发的多款软件中都得以使用，包括财务管理软件、公文审批系统、邮件管理系统等。××公司的设计人员给出如图 4-19 所示的设计方案。

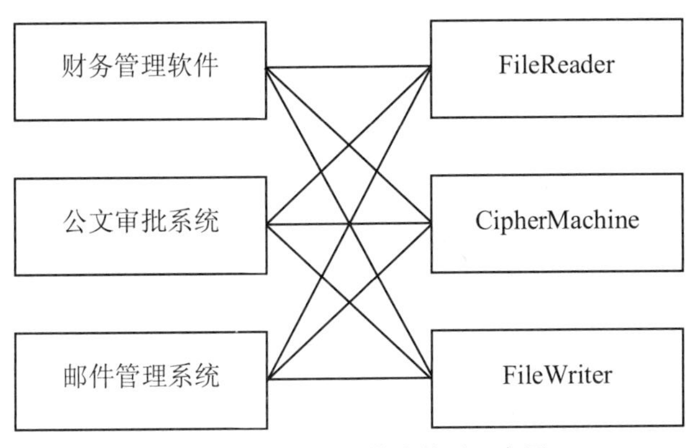


图 4-19　文件加密模块使用示意图

针对图 4-19 的设计方案，如果需要更换一个加密类，例如将 CipherMachine 类替换为 NewCipherMachine 类，则所有使用该文件加密模块的代码都需要进行修改，并且三个类经常会作为一个整体同时出现，客户端代码需要与它们逐个进行交互，导致客户端代码较为复杂，且在每次使用它们时很多代码都会重复出现。因此本设计方案中系统维护难度大，灵活性和可扩展性较差。如何改进上述设计方案？可借助于本章节讲解的外观模式。

### 4.4.2　外观模式定义

外观模式（Facade Pattern）又称为门面模式，是一种使用频率较高的设计模式，它的定义如下：

与一个子系统的通信通过一个统一的外观角色进行，为系统中的一组接口提供一个一致的界面，外观模式定义了一个高层接口，这个接口使得这一子系统更加容易使用。

也就是说，外观模式为子系统中的一组接口提供一个统一的入口，使得子系统更易于使用，一方面降低原有系统的复杂度，另一方面降低客户类与子系统的耦合度。

外观模式没有一个一般化的类图描述，通常使用示意图来表示。外观模式的结构图如图 4-20 所示。

从图中可以看出，外观模式引入 Facade 类，将子系统的使用变得更容易。结构图中主要包括 Facade 和 SubSystem Classes 两个部分，其中：

- Facade 外观类。知道哪些子系统类负责处理请求，并将客户的请求代理给适当的子系统对象。
- SubSystem Classes。实现子系统的功能，处理由 Façade 对象指派的任务来协调子系统下各子类的调用方式。

在外观模式中，外观类 Facade 的方法 operation()实现的就是以不同的次序调用下面类 SubSystem1、SubSystem2、SubSystem3 的方法 operation()，通过不同的 operation()组合实现相应功能。

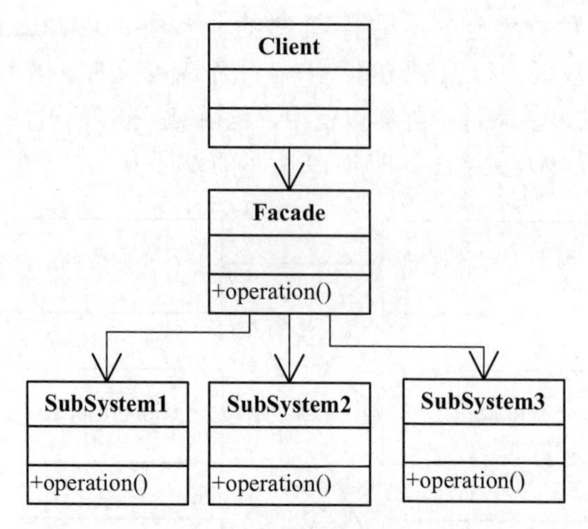


图 4-20 外观模式结构图

以示意图为例，以通用源码的形式展示如何实现外观模式。

SubSystem1 类：

```
public class SubSystem1{
    public void operation(){
        //业务实现代码
    }
}
```

SubSystem2 类：

```
public class SubSystem2{
    public void operation(){
        //业务实现代码
    }
}
```

SubSystem3 类：

```
public class SubSystem3{
    public void operation(){
        //业务实现代码
    }
}
```

Facade 类：

```
public class Facade{
    SubSystem1 subSystem1 = new SubSystem1();
    SubSystem2 subSystem2 = new SubSystem2();
    SubSystem3 subSystem3 = new SubSystem3();
    public void operation(){
        subSystem1.operation();
        subSystem2.operation();
        subSystem3.operation();
    }
}
```

Client 类：

```
public class Client{
    public static void main(String[] args)
    {
        Facade facade = new Facade();
        facade.operation();
    }
```

### 4.4.3　外观模式相关知识

（1）意图。提供一个接口能够把其他可重用类（代码或子系统）的行为有效地组织起来，对一个子系统的类进行重构，它将客户的请求代理给适合的子系统对象与子系统通信。

（2）优缺点。

优点：

- 使客户和子系统中的类无耦合，并且使得子系统使用起来更加方便。
- 外观只是提供了一个更加简洁的界面，并不影响用户直接使用子系统中的类。
- 子系统中任何类对其方法的内容进行修改，不影响外观的代码。

缺点：

- 不能很好地限制客户端直接使用子系统类，如果对客户端访问子系统类做太多的限制则减少了可变性和灵活性。
- 如果设计不当，增加新的子系统可能需要修改外观类的源代码，这违背了开-闭原则。

（3）适用场景。

- 对于一个复杂的子系统，需要为用户提供一个简单的交互操作。
- 不希望客户代码和子系统中的类有耦合，以便提高子系统的独立性和可移植性。
- 当整个系统需要构建一个层次结构的子系统，不希望这些子系统相互直接地交互。

### 4.4.4　应用举例

依据上述两节对外观模式的介绍，针对引题中的例子，可给出设计方案二，如图 4-21 所示。

设计方案二中解决了客户端代码重复的问题，但如果引用新的加密算法，本方案并不合适，此时可引入抽象外观类的方法来解决。设计方案三如图 4-22 所示。

**示例 1　解析文件**

XX 公司现需要设计一个子系统，该子系统有三个类：ReadFile、AnalyzeInformation 和 SaveFile 类，各个类的职责如下：

ReadFile：读取文件。

AnalyzeInformation：从一个文本中删除用户不需要的内容。

SaveFile：保存文本文件。

现要求为系统设计一个外观，以便简化用户和上述系统所进行的交互。比如：一个用户想要读取一个 HTML 文件，并将该文件内容中的 HTML 标记全部去掉后保存到另一个文本文件中，那么用户只需要把要读取的 HTML 文件名、一个正则表达式（表示删除的信息）以及要保存的文件名传递给子系统的外观即可，外观和子系统中类的实例进行交互，完成用户指派的任务。

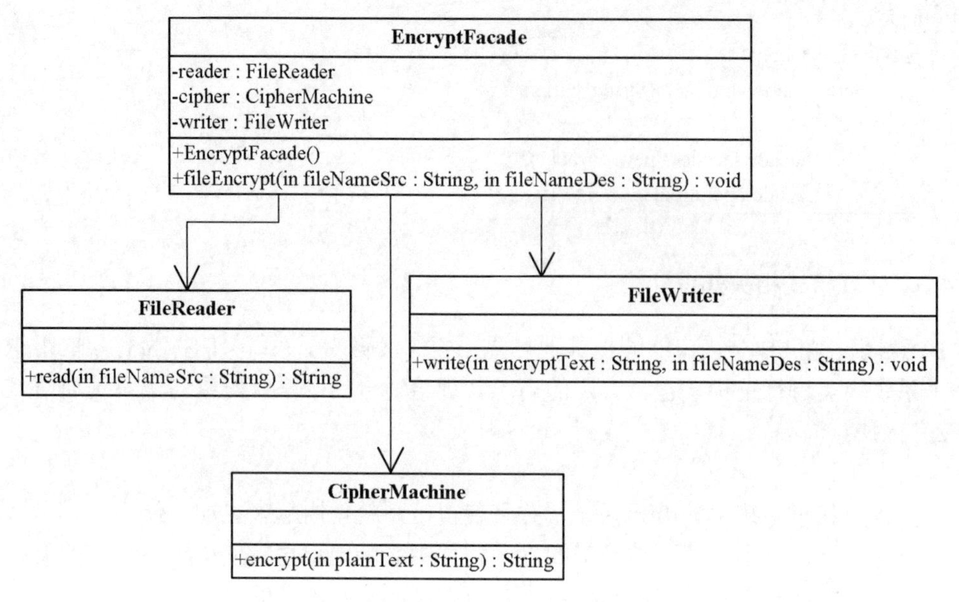


图 4-21 文件加密模块设计方案二

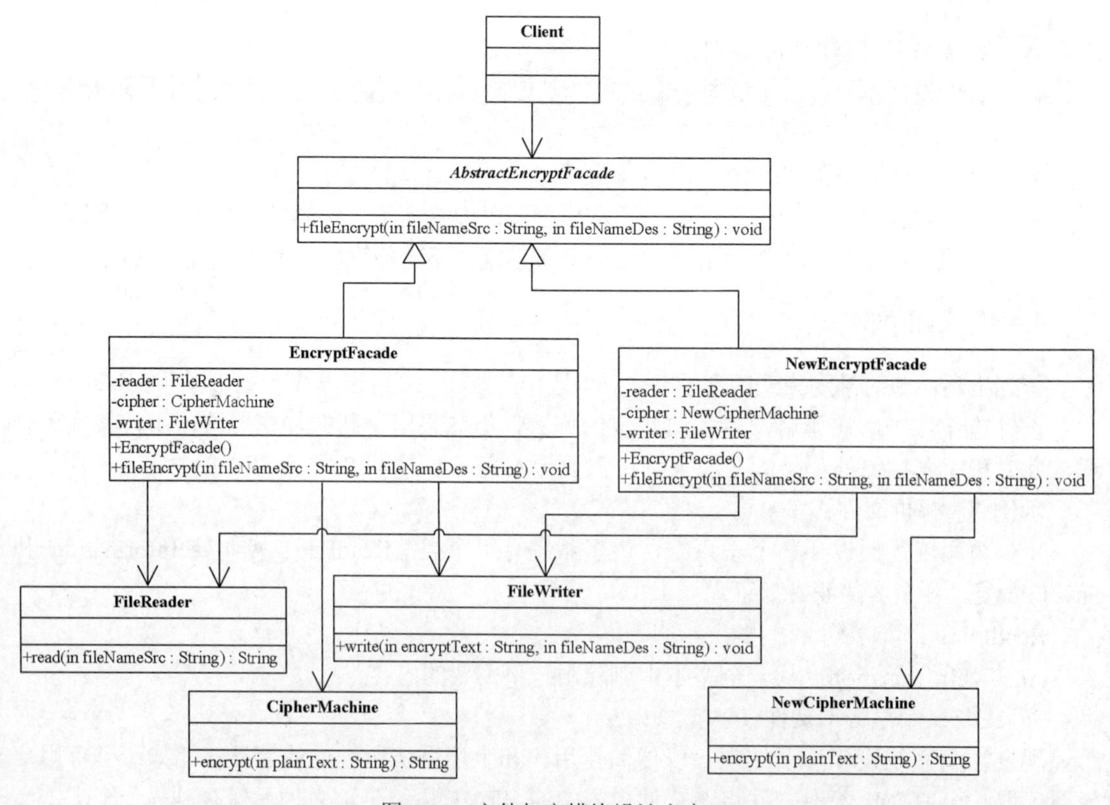


图 4-22 文件加密模块设计方案三

结合前面所讲知识，可将 ReadFile、AnalyzeInformation、SaveFile 三个类当作三个子系统，外层增加一个外观类以封闭对三个子系统的访问，设计方案如图 4-23 所示。

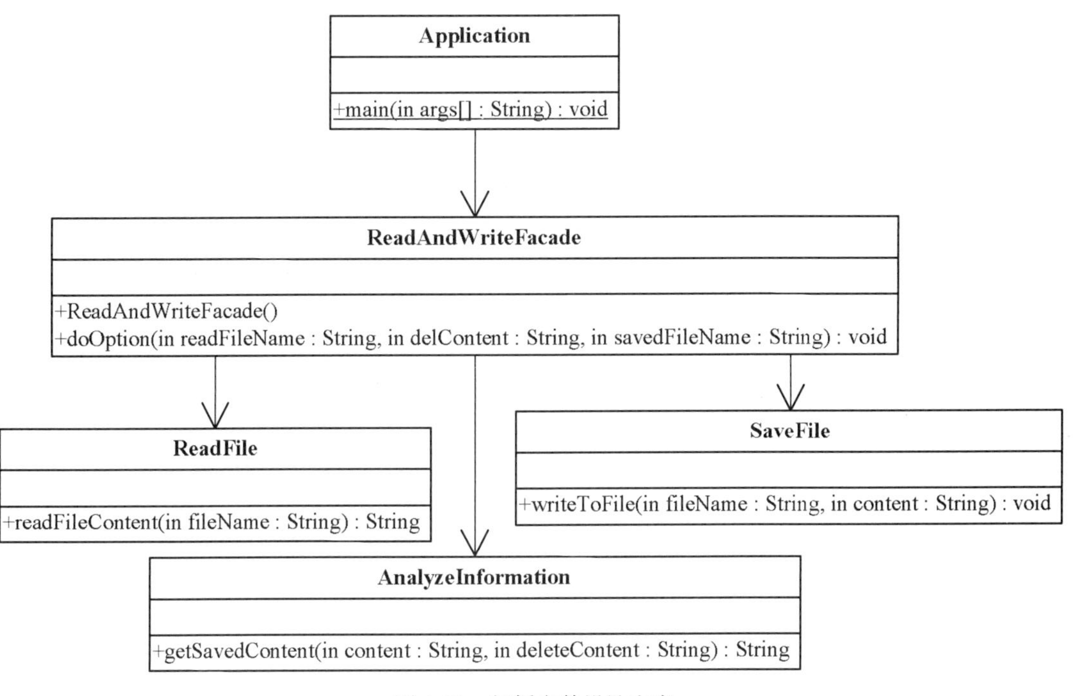


图 4-23　解析文件设计方案

模拟代码如下：

ReadFile 类：

```
public class ReadFile {
    public String readFileContent(String fileName) throws IOException{
        File file = new File(fileName);// 指定要读取的文件
        FileReader reader = new FileReader(file);// 获取该文件的输入流
        char[] bb = new char[1024];// 用来保存每次读取到的字符
        String str = "";// 用来将每次读取到的字符拼接，当然使用 StringBuffer 类更好
        int n;// 每次读取到的字符长度
        while ((n = reader.read(bb)) != -1) {
            str += new String(bb, 0, n);
        }
        reader.close();// 关闭输入流，释放连接
        return str;
    }
}
```

AnalyzeInformation 类：

```
public class AnalyzeInformation {
    public String getSavedContent(String content, String deleteContent){
        if(content != null ){
            //如果包含删除字符串
            if(content.contains(deleteContent)){
                //将删除的字符串使用空串替换
                return content.replace(deleteContent, "");
```

```
            }
        }
        return content;
    }
}
```

SaveFile 类：

```
public class SaveFile {
    public void writeToFileContent(String fileName,String content) throws IOException{
        File file = new File(fileName);// 要写入的文本文件
        if (!file.exists()) {// 如果文件不存在，则创建该文件
            file.createNewFile();
        }
        FileWriter writer = new FileWriter(file);// 获取该文件的输出流
        writer.write(content);// 写内容
        writer.flush();// 清空缓冲区，立即将输出流里的内容写到文件里
        writer.close();// 关闭输出流，施放资源
    }
}
```

ReadAndWriteFacade 类：

```
public class ReadAndWriteFacade {
    private ReadFile readFile;
    private AnalyzeInformation analyzeInformation;
    private SaveFile saveFile;
    public ReadAndWriteFacade(){
        readFile = new ReadFile();
        analyzeInformation = new AnalyzeInformation();
        saveFile = new SaveFile();
    }
    public void doOption(String readFileName,String delContent, String savedFileName){
        String readContent;
        try {
            readContent = readFile.readFileContent(readFileName);
            String newContent = analyzeInformation.getSavedContent(readContent,delContent);
            saveFile.writeToFileContent(savedFileName, newContent);
        } catch (IOException e) {
            e.printStackTrace();
        }
    }
}
```

Application 类：

```
public class Application {
    public static void main(String[] args) {
        ReadAndWriteFacade facade = new ReadAndWriteFacade();
        facade.doOption("f:\\from.txt", "World", "f:\\to.txt");
    }
}
```

假定在 F 盘根目录已有 from.txt 文件的内容为：

Hello World! World! This is the facade pattern application!

则运行本程序后，在 F 盘根目录下会生成一个 end.txt 的文件，其内容为：

Hello ! ! This is the facade pattern application!

**示例 2　计算机启动过程模拟**

对于计算机的开启人们都比较熟悉，只需按下计算机上的“开机”按钮即可完成计算机的启动。其实当用户按下计算机的“开机”按钮后，计算机会进行一系列复杂的启动过程，如内存的自检、CPU 的运行、硬盘的读取、操作系统的载入等会先后启动，而对于用户来说这些都是透明的。依据上述描述，给出计算机启动过程的设计类图。

依据上述描述分析，计算机上的“开机”按钮封装了计算机内部一系列的启动过程，充当了外观，其设计类图如图 4-24 所示。

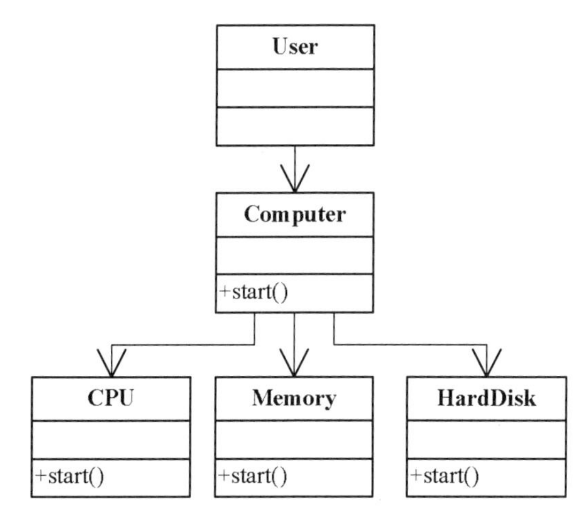


图 4-24　模拟计算机启动过程设计类图

模拟代码如下：

Computer 类：

```
public class Computer{
    private CPU cpu;
    private Memory memory;
    private HardDisk hardDisk;
    public Computer(){
        cpu = new CPU();
        memory = new Memory();
        hardDisk = new HardDisk();
    }
    public void start(){
        cpu.start();
        memory.start();
        hardDisk.start();
    }
}
```

CPU 类：

```
public class CPU{
    public void start(){    //业务逻辑处理代码
        System.out.println("CPU 运行...");
    }
}
```

Memory 类：

```
public class Memory{
    public void start(){    //业务逻辑处理代码
        System.out.println("内存自检...");
    }
}
```

HardDisk 类：

```
public class HardDisk{
    public void start(){    //业务逻辑处理代码
        System.out.println("硬盘读取...");
    }
}
```

测试类 User：

```
public class User{
    public static void main(String[] args){
        Computer computer = new Computer();
        computer.start();
    }
}
```

运行结果：

```
CPU 运行...
内存自检...
硬盘读取...
```

### 4.4.5 应用扩展——外观模式在 Java API 中的应用

EJB（Enterprise JavaBeans）是通过容器组织的、运行在服务器端的 Java 组件。这些容器的目的是减轻程序员的负担，例如线程的管理、与客户端的会话和一般的数据库的操作，不允许客户直接访问 EJB 类 MyEJBClass，但是 Facade 接口能提供这样的访问功能。一个接口用于产生 MyEJBClass，另一个用于访问 MyEJBClass 的功能。

Facade 并不是普遍地应用于 Java API，因为它隐藏了类。API 最本质的属性就在于它的类是可使用的而不是隐藏的。

## 4.5 组合模式

### 4.5.1 引题

对于 Windows 操作想必大家都比较熟悉，例如可以在根目录下新建一个文件夹或文件，也可以在某个文件夹中进行文件夹或文件的操作。如欲编程实现如图 4-25 所示的仿资源管理器的输出结果，应如何进行类图设计？根据输出结果分析，磁盘上的根目录是一个根节点，其下的各个文件夹相当于是树枝节点，而其中的文件则相当于是树叶节点，很典型的树状结构。三个类型的节点，设计三个类即可，设计类图如图 4-26 所示。

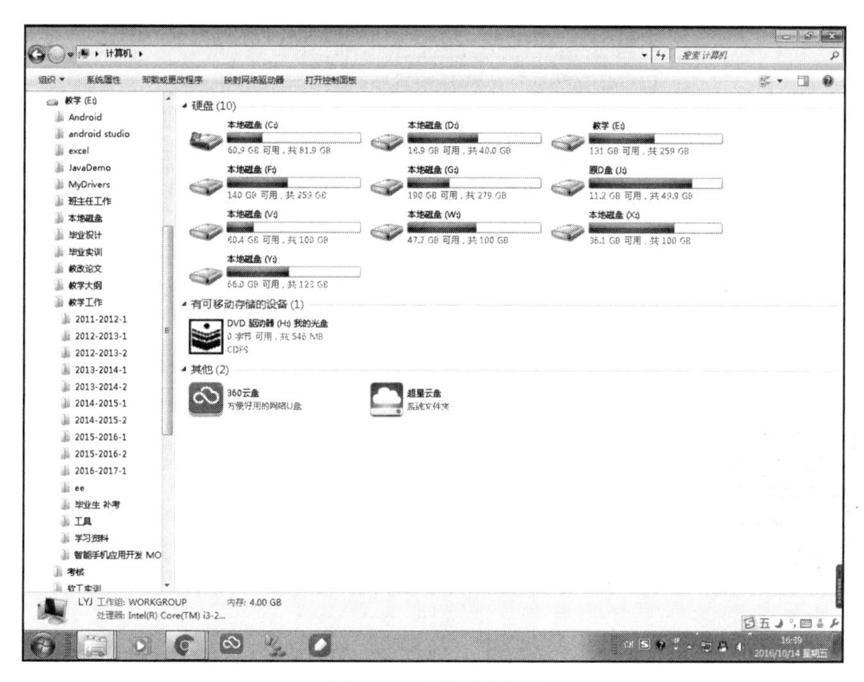


图 4-25　资源管理器

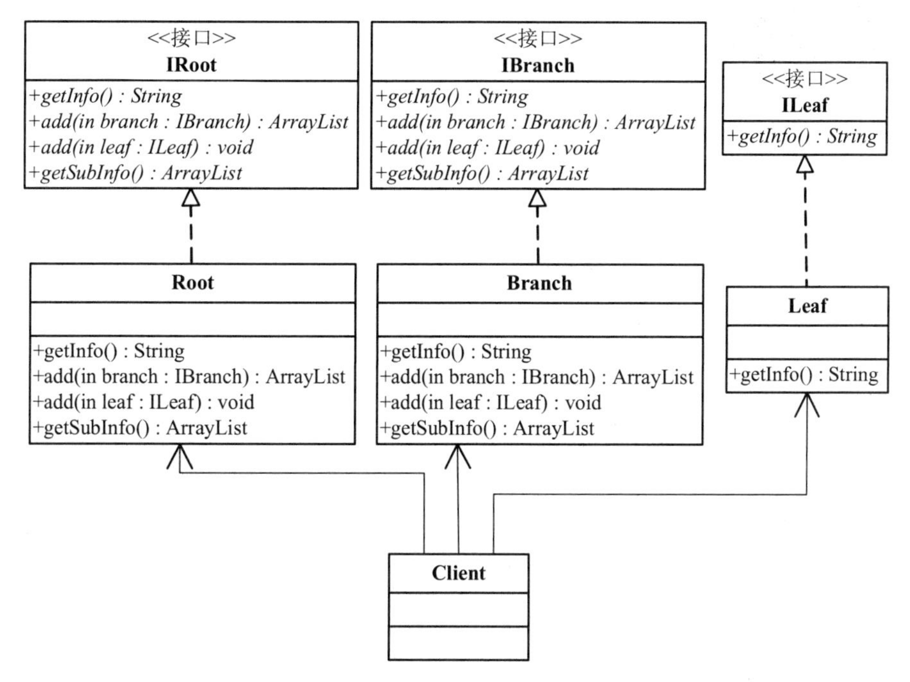


图 4-26　资源管理器组织架构类图一

图 4-26 的设计类图是最容易想到的，非常简单，但细分析 IRoot 接口与 IBranch 接口有区别吗？如果欲增加新的操作如删除文件或文件夹信息，则每个接口中均需要进行代码添加。实质上根节点本质上仍是树枝节点，可将根节点和树枝节点进行合并，对图 4-26 进行修改后如图 4-27 所示。

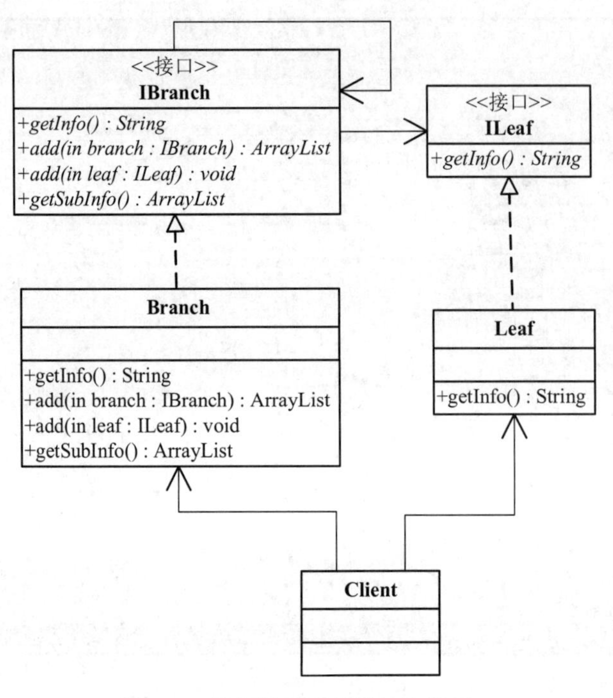


图 4-27　资源管理器组织结构类图二

图 4-27 是否仍有问题？接口是定义一类事物所具有的共性，那么对于 IBranch 和 ILeaf 来说是否有共性呢？通过图 4-27 可看出，getInfo()即为两个接口的共性内容，然后提炼共同点进行类图修改后的类图设计如图 4-28 所示，当然本设计方案会导致 Leaf 节点对于不需要的功能则仍需要实现，在实现的时候可以进行折中处理。这里面体现了设计模式中很重要的一个模式，即是本节要讲解的组合模式。

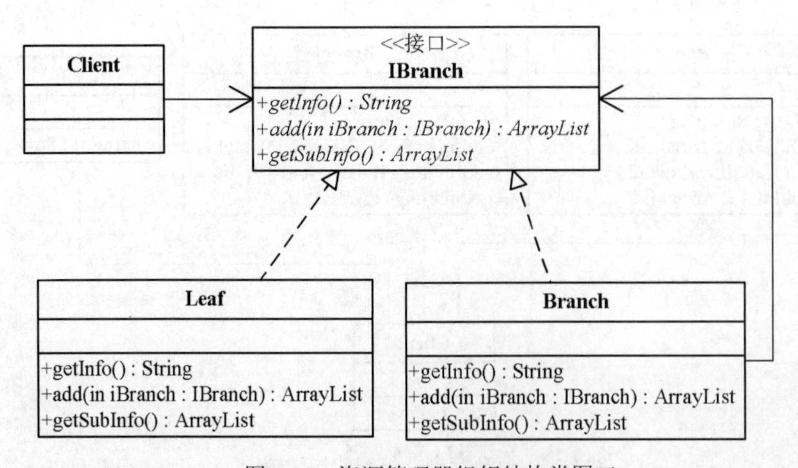


图 4-28　资源管理器组织结构类图三

### 4.5.2　组合模式定义

组合模式（Composite Pattern）也叫合成模式，也称为部分-整体模式，主要是用来描述部分与整体的关系，它的定义如下：

组合模式将对象组合成树形结构以表示“部分-整体”的层次结构，使得用户对单个对象和组合对象的使用具有一致性，也就是说组合模式能让用户以一致的方式处理个别对象以及对象组合。

组合模式的通用类图如图 4-29 所示。

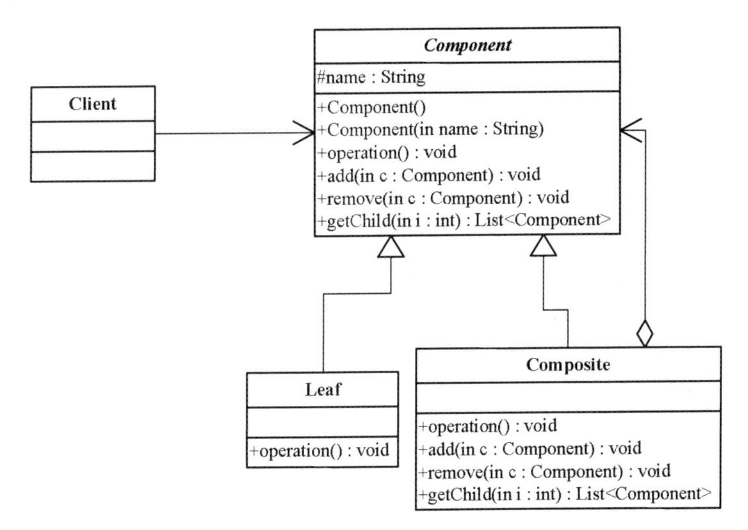


图 4-29　组合模式通用类图

从图中可以看出，组合模式包括 Component、Composite 及 Leaf 三个核心角色：

- Component 抽象构件角色。定义参加组合对象的共有方法和属性，可以定义一些默认的行为或属性，比如引题中的 getInfo()就封装到抽象类中，它是组合模式的精髓。
- Composite 树枝构件角色。树枝对象用于组合树枝节点和叶子节点以形成一个树形结构，是组合模式的重点。
- Leaf 叶子构件角色。是叶子对象，遍历的最小单位，其下再无其他分支。

以下以通用类图为例，以通用源码的形式展示如何实现组合模式。

Component 抽象类：

```
public abstract class Component {
    protected String name;
    public Component(){};
    public Component(String name){
        this.name = name;
    }
    public void operation(){}
    public abstract void add(Component component);
    public abstract void remove(Component component);
    public abstract Component getChild(int depth);
}
```

Composite 类：

```
public class Composite extends Component {
    private List<Component> children = new ArrayList<Component>();
    public void add(Component component) {
        children.add(component);
    }
    public void remove(Component component) {
        children.remove(component);
    }
    public Component getChild(int depth) {
        return children.get(depth);
    }
}
```

Leaf 类：

```
public class Leaf extends Component {
    public void operation() {
        //进行叶子节点的相关操作
    }
    public void add(Component component) {
        System.out.println("叶子节点不支持添加节点");
    }
    public void remove(Component component) {
        System.out.println("叶子节点不支持删除节点");
    }
    public Component getChild(int depth) {
        return null;
    }
}
```

Client 类：

```
public class Client {
    public static void main(String[] args) {
        //创建一个根节点
        Component root = new Composite();
        root.operation();
        //创建一个树节点
        Component branch = new Composite();
        //创建一个叶子节点
        Component leaf = new Leaf();
        //建立整体
        root.add(branch);
        branch.add(leaf);
        //遍历树
        display(root);
    }
    //定义遍历树的方法
    public static void display(Component root){
```

```
                if(root instanceof Leaf)
                    root.operation();
                else
                    display(root.getChild(0));
            }
        }
```

### 4.5.3　组合模式相关知识

（1）意图。将对象组合成树形结构以表示“部分-整体”的层次结构。组合模式使得用户对单个对象和组合对象的使用具有一致性。

（2）优缺点。

优点：

- 定义了包含基本对象和组合对象的类层次结构，高层模块调用简单。
- 简化客户代码。
- 使得增加新类型的组件更加容易，符合开-闭原则。

缺点：

- 限制了接口的影响范围，与依赖倒置原则冲突。

（3）适用场景。

- 希望把对象表示成部分-整体层次结构。
- 希望用户忽略组合对象与单个对象的不同，用户将统一地使用组合结构中所有对象。

### 4.5.4　应用举例

依据上述两节所讲内容，引题中所给出的组织结构类图三就很好地满足了组合模式。

**示例 1**　公司人事管理

公司的人事管理是一个经典的树状结构，如图 4-30 所示。人事中的部门变化相对不大，但人员变更较多，在相关的软件系统中需要进行人事管理树状结构的显示，让系统具有更好的自适应性。通常系统中会将人事信息存储到一张单独的表中，见表 4-1。现欲开发一个公司人事管理系统，要求系统中能够读取相关数据并进行树状结构的显示。

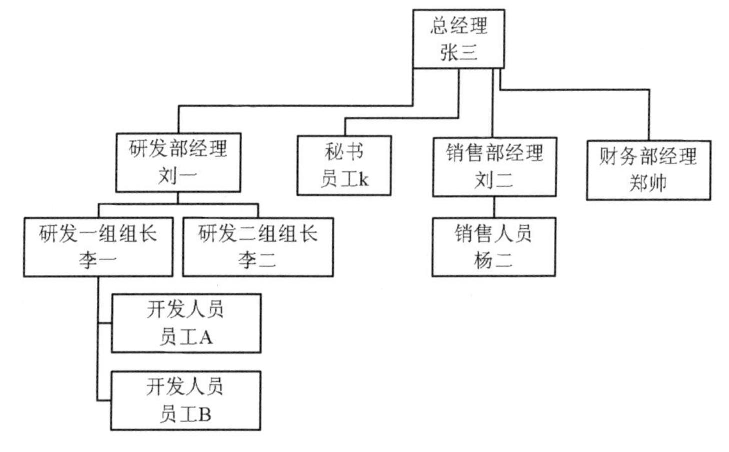


图 4-30　公司人事组织架构

表 4-1　公司人事管理数据

| 主键 | 唯一编码 | 名称 | 是否是号子节点 | 父节点 |
|---|---|---|---|---|
| 1 | CEO | 总经理 | 否 | NULL |
| 2 | developDep | 研发部经理 | 否 | CEO |
| 3 | salesDep | 销售部经理 | 否 | CEO |
| 4 | finaceDep | 财务部经理 | 否 | CEO |
| 5 | k | 总经理秘书 | 是 | CEO |
| 6 | a | 开发人员 | 是 | developDep |
| 7 | b | 销售人员 | 是 | salesDep |

系统在实现读取数据及树状结构显示时，首先进行类图的设计。需求中体现了研发部经理、秘书、销售部经理、财务部经理与总经理的部分与整体层次结构，以及研发一组组长、研发二组组长与研发部经理之间部分与整体的层次结构，而系统中在进行处理时忽略总经理或研发部经理等组合对象与单个对象如秘书、销售人员等的不同，统一地使用组合结构中的所有对象，通过分析人事管理很好地符合组合模式结构类图，总经理相当于是根节点，研发部经理、销售部经理、研发一组组长、研发二组组长等相当于树枝节点，而开发人员、秘书及销售人员则相当于是叶子节点。设计类图如图 4-31 所示。

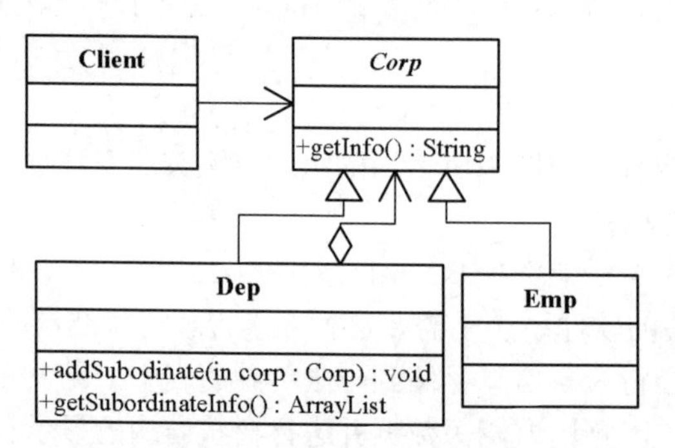


图 4-31　精简的设计类图

从图 4-31 中可以看出，本设计方案与图 4-29 的结构类图不完全相同，本方案给出的设计方案是安全的。图 4-29 方案采用的是透明方式的组合模式，也就是在根节点 Component 中声明所有用来管理子对象的方法，其中包括添加 add 和移除 remove 方法，这样实现 Component 接口的所有子类都具备了 add 和 remove 方法，这样做的好处是叶子节点和树枝节点对于外界没有区别，它们具备完全一致的行为接口，但问题也很明显，因为叶子节点 Leaf 类本身不具备 add()和 remove()的功能，所以实现它没有意义。

本设计方案使用安全模式组合模式，也就是在根节点 Component（Corp 类）中不再声明 add 和 remove 方法，这样子类 Leaf（Emp 类）也不需要去实现它，而是在 Composite（Dep 类）中声明所有用来管理子类对象的方法。这样做就不会出现刚才的问题，但由于不透明，所以叶子类 Emp 和树枝类 Dep 将不具有相同的接口，客户端 Client 的调用需要做相应的判断，带来不便。

模拟代码如下：

Corp 类：

```
public abstract class Corp {
        private String name = "";       //公司每个人都有自己的名字
        private String position = "";  //公司每个人都有自己的职位
        private double salary = 0;     //公司每个人都有自己的薪水
        public Corp(String name,String position,double salary){
                this.name = name;
                this.position = position;
                this.salary = salary;
        }
        //获取员工信息
        public String getInfo(){
                String info = "";
                info = "姓名："+this.name;
                info += "\t 职位："+this.position;
                info += "\t 薪水："+this.salary;
                return info;
        }
}
```

Dep 类：

```
public class Dep extends Corp {
        //领导下边有哪些下级领导和小兵
        ArrayList<Corp> subordinateList = new ArrayList<Corp>();
        public Dep(String name, String position, double salary) {
                super(name, position, salary);
        }
        //增加一个下属，可能是小头目，也可能是小兵
        public void addSubordinate(Corp corp){
                this.subordinateList.add(corp);
        }
        //获取所有的下属
        public ArrayList<Corp> getSubordinate(){
                return this.subordinateList;
        }
}
```

Emp 类：

```
public class Emp extends Corp {
        public Emp(String name, String position, double salary) {
                super(name, position, salary);
        }
}
```

Client 类：

```
public class Client {
        //遍历整棵树，只要给出根节点，即可遍历出所有的节点
```

```
public static String getTreeInfo(Dep root){
    String info = "";
    ArrayList<Corp> subordinateList = root.getSubordinate();
    for(Corp s:subordinateList){
        if(s instanceof Emp)
            info += info + s.getInfo()+"\n";
        else
            info = info + s.getInfo()+"\n" + getTreeInfo((Dep)s);
    }
    return info;
}
//打印整棵树
public static void printTreeInfo(ArrayList list){
    int len = list.size();
    for(int i = 0; i < len; i++){
        Object obj = list.get(i);
        if(obj instanceof Emp)
            System.out.println(((Emp)obj).getInfo());
        else{
            System.out.println(((Dep)obj).getInfo());
            printTreeInfo(((Dep)obj).getSubordinate());
        }
    }
}
public static void main(String[] args) {
    //产生一个根节点
    Dep ceo = new Dep("张三","总经理",100000);
    //产生 2 个部门
    Dep dep1 = new Dep("刘一","研发部经理",10000);
    Dep dep2 = new Dep("刘二","销售部经理",15000);
    //产生 2 个小组长
    Dep group1 = new Dep("李一","研发一组组长",8000);
    Dep group2 = new Dep("李二","研发二组组长",8000);
    //产生 2 个开发人员、一个秘书、一个销售人员
    Emp emp = new Emp("员工 K","秘书",3000);
    Emp emp1 = new Emp("员工 A","开发人员",5000);
    Emp emp2 = new Emp("员工 B","开发人员",4000);
    Emp emp3 = new Emp("杨二","销售人员",8000);
    //产生整个人事管理系统树形结构
    //总经理下有 2 个部门和一个秘书
    ceo.addSubordinate(dep1);
    ceo.addSubordinate(dep2);
    ceo.addSubordinate(emp);
    //研发部下有两个小组
    dep1.addSubordinate(group1);
```

```
            dep1.addSubordinate(group2);
            //第一组下有两个员工
            group1.addSubordinate(emp1);
            group1.addSubordinate(emp2);
            //销售部下有一名员工
            dep2.addSubordinate(emp3);
            //输出整个树形结构
            System.out.println(ceo.getInfo());
            printTreeInfo(ceo.getSubordinate());
        }
    }
```

运行结果：

```
姓名：张三    职位：总经理        薪水：100000.0
姓名：刘一    职位：研发部经理    薪水：10000.0
姓名：李一    职位：研发一组组长  薪水：8000.0
姓名：员工 A  职位：开发人员      薪水：5000.0
姓名：员工 B  职位：开发人员      薪水：4000.0
姓名：李二    职位：研发二组组长  薪水：8000.0
姓名：刘二    职位：销售部经理    薪水：15000.0
姓名：杨二    职位：销售人员      薪水：8000.0
姓名：员工 K  职位：秘书          薪水：3000.0
```

**示例 2**　使用组合模式回车换行设计一个杀毒软件（AntiVirus）的框架，该软件既可对某个文件夹 Folder 杀毒，也可对某个指定的文件杀毒，文件种类包括：文本文档 TextFile，图片文件 ImageFile，视频文件 VideoFile，绘制类图并编程模拟实现。

杀毒软件要求不仅能够进行文件夹的杀毒，也能够进行文件的杀毒，通常情况下文件夹中既可以包含文件夹也可以包含文件，并且文件夹的层可能不止一层，即文件夹中的文件夹中也可以包含文件夹，而对于文件来说，不管是文本文件还是图片文件或者视频文件，均不可再包含文件夹或文件。依据组合模式思想，从静态的观点来看主要是表明一些组件（非叶子节点）聚合了其他组件，模仿组合模式结构类图，文件相当于是 Component 类，而文件夹则相当于是 Composite 类，文本文件、图片文件、视频文件则作为文件的子类，相当于是 Leaf 类。其设计类图如图 4-32 所示，本示例与示例 1 不同的是，本示例采用的是透明方式的组合模式，不管对于文件夹还是文本文件、图像文件和视频文件，它们对于外界没有区别，具备完全一致的行为接口。

模拟代码如下：

File 类：

```
public abstract class File {
    public abstract void add(File file);
    public abstract void remove(File file);
    public abstract File getChild(int i);
    public abstract void killVirus();
}
```

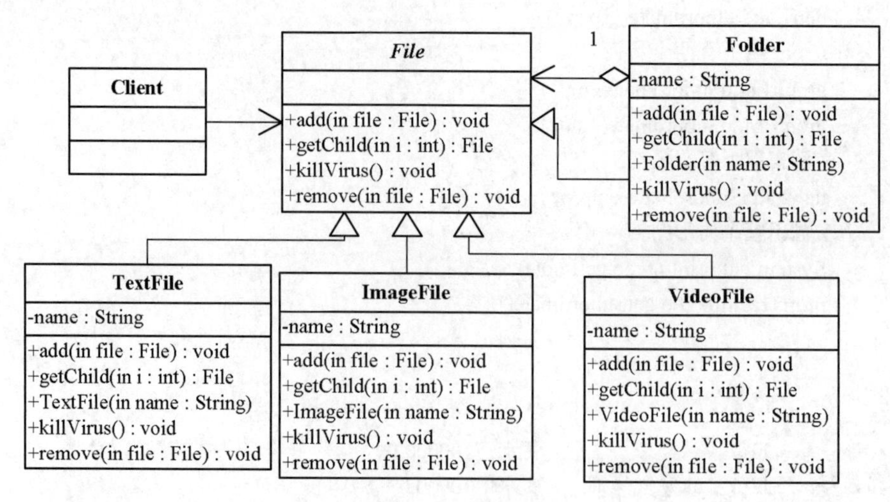


图 4-32　杀毒软件设计类图

TextFile 类：

```
public class TextFile extends File {
    private String name;
    public TextFile(String name){
        this.name = name;
    }
    public void add(File file) {
        System.out.println("错误，不支持该方法");
    }
    public void remove(File file) {
        System.out.println("错误，不支持该方法");
    }
    public File getChild(int i) {
        System.out.println("错误，不支持该方法");
        return null;
    }
    public void killVirus() {
        System.out.println("----对文本文件 "+name+" 进行杀毒");
    }
}
```

ImageFile 类：

```
public class ImageFile extends File {
    private String name;
    public ImageFile(String name){
        this.name = name;
    }
    public void add(File file) {
        System.out.println("错误，不支持该方法");
    }
    public void remove(File file) {
```

```
            System.out.println("错误，不支持该方法");
        }
        public File getChild(int i) {
            System.out.println("错误，不支持该方法");
            return null;
        }
        public void killVirus() {
            System.out.println("----对图像文件 "+name+" 进行杀毒");
        }
    }
```

VideoFile 类：

```
    public class VideoFile extends File {
        private String name;
        public VideoFile(String name){
            this.name = name;
        }
        public void add(File file) {
            System.out.println("错误，不支持该方法");
        }
        public void remove(File file) {
            System.out.println("错误，不支持该方法");
        }
        public File getChild(int i) {
            System.out.println("错误，不支持该方法");
            return null;
        }
        public void killVirus() {
            System.out.println("----对视频文件 "+name+" 进行杀毒");
        }
    }
```

Folder 类：

```
    public class Folder extends File {
        private String name;
        private List<File> fileList = new ArrayList<File>();
        public Folder(String name){
            this.name = name;
        }
        public void add(File file) {
            fileList.add(file);
        }
        public void remove(File file) {
            fileList.remove(file);
        }
        public File getChild(int i) {
            return (File)fileList.get(i);
        }
```

```
        public void killVirus() {
            System.out.println("****对文件夹 "+name+" 进行杀毒");
            //递归调用各个成员构件的 killVirus()行为
            for(Object obj:fileList){
                ((File)obj).killVirus();
            }
        }
    }
```

测试类：

```
    public class Client {
        public static void main(String[] args) {
            File folder1,folder2,folder3,folder4,file1,file2,file3,file4;
            folder1 = new Folder("我的文件");
            folder2 = new Folder("图像文件");
            folder3 = new Folder("文本文件");
            folder4 = new Folder("视频文件");

            file1 = new ImageFile("组合模式类图.png");
            file2 = new TextFile("组合模式基础知识.doc");
            file3 = new VideoFile("组合模式讲解.mp4");
            file4 = new TextFile("组合模式示例.txt");

            folder1.add(folder2);
            folder1.add(folder3);
            folder1.add(folder4);

            folder2.add(file1);
            folder3.add(file2);
            folder3.add(file3);
            folder4.add(file3);

            folder1.killVirus();
        }
    }
```

运行结果：

```
    ****对文件夹 我的文件 进行杀毒
    ****对文件夹 图像文件 进行杀毒
    ----对图像文件 组合模式类图.png 进行杀毒
    ****对文件夹 文本文件 进行杀毒
    ----对文本文件 组合模式基础知识.doc 进行杀毒
    ----对视频文件 组合模式讲解.mp4 进行杀毒
    ****对文件夹 视频文件 进行杀毒
    ----对视频文件 组合模式讲解.mp4 进行杀毒
```

### 4.5.5 应用扩展——组合模式在 Java API 中的应用

组合模式在 java.awt 中处于核心地位，它使得窗口的嵌套成为可能。嵌套形成了树型结构，如图 4-33 所示。

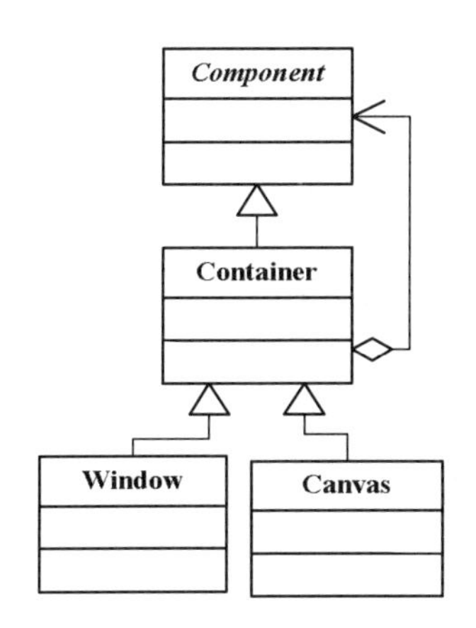


图 4-33　java.awt 中的 Composite 设计模式

组合模型默认一切事物都为 Component 对象。诸如 Window 或 Canvas 这类容器可能聚合了其他组件。例如，窗口能容下其他子窗口，而子窗口依次又能容纳其他窗口等。

## 4.6　桥接模式

### 4.6.1　引题

当进行某一幅画的描绘时，假设需使用到蜡笔，而蜡笔目前有三种型号分别是大、中、小，并且目前使用的是 12 色。此时需要有 36 个蜡笔对象，而当绘画需要的颜色不足时，需要再补充一种颜色，此时需要再生产三个不同型号的蜡笔，即会再有三个蜡笔对象。假如当绘画时不是颜色不足，而是缺少一种新型号的蜡笔，此时需要为新型号的蜡笔分别生产 12 种颜色，即会再需要 12 支蜡笔。请设计一个蜡笔类，以满足型号和颜色的要求。

根据描述，最直接的设计方案如图 4-34 所示。

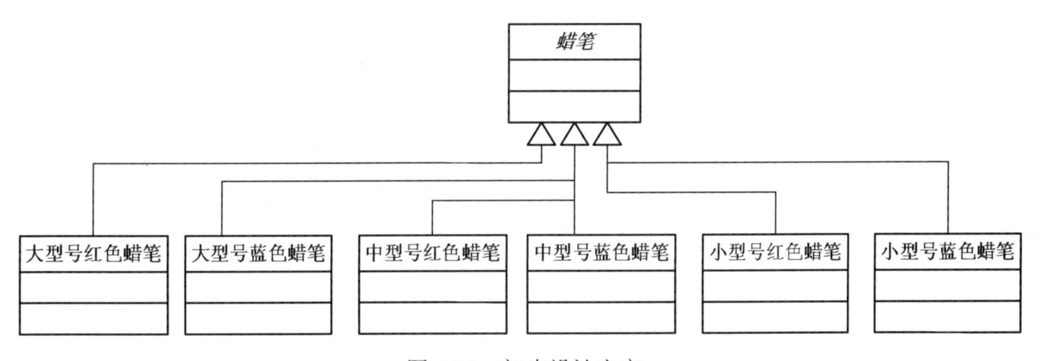


图 4-34　初步设计方案

图 4-34 的设计方案中将型号和颜色进行绑定形成一种蜡笔，在设计方案中红色蜡笔和蓝色蜡笔均有三种型号，所以红色蜡笔和蓝色蜡笔即出现了三次，相应的大型号、中型号和小型号分别出现了两次，因为有两种不同颜色的蜡笔。这种设计方案具有重复性且可扩展性差。

蜡笔不仅有型号且有颜色，如果以型号为分类，设计方案如图 4-35 所示。

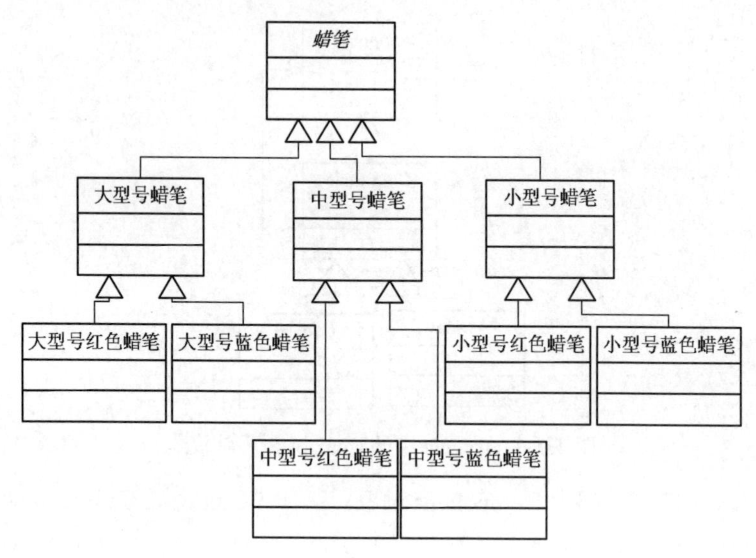


图 4-35　蜡笔设计方案一

根据描述可知，本设计方案当需要增加一个型号的蜡笔时，需要产生一个新的类作为蜡笔的子类；当需要增加某一个型号的某一种颜色蜡笔时，如中型号黑蜡笔时，需要产生一个新的类作为中型号蜡笔的子类；当需要新的型号或新的颜色的蜡笔时，就会不断地增加新的类，类也会越来越多。此方案中存在的问题是子类的实现与父类有非常紧密的依赖关系，以至于父类实现中的任何变化必然会导致子类发生变化。

对于设计方案也可按照颜色来分类，设计方案如图 4-36 所示。在设计方案二中，当需要增加一个新颜色蜡笔时，需要产生一个新的类作为蜡笔的子类，而当需要增加一个新型号的蜡笔时，则需要为每一种颜色的蜡笔增加一个新的类。方案一和方案二虽符合开-闭原则，但当添加一个类时需要同时在两个地方进行修改还是比较麻烦，导致的原因都是继承带来的，也就是说影响绘画的是两种因素：型号和颜色，无论依据颜色进行分类设计还是以型号进行分类设计均会引起不同的变化。两种设计方案不仅灵活性差，限制复用性，而且不易扩展。

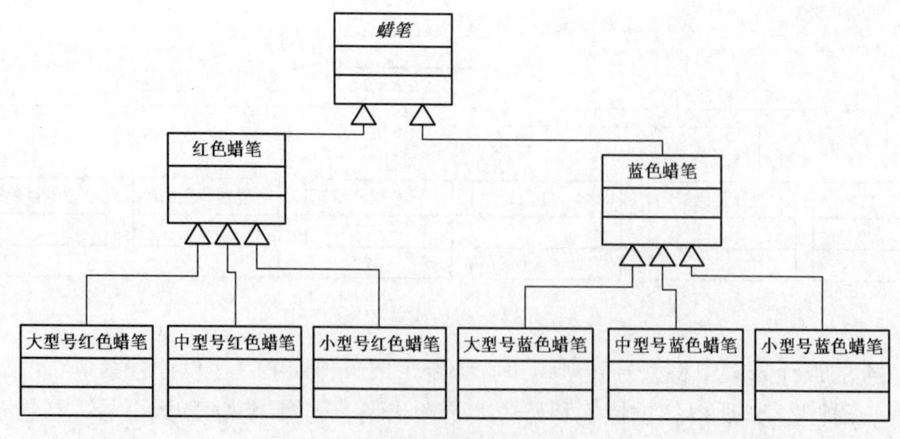


图 4-36　蜡笔设计方案二

而在绘画时若使用毛笔，效果会怎样？同样有大、中、小三种型号的毛笔，12 种颜色。此时仅需要 3 种型号的 3 个毛笔和 12 种颜色的颜料即可，也就是说一共是 15 个对象，而当需要增加一个新的颜色颜料时，只需要直接增加 1 种颜色颜料即可，和毛笔对象没有关系，而当需要一个新的型号毛笔时，也是一样只需要直接增加 1 种型号的毛笔，和颜色颜料没有任何关系。满足不同型号和颜色的毛笔类的设计方案如图 4-37 所示。

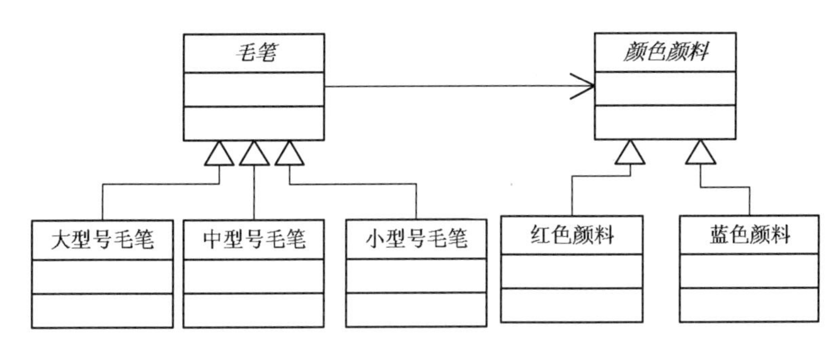


图 4-37　毛笔设计方案一

本设计方案中毛笔和颜色颜料是分开的，当需要增加新型号毛笔或新颜色颜料时，型号和颜色颜料相互分离，不再受彼此的约束绑定，在扩展性及灵活性方面大大提高。这也正是本节所要讲解的桥接模式。

### 4.6.2　桥接模式定义

桥接模式（Bridge Pattern）也叫桥梁模式，是一个比较简单的模式，其定义为：将抽象部分与它的实现部分分离，使得它们都可以独立地变化。

桥接模式的重点是在“解耦”上，如何让它们两者解耦是重点。桥接模式的通用类图如图 4-38 所示。

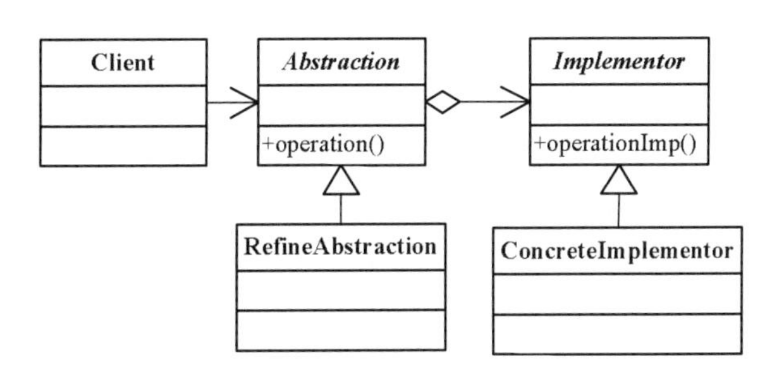


图 4-38　桥接模式通用类图

从图 4-38 可以看出，桥梁模式有 4 个角色：

- Abstraction 抽象化角色。它位于“功能的类层次”最上层的类，主要职责是定义出该角色的行为，同时保存一个对实现化角色的引用，该角色一般是抽象类。
- Implementor 实现化角色。它位于“实现的类层次”最上层的类，规定要实现 Abstraction 参与者的接口的方法，是接口或者抽象类。
- RefinedAbstraction 修正抽象化角色。它引用实现化角色对抽象角色进行修正。
- ConcreteImplementor 具体实现化角色。它实现接口或抽象类定义的方法和属性。

桥接模式中的几个名词不太好理解，总之一点是：抽象角色引用实现角色，或者说抽象角色的部分实现是由实现角色完成的。

以下以通用类图为例，以通用源码的形式展示如何实现桥接模式。

Implementor 抽象类：

```
public abstract class Implementor {
    public abstract void operation();
}
```

ConcreteImplementor 实现类：

```
public class ConcreteImplementor extends Implementor {
    public void operation() {
        System.out.println("具体实现方法执行");
    }
}
```

Abstraction 抽象化类：

```
public abstract class Abstraction {
    protected Implementor implementor;
    public void setImplementor(Implementor implementor){
        this.implementor = implementor;
    }
    public abstract void operation();
}
```

RefinedAbstraction 修正抽象化类：

```
public class RefinedAbstraction extends Abstraction {
    public void operation() {
        implementor.operation();
    }
}
```

### 4.6.3 桥接模式相关知识

（1）意图。将变化的因素进行抽象，而具体的对象通过组合或属性注入的形式引用变化的因素，而依赖的关系只是因素的抽象，不会因为改变具体因素的实现，而修改用户程序中的复杂对象。即满足将抽象和实现解耦，使得两者可以独立地变化。

（2）优缺点。

优点：

- 分离抽象接口及其实现部分，取代多层继承方案。
- 实现细节对客户透明。
- 满足开-闭原则，具有较好的扩充能力。

缺点：

- 增加系统的理解与设计难度。
- 能够正确识别两个独立变化的维度，具有一定的局限性。

（3）适用场景。

- 不想让抽象和某些重要的实现代码是绑定关系，这部分实现可运行时动态决定。

- 抽象和实现都可以以继承的方式独立地扩充而互不影响，程序在运行期间可能需要动态地将一个抽象的子类实例与一个实现者的子类实例进行组合。
- 重用性要求较高的场景。

### 4.6.4 应用举例

依据上述两节内容的讲解，毛笔的设计方案很好地符合了桥接模式。将蜡笔的设计方案进行改进，可将影响绘画时的两个维度型号和颜色分别进行封装，由于绘画时主要体现在颜色上，所以让颜色充当实现类，而型号充当抽象类角色，设计类图如图 4-39 所示。

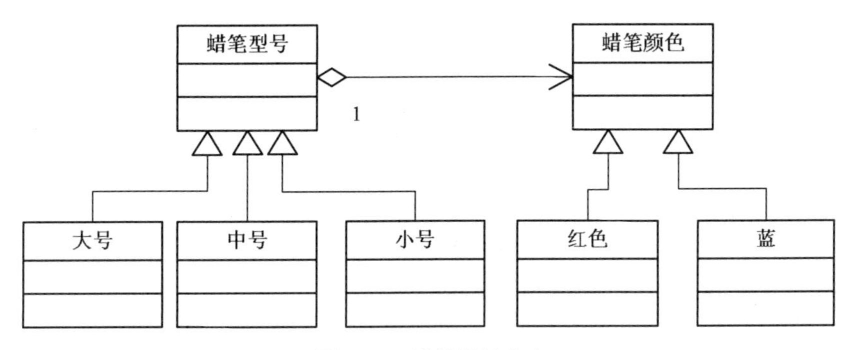


图 4-39　蜡笔设计方案

示例 1　自动咖啡销售机

自动咖啡销售机能够销售中杯和大杯的拿铁咖啡和摩卡咖啡，在进行销售程序设计时，为简单起见，假如程序的主要功能为根据杯子大小与咖啡的种类计算一杯茶的销售价格。试结合所讲的桥接模式，给出设计方案。

依据描述可以看出，自动咖啡销售机的销售价格和杯子的大小及咖啡类型有关，所以影响咖啡价格的两个因素分别为杯子大小和咖啡类型，而杯子的大小有中杯和大杯两种，咖啡类型有拿铁咖啡和摩卡咖啡两种，杯子大小和咖啡类型两者之间可以使用关联建立一个桥梁，即满足桥接模式中的抽象化角色和实现化角色，中杯和大杯则为杯子大小的修正抽象化类，拿铁咖啡和摩卡咖啡则为具体实现化角色类，设计类图如图 4-40 所示。

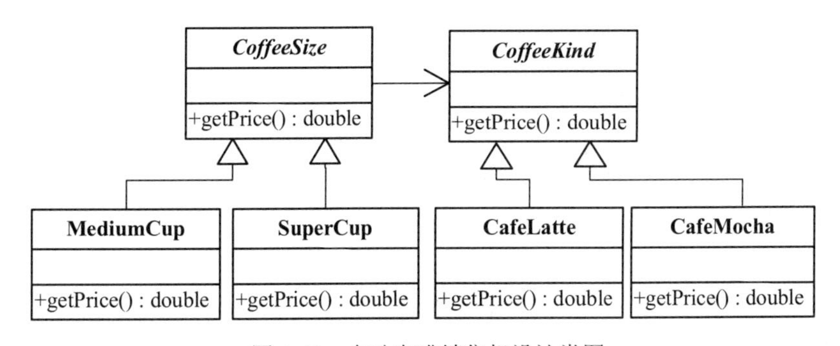


图 4-40　自动咖啡销售机设计类图

图中 CoffeeSize 是杯子大小，CoffeeKind 是咖啡类型，而 MediumCup 代表中杯，SuperCup 代表大杯，CafeLatte 代表拿铁咖啡，CafeMocha 代表摩卡咖啡。咖啡的价格除了 CoffeeSize

决定之外，还由 CffeeKind 决定，所以 CoffeeSize 中的 getPrice()方法计算时需要 CoffeeKind 类负责部分价格的计算。

模拟代码如下：

CoffeeKind 类：

```
public abstract class CoffeeKind {
	public abstract double getPrice();
}
```

CafeLatte 类：

```
public class CafeLatte extends CoffeeKind {
	//假定为 6 元
	public double getPrice() {
		return 6;
	}
}
```

CafeMocha 类：

```
public class CafeMocha extends CoffeeKind {
	//假定为 8 元
	public double getPrice() {
		return 8;
	}
}
```

CoffeeSize 类：

```
public abstract class CoffeeSize {
	CoffeeKind kind;
	public CoffeeSize(CoffeeKind kind) {
		this.kind = kind;
	}
	public abstract double getPrice();
}
```

MediumCup 类：

```
public class MediumCup extends CoffeeSize {
	public MediumCup(CoffeeKind kind) {
		super(kind);
	}
	//假定原价格上加 1.5 元
	public double getPrice() {
		return kind.getPrice()+1.5;
	}
}
```

SuperCup 类：

```
public class SuperCup extends CoffeeSize {
	public SuperCup(CoffeeKind kind) {
		super(kind);
```

```
        }    //假定原价格上加 2 元
        public double getPrice() {
            return kind.getPrice()+2;
        }
    }
```

测试类：

```
    public class Client {
        public static void main(String[] args) {
            //假如客户点了中杯摩卡
            CoffeeKind kind = new CafeMocha();
            CoffeeSize size = new MediumCup(kind);
            System.out.println("中杯摩卡价格为："+size.getPrice()+"元");
        }
    }
```

运行结果：

```
    中杯摩卡价格为：9.5 元
```

**示例 2　跨平台视频播放器**

本视频播放器可在不同的操作系统平台，如 Windows、Linux 等播放多种格式的视频文件，如.MP4、.AVI、.WMV 等。试使用桥接模式设计播放器并编码实现。

依据视频播放器的描述来看，视频播放器在进行视频播放时，不仅依赖于视频格式还依赖于操作系统，也就是说影响视频播放的两个维度分别是视频格式和操作系统，而视频的播放是在操作系统上来实现，所以可将视频对应为桥接模式中的抽象化角色，而不同操作系统上的实现则对应为实现化角色，相应的不同格式的视频如 AVI 视频、MP4 视频等则为修正抽象化类，而相应操作系统上的视频播放的实现则为具体的实现化类，设计类图如图 4-41 所示。

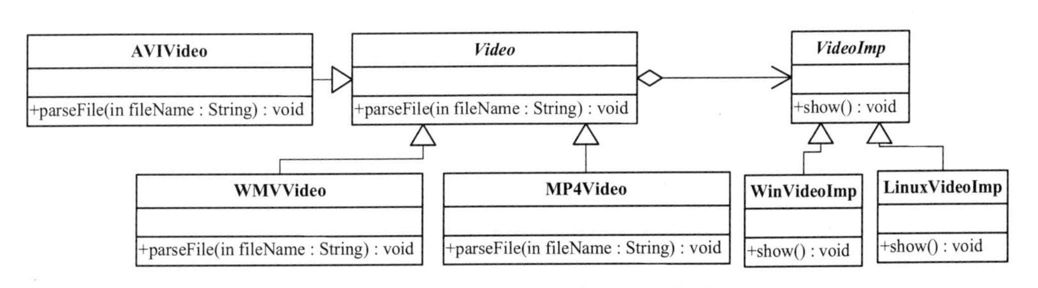


图 4-41　跨平台视频播放器设计类图

如视频播放器需再支持新格式视频的播放或实现不同操作系统上视频的播放，则只需要在相应的类如 Video 或 VideoImp 类下新增相应的类即可，扩展性较好，且变化因素封装的粒度较小，重用性好且符合开-闭原则。

模拟代码如下：

VideoImp 类：

```
    public abstract class VideoImp {
        public abstract void show();
```

```
    }
```

WinVideoImp 类：

```
public class WinVideoImp extends VideoImp {
    public void show() {
        System.out.println("在 Windows 操作系统中播放视频");
    }
}
```

LinuxVideoImp 类：

```
public class LinuxVideoImp extends VideoImp {
    public void show() {
        System.out.println("在 Linux 操作系统中播放视频");
    }
}
```

Video 类：

```
public abstract class Video {
    protected VideoImp videoImp;
    public VideoImp getVideoImp() {
        return videoImp;
    }
    public void setVideoImp(VideoImp videoImp) {
        this.videoImp = videoImp;
    }
    public abstract void parseFile(String fileName);
}
```

AVIVideo 类：

```
public class AVIVideo extends Video {
    public void parseFile(String fileName) {
        videoImp.show();
        System.out.println(fileName+"，格式为 AVI");
    }
}
```

WMVVideo 类：

```
public class WMVVideo extends Video {
    public void parseFile(String fileName) {
        videoImp.show();
        System.out.println(fileName+"，格式为 WMV");
    }
}
```

MP4Video 类：

```
public class MP4Video extends Video {
    public void parseFile(String fileName) {
        videoImp.show();
        System.out.println(fileName+"，格式为 MP4");
    }
}
```

测试类：

```
public class Client {
    public static void main(String[] args) {
        Video video = new AVIVideo();
        VideoImp videoImp = new WinVideoImp();
        video.setVideoImp(videoImp);
        video.parseFile("组合模式视频");
    }
}
```

运行结果：

```
在 Windows 操作系统中播放视频
组合模式视频，格式为 AVI
```

### 4.6.5　应用扩展——桥接模式在 Java API 中的应用

Java API 中的 Eclipse2D 以及两个实现类 Eclipse2D.double 与 Eclipse2D.float 以左上角坐标，以及长和宽声明一个椭圆，数学工作者通常习惯使用椭圆中心与长、短半轴声明一个椭圆。定义一个新的椭圆接口以及两个不同的实现类 EclipseByCorner 和 EclipseByCenter，并且这两个椭圆类中都有画椭圆的功能。由于画图是一项单独的功能，不适合放在 EclipseByCorner 和 EclipseByCenter 中，因此将画椭圆的功能单独封装在 EclipseDrawer 类的结构中。设计类图如图 4-42 所示。

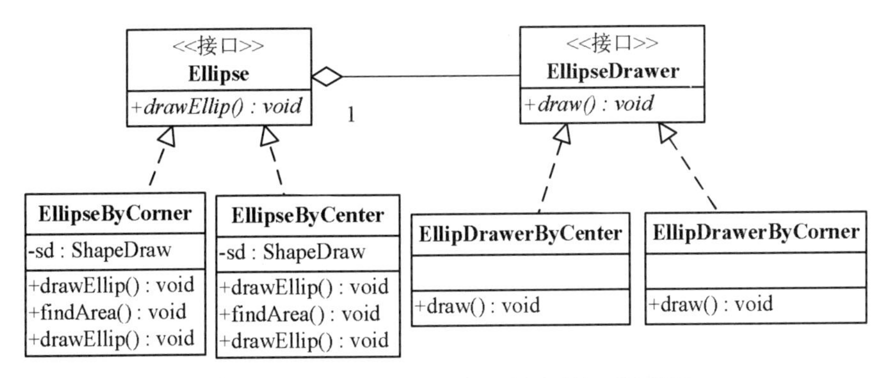


图 4-42　具有不同接口的椭圆的声明与画法类图

## 4.7　享元模式

### 4.7.1　引题

XX 公司计划开发一个文本编辑器软件，本软件中支持对文本中字体进行样式修改，如改变字号、颜色等，同样还有类似于其他文本编辑器一样的主要功能或辅助功能。针对字体编辑功能来说，应用程序中应如何实现？

实现时很简单，当需要一个字体时直接实例化一个相应的对象即可，只是可能需要创建很多的实例。实现方案如图 4-43 所示。

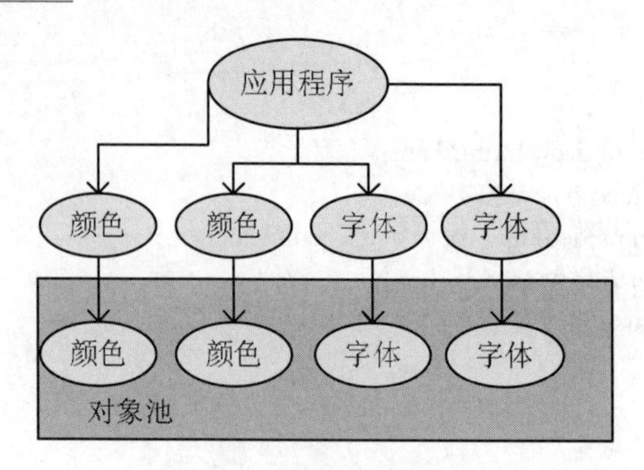


图 4-43 字体实现方案一

本设计方案在运行时，针对每一个类都产生一个对象，这样创建的相同或相似对象数量太多，将导致运行代价过高，带来系统资源浪费、性能下降等问题，最终会导致内存耗尽。当字体实例对象差别不大时，程序中可否直接利用其中创建的某个实例，而不去重新创建对象来完成这样的工作。期望的实现方案如图 4-44 所示。

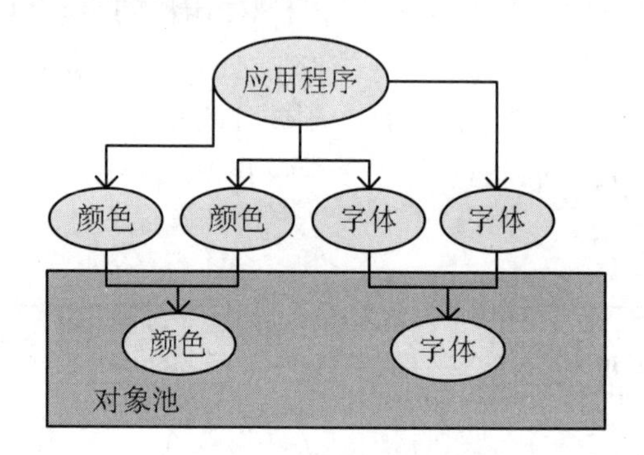


图 4-44 字体实现期望方案

图 4-44 的方案相比于图 4-43 的方案来言，在对象复用上有了很好的提升，也相当于是使用了一种共享的技术减少了对象数量，期望的实现方案相当于是定义了一个池容器，在这个容器中容纳字体对象，同时为应用程序提供一个接口来访问池中对象，当池中有可用对象时，可直接从池中获得，否则建立一个新的对象并放置到池中。

图 4-44 的设计方案一定程度上避免系统中出现大量相同或相似的对象，且不影响客户端程序通过面向对象的方式对这些对象进行操作，体现了本节要讲的设计模式——享元模式。

### 4.7.2 享元模式定义

享元模式（Flyweight Pattern）是池技术的重要实现方式，其定义如下：

使用共享对象可有效地支持大量的细粒度对象。

享元模式的定义提出了两个要求：细粒度对象和共享技术。应用程序中若分配太多的对象则会有损程序的性能，同时易造成内存溢出，这就是享元模式提到的共享技术。在实现共享前，先介绍下对象的内部状态和外部状态。

要求细粒度对象，不可避免地将使得对象数量增多且性质相近，此处将对象的信息分为两个部分：内部状态（intrinsic）和外部状态（extrinsic）。

内部状态是对象可共享出来的信息，存储在享元内部并且不会随环境改变而改变，它可作为一个对象的动态附加信息，不必直接储存在具体某个对象中，属于可共享的部分。

外部状态是对象得以依赖的一个标记，是随着环境改变而改变的、不可共享的状态。

了解了对象的两个状态，随后可看出享元模式的通用类图，如图 4-45 所示。

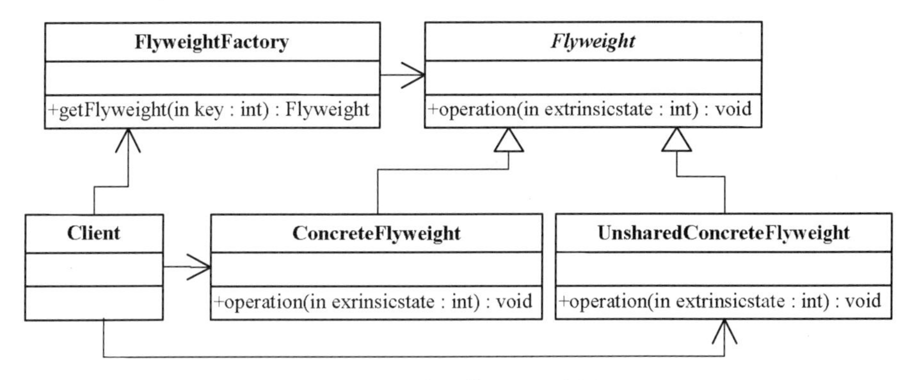


图 4-45　享元模式通用类图

从图 4-45 可以看出，享元模式主要有 4 个角色：

FlyweightFactory 角色：一个享元工厂，用来创建并管理 Flyweight 对象。它主要用来确保合理地共享 Flyweight，当用户请求一个 Flyweight 时，FlyweightFactory 对象提供一个已创建的实例或创建一个新实例。实质上它主要用于构造一个池容器，同时提供从池中获得对象的方法。

Flyweight 角色：所有具体享元类的超类或接口，同时定义出对象的外部状态和内部状态的接口或实现。

ConcreteFlyweight 角色：具体的享元类，实现抽象角色定义的业务。该角色中需要注意的是内部状态处理应该与环境无关，不应该出现操作改变内部状态，同时修改外部状态，这是绝对不允许的。

UnsharedConcreteFlyweight 角色：指那些不需要共享的 Flyweight 子类。因为 Flyweight 接口共享成为可能，但它并不强制共享。

以下以通用类图为例，以通用源码的形式展示如何实现享元模式。

Flyweight 类：

```
public abstract class Flyweight {
    public abstract void operation(int extrinsicstate);
}
```

ConcreteFlyweight 类：

```
public class ConcreteFlyweight extends Flyweight {
    public void operation(int extrinsicstate) {
        System.out.println("具体 Flyweight："+extrinsicstate);
    }
}
```

UnsharedConcreteFlyweight 类：

```
public class UnsharedConcreteFlyweight extends Flyweight {
    public void operation(int extrinsicstate) {
```

```
            System.out.println("不共享的具体 Flyweight："+extrinsicstate);
        }
    }
```

FlyweightFactory 类：

```
    public class FlyweightFactory {
        private Hashtable<String,ConcreteFlyweight> flyweights = new Hashtable<String,ConcreteFlyweight>();
        public FlyweightFactory(){
            flyweights.put("1",new ConcreteFlyweight());
            flyweights.put("2",new ConcreteFlyweight());
            flyweights.put("3",new ConcreteFlyweight());
        }
        public Flyweight getFlyweight(String key){
            return (Flyweight)flyweights.get(key);
        }
    }
```

Client 类：

```
    public class Client {
        public static void main(String[] args){
            int extrinsicstate = 22;
            FlyweightFactory factory = new FlyweightFactory();

            Flyweight flyweight01 = factory.getFlyweight("1");
            flyweight01.operation(--extrinsicstate);

            Flyweight flyweight02 = factory.getFlyweight("2");
            flyweight02.operation(--extrinsicstate);

            Flyweight flyweight03 = factory.getFlyweight("3");
            flyweight03.operation(--extrinsicstate);

            Flyweight unshardFlyweight = new UnsharedConcreteFlyweight();
            unshardFlyweight.operation(--extrinsicstate);
        }
    }
```

### 4.7.3 享元模式相关知识

（1）意图。通过共享有效支持大量细粒度的对象，来提供应用程序的性能，节省系统中重复创建对象实例的性能消耗。

（2）优缺点。

优点：

- 减少对象数量，节省内存空间。
- 外部状态相对独立，且不会影响其内部状态，从而使得享元对象可在不同的环境中被共享。

缺点：

- 维护共享对象，需要额外的开销。
- 需要分离出内部状态和外部状态，这使得程序的逻辑复杂化。
- 为使对象可共享，享元模式需要将享元对象的部分状态外部化，需读取外部状态，将使得运行时间变长。

（3）适用场景。

- 系统中使用了大量的细粒度对象，且对象比较相似。
- 如使用大量的对象，造成很大的存储开销。
- 如果对象的大多数状态都可转变为外部状态，可使用享元对象来实现外部状态与内部状态的分离。
- 需要缓冲池的场景。

### 4.7.4　应用举例

**示例 1**　定制的产品展示网站

随着互联网的发展，很多企业或个人都期望做一个产品展示网站。网站的基本要求是信息发布、产品展示、博客留言、论坛等功能，但具体细节要求又不完全一样，有的要求是新闻发布形式，有的要求是博客形式，也有的要求是原来的产品图片加说明形式，当然不管是企业还是个人都希望在费用上大大降低。如果对于所有客户都重新开发一个网站，再租用一个虚拟空间，费用上是很难降低下来的，而且这样对于开发人员来讲是一个吃力不讨好的事情，假如为 100 家企业做网站，就要申请 100 个空间，用 100 个数据库，类似的网站代码需要有 100 份，但如果某一个企业有新的需求或网站出现了 bug 应如何处理？维护量是不是太可怕了？看来为每一个客户都开发一个网站的方案是不合理的。

网站的基本功能是相同的，可否根据客户的身份不同进行区分从而进行网站的定制显示呢？即为客户分配一个 ID，利用 ID 的不同来区分不同的用户，具体的数据和模板不同，但代码核心和数据库都是共享的。这符合本节讲的享元模式的本质分离与共享。

若使用享元模式解决网站定制问题，需要先分离出内部状态和外部状态。网站的核心功能是不变的，即不会随环境的改变而改变的共享部分，此处对应为享元对象的内部状态，而客户的 ID 即账号会随环境的改变而改变，对应于享元对象的外部状态，应由专门的对象来处理。套用享元模式的结构类图，可得出设计方案如图 4-46 所示。

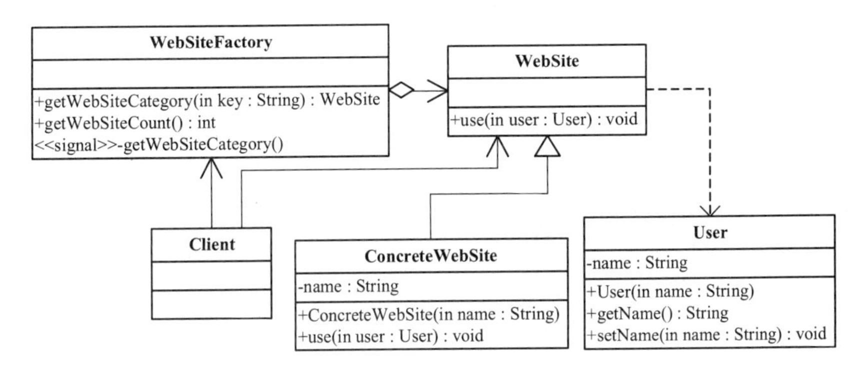


图 4-46　定制的产品展示网站设计方案类图

设计方案中的 WebSiteFactory 类相当于是享元模式中的共享工厂，而 WebSite 则相当于是抽象享元类，ConcreteWebSite 相当于是具体享元类，User 是外部环境。当 User 不同的时候，WebSite 能够进行定制。

模拟代码如下：

User 类：

```
public class User {
    private String name;
    public User(String name){
        this.name = name;
    }
    public String getName() {
        return name;
    }
    public void setName(String name) {
        this.name = name;
    }
}
```

WebSite 类：

```
public abstract class WebSite {
    public abstract void use(User user);
}
```

ConcreteWebSite 类：

```
public class ConcreteWebSite extends WebSite {
    private String name="";
    public ConcreteWebSite(String name){
        this.name = name;
    }
    public void use(User user) {
        System.out.println("网站分类："+name+" 用户："+user.getName());
    }
}
```

WebSiteFactory 类：

```
public class WebSiteFactory {
    private Hashtable<String,WebSite> flyweights = new Hashtable<String,WebSite>();
    public WebSite getWebSiteCategory(String key){
        if(!flyweights.containsKey(key))
            flyweights.put(key, new ConcreteWebSite(key));
        return (WebSite)flyweights.get(key);
    }
    public int getWebSiteCount(){
        return flyweights.size();
    }
}
```

Client 类：

```
public class Client {
```

```
        public static void main(String[] args) {
            WebSiteFactory factory = new WebSiteFactory();
            //得到网站分类
            WebSite webSite1 = factory.getWebSiteCategory("企业产品展示网站");
            webSite1.use(new User("企业用户 1"));
            WebSite webSite2 = factory.getWebSiteCategory("企业产品展示网站");
            webSite2.use(new User("企业用户 2"));
            WebSite webSite3 = factory.getWebSiteCategory("企业产品展示网站");
            webSite3.use(new User("企业用户 3"));
            WebSite webSite4 = factory.getWebSiteCategory("个人产品展示网站");
            webSite4.use(new User("个人用户 1"));
            WebSite webSite5 = factory.getWebSiteCategory("个人产品展示网站");
            webSite5.use(new User("个人用户 2"));
            WebSite webSite6 = factory.getWebSiteCategory("个人产品展示网站");
            webSite6.use(new User("个人用户 3"));
            //得到网站分类总数
            System.out.println("得到的分类网站总数为："+factory.getWebSiteCount());
        }
    }
```

运行 Client 类之后，输出结果如下所示。从输出结果来看，共有 3 个企业客户需要企业产品展示网站，3 个个人客户需要个人产品展示网站，6 个客户申请建站之后，并不是为每一个客户分别建立一套网站，而是一共建立两个不同的网站。

```
网站分类：企业产品展示网站 用户：企业用户 1
网站分类：企业产品展示网站 用户：企业用户 2
网站分类：企业产品展示网站 用户：企业用户 3
网站分类：个人产品展示网站 用户：个人用户 1
网站分类：个人产品展示网站 用户：个人用户 2
网站分类：个人产品展示网站 用户：个人用户 3
得到的分类网站总数为：2
```

**示例 2 报考系统**

现开发一个报考系统，其中一个模块负责社会报考人员报名，报考时的业务操作比较简单，报考人员先登录系统（如没有账号，则应先注册），登录后需要填写考试科目、考试地点及准考证邮寄地址等信息，信息填写完毕后单击确认报名即结束。系统中考试科目、考试地点以下拉列表框形式显示，考试地点依据科目不同列表内容不同，而准考证邮寄地址则使用输入框的形式进行。报考人员还需要填写很多其他信息，现假定系统中以考试科目、考试地点及准考证邮寄地址三者为代表用于唯一标识一位考生的信息。请试着进行报考模块的类设计并进行简单的编码实现。

在设计时如果将所有的报考考生对象都进行实例化放进池中，当考生量较大时，内存很快就会溢出。考生量较大，但考生中有一些相同的属性值，如几十万的考生对象中，考试科目可能只有四个，而考试地点也只不过有几十个，其他属性则是每个对象都不相同的，此处将对象的相同属性考试科目及考试地点提取出来，不同的属性如考生准考证邮寄地址在系统内进行赋值处理。即考试科目、考试地点这些属性信息随环境改变而改变，是不可共享的状态，是一批对象的统一标识，是唯一的一个索引值，二者复合信息对应享元模式中的外部状态，而准考证邮寄地址信息存储在享元对象内部并且不会随环境改变而改变，作为一个对象的动态附加信息，不必直接储存在具体某个对象中，属于可共享部分，对应为享元模式中的内部状态。设计类图如图 4-47 所示。

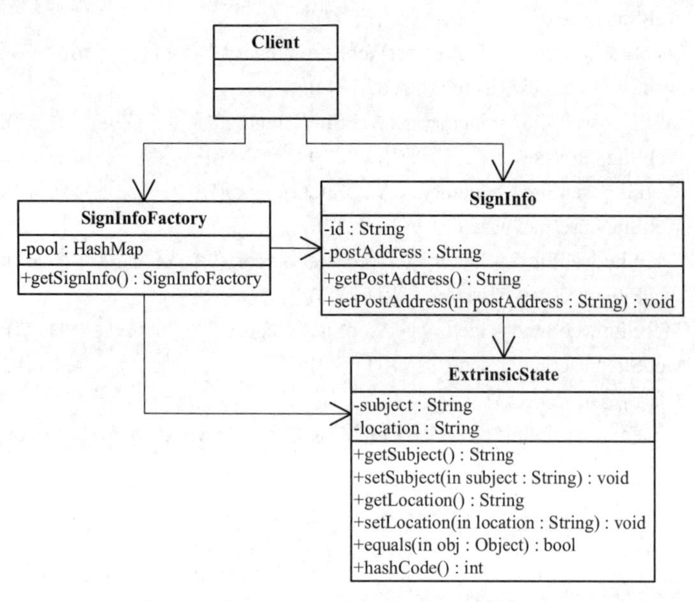


图 4-47　报考系统设计类图

设计类中并未使用抽象享元角色类，而是直接给出具体的外部状态和内部状态，这样避免子类的随意扩展。

代码实现如下：

ExtrinsicState 类：

```
public class ExtrinsicState {
    private String subject;        //考试科目
    private String location;       //考试地点
    public String getSubject() {
        return subject;
    }
    public void setSubject(String subject) {
        this.subject = subject;
    }
    public String getLocation() {
        return location;
    }
    public void setLocation(String location) {
        this.location = location;
    }
    public int hashCode() {
        return subject.hashCode()+location.hashCode();
    }
    public boolean equals(Object obj) {
```

```
            if(obj instanceof ExtrinsicState){
                ExtrinsicState state = (ExtrinsicState)obj;
                return state.getLocation().equals(location) && state.getSubject().equals(subject);
            }else
                return false;
        }
    }
```

SignInfo 类：

```
    public class SignInfo {
        private String id;                    //报考人员 ID
        private String postAddress;           //邮寄地址
        private ExtrinsicState state;         //考试科目及考试地点
        public String getId() {
            return id;
        }
        public void setId(String id) {
            this.id = id;
        }
        public String getPostAddress() {
            return postAddress;
        }
        public void setPostAddress(String postAddress) {
            this.postAddress = postAddress;
        }
        public ExtrinsicState getState() {
            return state;
        }
        public void setState(ExtrinsicState state) {
            this.state = state;
        }
    }
```

SignInfoFactory 类：

```
    public class SignInfoFactory {
        //池容器
        private static HashMap<ExtrinsicState,SignInfo> pool = new HashMap<ExtrinsicState,SignInfo>();
        //从池中获得对象
        public static SignInfo getSignInfo(ExtrinsicState key){
        //设置返回对象
            SignInfo result = null;
            //池中没有该对象，则建立，并放入池中
            if(!pool.containsKey(key)){
                result = new SignInfo();
                pool.put(key, result);
            }else{
                result = pool.get(key);
            }
```

```
            return result;
        }
    }
```

Client 类：

```
    public class Client {
        public static void main(String[] args) {
            //初始化对象池
            ExtrinsicState state1 = new ExtrinsicState();
            state1.setSubject("公共知识");
            state1.setLocation("七十中学");
            SignInfoFactory.getSignInfo(state1);
            ExtrinsicState state2 = new ExtrinsicState();
            state2.setSubject("专业技术");
            state2.setLocation("六十九中学");
            //计算执行 10000 万次需要的时间
            long currentTime = System.currentTimeMillis();
            for(int i = 0; i < 100000000; i++)
                SignInfoFactory.getSignInfo(state2);
            long tailTime = System.currentTimeMillis();
            System.out.println("执行时间："+(tailTime - currentTime)+" ms");
        }
    }
```

程序中的外部状态使用自己编写的类，需要覆写 equals()方法和 hashCode()方法，执行效率是一个问题。运行 Client 类，程序运行时间为：2902ms。

由于本示例中的外部状态仅是两个字符串复合，此时外部状态直接使用字符串来标识，即设计类图中不再需要 ExtrinsicState 类，重写 SignInfoFactory 类如下，主要是池容器中键的数据类型修改为 String。

```
    public class SignInfoFactory{
        //池容器
        private static HashMap<String,SignInfo> pool = new HashMap<String,SignInfo>();
        //从池中获得对象
        public static SignInfo getSignInfo(String key){
            //设置返回对象
            SignInfo result = null;
            //池中没有该对象，则建立，并放入池中
            if(!pool.containsKey(key)){
                result = new SignInfo();
                pool.put(key, result);
            }else{
                result = pool.get(key);
            }
            return result;
        }
    }
```

重写 Client 类代码如下：

```
public class Client{
    public static void main(String[] args) {
        String key1 = "公共知识七十中学";
        String key2 = "专业技术六十九中学";
        //初始化对象池
        SignInfoFactory01.getSignInfo(key1);
        //计算执行 10000 万次需要的时间
        long currentTime = System.currentTimeMillis();
        for(int i = 0; i < 100000000; i++)
            SignInfoFactory01.getSignInfo(key2);
        long tailTime = System.currentTimeMillis();
        System.out.println("执行时间："+(tailTime - currentTime)+" ms");
    }
}
```

运行 Client 类之后，运行时间为 1966ms。这说明外部状态最好以 Java 的基本类型作为标志，如 String、int 等。这样可大幅度提升效率。

### 4.7.5　应用扩展——享元模式在 Java API 中的应用

EJB 用于减轻开发者服务器端的工作，这些工作中包括线程和数据库连接管理。如果没有 EJB，开发者就要保证应用程序不会持续地创建与撤销线程和数据库连接（由此降低应用程序的速度）。EJB 采用存储池（pooling）的方式进行管理，这样就可以重用现有的线程和数据库连接，这就是享元模式的精髓之处。

## 4.8　本章小结

本章主要介绍了七种结构型模式，包括装饰者模式、代理模式、适配器模式、外观模式、组合模式、桥接模式以及享元模式。分别介绍了这七种模式的理论知识，包括模式定义、类结构及适用场景等，并配有实践部分，包括应用举例，同时又对模式在 Java API 中的应用进行了扩展。简单来说，结构型模式就是在解决了对象的创建问题之后，解决类之间耦合度的问题，也就是对象的组成以及对象之间的依赖关系，如何设计对象的结构、继承和依赖关系会影响到后续程序的维护性、代码的健壮性、耦合性等，因此提供了多种结构型模式供设计/开发人员选择使用。通过本章学习，可以了解到每个模式的应用场景，每个模式能够解决的问题，并能够使用相应的模式进行设计及编码。

## 4.9　习题

### 一、选择题

1. 某公司欲开发一个图形控件库，要求可以在该图形控件库中方便地增加新的控件，而且可以动态地改变控件的外观或给控件增加新的行为，如可以为控件增加复杂的立体边框、增加控件的鼠标拖拽行为等。针对上述需求，使用（　　）模式来进行设计最合适。

A．适配器（Adapter）　　B．装饰（Decorator）

C．外观（Façade）　　D．命令（Command）

2．以下（　　）不是装饰模式的适用条件。

A．要扩展一个类的功能或给一个类增加附加责任

B．要动态地给一个对象增加功能，这些功能还可以动态撤销

C．要动态组合多于一个的抽象化角色和实现化角色

D．要通过一些基本功能的组合而产生复杂功能，而不使用继承关系

3．Java I/O 库的设计使用了装饰模式，局部类图如图 4-48 所示，在该类图中，类（　①　）充当具体构件 ConcreteComponent，类（　②　）充当抽象装饰器 Decorator，类（　③　）充当具体装饰器 ConcreteDecorator。

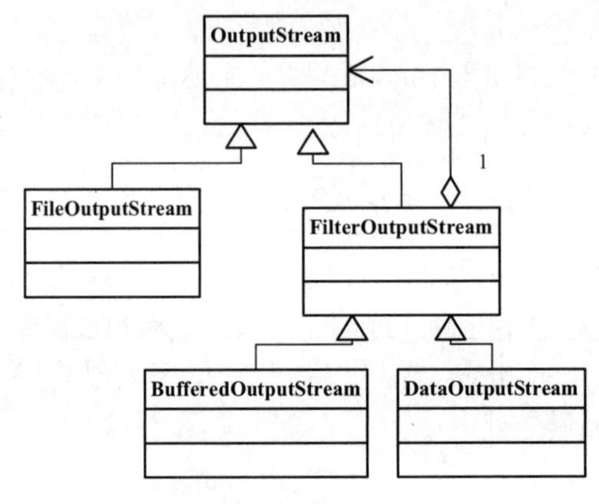


图 4-48　IO 局部设计类图

类（　①　）充当具体构件 ConcreteComponent

类（　②　）充当抽象装饰器 Decorator

类（　③　）充当具体装饰器 ConcreteDecorator

① A．OutputStream　　B．FileOutputStream

C．FilterOutputStream　　D．BufferedOutputStream

② A．OutputStream　　B．FileOutputStream

C．FilterOutputStream　　D．BufferedOutputStream

③ A．OutputStream　　B．FileOutputStream

C．FilterOutputStream　　D．BufferedOutputStream

4．毕业生通过职业介绍所找工作，该过程蕴含了（　　）模式。

A．外观（Façade）　　B．命令（Command）

C．代理（Proxy）　　D．桥接（Bridge）

5．代理模式有多种类型，其中智能引用代理是指（　　）。

A．为某一个目标操作的结果提供临时的存储空间，以便多个客户端可以共享这些结果

B．保护目标不让恶意用户接近

C．使几个用户能够同时使用一个对象而没有冲突

D．当一个对象被引用时，提供一些额外的操作，如将此对象被调用的次数记录下来

6．以下关于代理模式的叙述错误的是（　　）。

A．代理模式能够协调调用者和被调用者，从而在一定程度上降低系统的耦合度

B．控制对一个对象的访问，可以给不同的用户提供不同级别的使用权限时可以考虑使用远程代理

C．代理模式的缺点是请求的处理速度会变慢，并且实现代理模式需要额外的工作

D．代理模式给某一个对象提供一个代理，并由代理对象控制对原对象的引用

7．图 4-49 设计类图中使用的适配器设计模式是（　　）类型。

A．对象适配器　　B．类适配器

C．关联适配器　　D．继承适配器

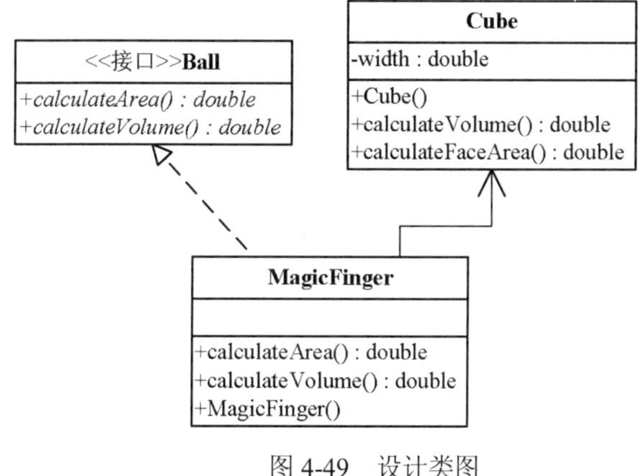


图 4-49　设计类图

8．以下关于适配器模式的叙述错误的是（　　）。

A．适配器模式将一个接口转换成客户希望的另一个接口，使得原本接口不兼容的那些类可以一起工作

B．在类适配器中，Adapter 和 Adaptee 是继承关系，而在对象适配器中，Adapter 和 Adaptee 是关联关系

C．类适配器比对象适配器更加灵活，在 Java、C#等语言中可以通过类适配器一次适配多个适配者类

D．适配器可以在不修改原来的适配者接口 Adaptee 的情况下将一个类的接口和另一个类的接口匹配起来

9．现需要开发一个文件转换软件，将文件由一种格式转换为另一种格式，如将 XML 文件转换为 PDF 文件，将 DOC 文件转换为 TXT 文件，有些文件格式转换代码已经存在，为了将已有的代码应用于新软件，而不需要修改软件的整体结构，可以使用（　　）设计模式进行系统设计。

A．适配器（Adapter）　　B．组合（Composite）

C．外观（Façade）　　D．桥接（Bridge）

10．在对象适配器中，适配器类（Adapter）和适配者类（Adaptee）之间的关系为（　　）。

A．关联关系　　B．依赖关系

C．继承关系　　D．实现关系

11．（　　）是适配器模式的应用实例。

A．操作系统中的树形目录结构　　B．Windows 中的应用程序快捷方式

C．Java 事件处理中的监听器接口　　D．JDBC 中的数据库驱动程序

12．已知某子系统为外界提供功能服务，但该子系统中存在很多粒度十分小的类，不便被外界系统直接使用，采用（　　）设计模式可以定义一个高层接口，这个接口使得这一子系统更加容易使用。

A．Facade（外观）　　B．Singleton（单例）

C．Participant（参与者）　　D．Decorator（装饰）

13．图 4-50 是（　　）模式的类图。

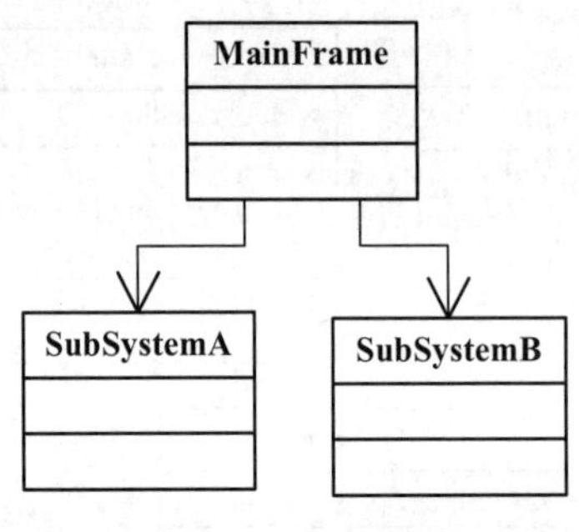


图 4-50　设计类图

A．桥接（Bridge）　　B．工厂方法（Factory Method）

C．模板方法（Template Method）　　D．外观（Façade）

14．以下关于外观模式的叙述错误的是（　　）。

A．外观模式要求一个子系统的外部与其内部的通信必须通过一个统一的外观对象进行

B．在增加外观对象之后，客户类只需要直接和外观对象交互即可，子系统类间的复杂关系由外观类来实现，降低了系统的耦合度

C．外观模式可以很好地限制客户使用子系统类，对客户访问子系统类做限制可以提高系统的灵活性

D．如果一个系统有好几个子系统，可以提供多个外观类

15．以下关于组合模式的叙述错误的是（　　）。

A．组合模式对叶子对象和组合对象的使用具有一致性

B．组合模式可以通过类型系统来对容器中的构件实施约束，可以很方便地保证在一个容器中只能有某些特定的构件

C．组合模式将对象组织到树形结构中，可以用来描述整体与部分的关系

D．组合模式使得可以很方便地在组合体中加入新的对象构件，客户端不需要因为加入新的对象构件而更改代码

16．图 4-51 是（　　）模式的结构图。

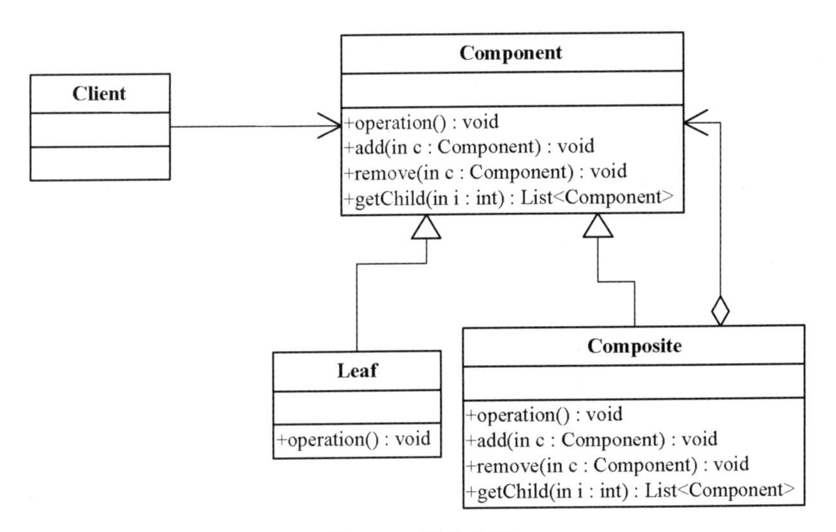


图 4-51　设计类图

A．模板方法　　B．命令　　C．单例　　D．组合

17．（　①　）设计模式将抽象部分与它的实现部分相分离，使它们都可以独立地变化。图 4-52 为该设计模式的类图，其中，（　②　）用于定义实现部分的接口。

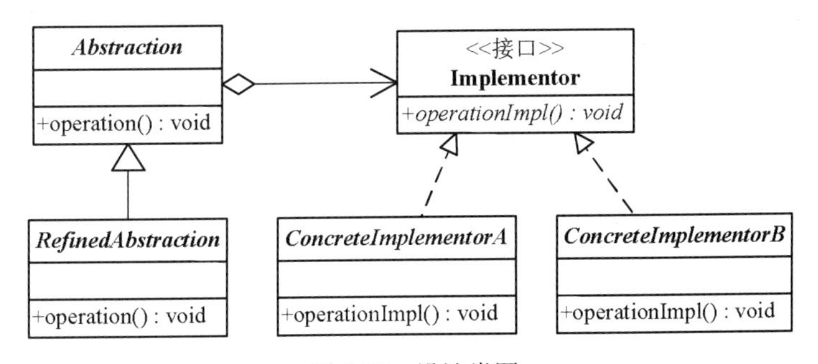


图 4-52　设计类图

① A．Singleton（单例）　　B．Bridge（桥接）
　 C．Composite（组合）　　D．Facade（外观）
② A．Abstraction　　B．ConcreteImplementorA
　 C．ConcreteImplementorB　　D．Implementor

18．以下陈述不属于桥接模式优点的是（　　）。

A．分离接口及其实现部分，可以独立地扩展抽象和实现
B．可以使原本由于接口不兼容而不能一起工作的那些类一起工作
C．可以取代多继承方案，比多继承方案扩展性更好
D．符合开-闭原则，增加新的细化抽象和具体实现都很方便

19．以下关于桥接模式的叙述错误的是（　　）。

A．桥接模式的用意是将抽象化与实现化脱耦，使得两者可以独立地变化
B．桥接模式将继承关系转换成关联关系，从而降低系统的耦合度
C．桥接模式可以动态地给一个对象增加功能，这些功能也可以动态地撤销

D．桥接模式可以从接口中分离实现功能，使得设计更具扩展性

20．（　　）不是桥接模式所适用的场景。

A．一个可以跨平台并支持多种格式的文件编辑器

B．一个支持多数据源的报表生成工具，可以以不同图形方式显示报表信息

C．一个可动态选择排序算法的数据操作工具

D．一个支持多种编程语言的跨平台开发工具

21．在享元模式中，外部状态是指（　　）。

A．享元对象可共享的所有状态

B．享元对象可共享的部分状态

C．由享元对象自己保存和维护的状态

D．由客户端保存和维护的状态

22．以下关于享元模式中的叙述错误的是（　　）。

A．享元对象运用共享技术有效地支持大量细粒度对象的复用

B．在享元模式中可多次使用某个对象，通过引入外部状态使得这些对象可以有所差异

C．享元对象能够做到共享的关键是引入了享元池，大享元池中通过克隆方法向客户端返回所需对象

D．在享元模式中，外部状态是随环境改变而改变、不可以共享的状态，而内部状态不随环境改变

## 二、设计题

1．有一个电子销售系统需要打印出顾客所购买的商品的发票。一张发票可分为三个部分：

- 发票头部（Header）：显示有顾客的名字，销售的日期等。
- 发票主部（Body）：销售的货物清单，包括商品的名字、购买的数量、单价、小计。
- 发票的尾部（Footer）：商品总金额。

发票的主部位置及内容格式均保持不变，而发票的头部和尾部则会以不同的样式进行显示。请结合所学知识，进行发票的设计。

2．某系统中的文本显示组件类（TextView）和图片显示组件类（PictureView）都继承了组件类（Component），分别用于显示文本内容和图片内容，现需要构造带有滚动条，或者带有黑色边框，或者既有滚动条又有黑色边框的文本显示组件和图片显示组件，为了减少类的个数可使用装饰模式进行设计，绘制类图并编程模拟实现。

3．有一个计算程序 Math 类能够进行简单的加、减、乘、除运算，部署在一台服务器上，客户端欲使用 Math 类进行相关的数学运算，应如何设计比较合理？请结合所学知识，给出设计类图。

4．男生 A 代替男生 B 向漂亮女生 C 送鲜花、巧克力、情书等，对于漂亮女生 C 而言只知道男生 A 的存在，并不知道男生 B 的存在。结合所学知识，给出设计类图。

5．假如需要对一家连锁店的库存信息进行监控，以便准确地知道不同店的运行情况。构建一个商店监视器，报告关于商店的位置和库存信息。请试用 Java 中的 RMI 给出设计类图。

6．实现一个双向适配器实例，使得猫（Cat）可以学狗（Dog）叫，狗可以学猫抓老鼠。

绘制相应类图并使用代码编程模拟。

7．对于一辆汽车而言，当启动汽车时，引擎开始工作，四个轮子开始转动，而当停止汽车时，则是引擎停止工作，四个轮子逐渐停止。引擎和轮子属于汽车主体结构中的一部分。请结合所学知识，给出设计类图。

8．某培训机构组织结构如图 4-53 所示。

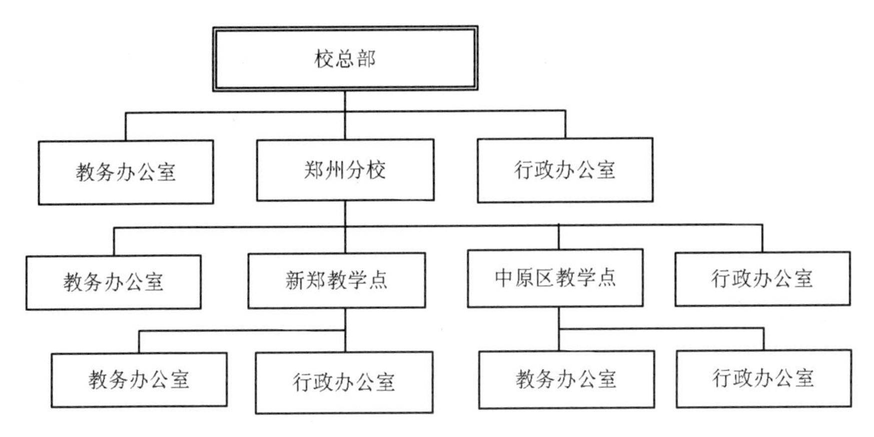


图 4-53　某教育机构组织结构图

在该教育机构的 OA 系统中可给各级办公室下发公文，现采用组合模式设计该机构的组织结构类图。

9．欧莱雅、雅诗兰黛、资生堂等都是化妆品生产厂商，它们都生产顶级品牌、彩妆品牌和香水品牌等。现需要设计一个系统，描述这些化妆品生产厂商所生产的品牌，要求给出设计类图。

10．使用享元模式设计一个围棋软件，在系统中只存在一个白棋对象和一个黑棋对象，棋子可在不同的位置显示多次。

# 第 5 章　行为型模式

在日常开发中，免不了会进行对象之间的通信设计。例如，用户通过新闻发布端发布了一篇新闻，此时，就需要向新闻客户端发送通知，让新闻客户端通知用户查阅新的消息。而行为型设计模式，就是对象间通信方式的常用设计方案。

与结构型设计模式不同的是行为型设计模式不仅仅指定结构，而且还概述了它们之间的消息传递/通信的模式，它主要关心对象之间的责任分配。根据通信对象的不同，可以将行为型模式分为四类，一是通过父类与子类的关系进行实现的行为型模式，包括策略和模板模式；二是多个类之间信息传递的行为型模式，包括观察者、迭代器、责任链、命令模式；三是代表类状态的模式，包括备忘录和状态模式；最后一种是通过中间类完成行为的模式，包括访问者、中介者、解释器模式。

## 5.1　观察者模式

### 5.1.1　引题

智能手机的应用越来越广泛，APP 已经完全融入用户的生活。例如，腾讯新闻 APP 为用户提供实时新闻消息推送，让用户在第一时间了解自己关注的重大新闻等；还有一些在线视频库，如优酷，帮助用户快速方便地观看喜爱的视频，并能够对用户正在追的视频进行更新提醒。

现有一个用户设置了对腾讯新闻的关注状态，当腾讯的新闻服务端发布了一条新闻后，此时，该如何通知这个用户呢？

设计方案一：

当用户关注新闻服务后，就启动一个线程，让该线程向服务端请求新闻列表，将每次请求下来的新闻列表与本地保存的上一次的新闻列表做对比，检查服务端有没有新的信息更新，如果有，提取出新的新闻信息进行提醒。具体设计如图 5-1 所示。

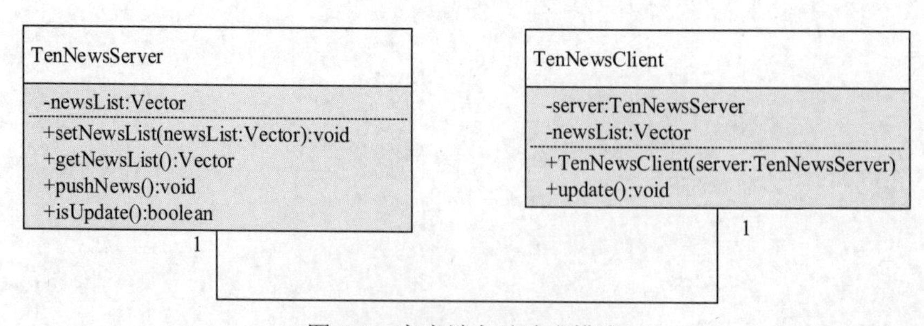


图 5-1　客户端主动请求模式

首先设计并实现类 TenNewsServer，代码如下：

```
public class TenNewsServer {
    private Vector<String> newsList = new Vector<String>();
```

```
    /**
     * 发布一条新闻
     * @param news
     */
    public void pushNews(String news){
        newsList.add(news);
    }
    public boolean isUpdate(){
        //TODO：根据实际业务实现判断是否有更新内容的方法，代码略
        //如果新闻有更新返回 true，否则返回 false
    }
    public Vector<String> getNewsList() {
        return newsList;
    }
    public void setNewsList(Vector<String> newsList) {
        this.newsList = newsList;
    }
}
```

新闻客户端需要与服务端进行绑定，接收服务端的新闻信息，在本方案中，新闻客户端中聚合了新闻服务端，每当启动一个新闻客户端时，当前客户端就会不断地启动请求服务端数据的线程，并判断新请求来的新闻列表，是否被已有新闻列表包含，如果包含，则代表服务端没有更新，如果不包含，则代表服务端有更新，代码如下：

```
public class TenNewsClient {
    private Vector<String> newsList = new Vector<String>();
    private TenNewsServer server;
    public void update() {
        newsList = new Vector<String>(server.getNewsList());
        System.out.println("提示消息：新闻有更新，请及时查看!");
    }
    public TenNewsClient(TenNewsServer s) {
        this.server = s;
        new Thread(new Runnable() {
            @Override
            public void run() {
                while (true) {
                    if (server.isUpdate()) {//如果服务端有更新
                    this.update();//客户端更新
                    }
                }
            }
        }).start();
    }
}
```

创建一个场景类 Demo，对上述方案进行分析，代码如下：

```
public class Demo {
    static TenNewsServer server = new TenNewsServer();
    public static void main(String[] args) {
```

```
            //启动两个客户端
            new TenNewsClient(server);
            new TenNewsClient(server);
            new Thread(new Runnable() {
                @Override
                public void run() {
                    while(true){
                        //System.out.println("******服务端更新新闻******");
                        Scanner sc = new Scanner(System.in);
                        server.pushNews(sc.nextLine());
                    }
                }
            }).start();
        }
    }
```

此时需要客户端不断地发送请求给服务端，从服务端拉取数据，客户端这样不断地发送请求的方式不仅给服务端带来较大的压力，并且还使得客户端浪费较多的流量。为了避免客户端不断发送请求的问题，我们提出第二种设想。

设计方案二：

让服务器保存一份客户端的名单，一旦服务端发生新闻信息更新操作，就由服务器主动通知所有的客户端使用者。这样就不需要客户端不断的发送请求给服务端，增加服务端的请求压力，而是在服务端真正有更新的时候，发送提醒给客户端，有效减轻了服务端的压力。具体设计如图 5-2 所示。

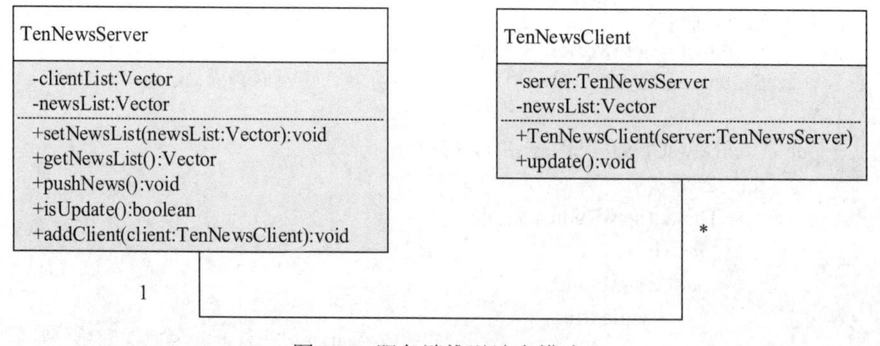


图 5-2 服务端推送消息模式

```
public class TenNewsClient {
    private Vector<String> newsList = new Vector<String>();
    public void update(String news) {
        newsList.add(news);
        System.out.println("提示消息：新闻有更新，"+news);
    }
}
public class TenNewsServer {
    private Vector<TenNewsClient> newsClient = new Vector<TenNewsClient>();
    private Vector<String> newsList = new Vector<String>();
```

```
        /**
         * 发布一条新闻
         * @param news
         */
        public void pushNews(String news){
            newsList.add(news);
            for(TenNewsClient c : newsClient){
                c.update(news);
            }
        }
        public void addClient(TenNewsClient c){
            newsClient.add(c);
        }
    }
    public class Demo {
        static TenNewsServer server = new TenNewsServer();
        public static void main(String[] args) {
            //启动两个客户端
            server.addClient(new TenNewsClient());
            server.addClient(new TenNewsClient());
            new Thread(new Runnable() {
                @Override
                public void run() {
                    while(true){
                        //System.out.println("******服务端更新新闻******");
                        Scanner sc = new Scanner(System.in);
                        server.pushNews(sc.nextLine());
                    }
                }
            }).start();
        }
    }
```

继续考虑一下实际的场景，首先，用户使用的客户端类型是多种多样的。例如 Android 客户端、IOS 客户端，以及 Windows PC 客户端等。其次，用户的关注行为是动态改变的，随时可能对新闻取消关注，也随时会有新的用户不断地进行关注，对于不同类型的客户端，如何约束客户端的行为，才能在服务端进行统一的客户端管理和消息推送？

下面大家先一起来了解一下观察者模式。

### 5.1.2　观察者模式定义

观察者模式（Observer Pattern）也叫作发布订阅模式（Publish/Subscribe），该模式是项目中经常使用的模式之一，模式的定义如下：

观察者模式定义了一种一对多的依赖关系，使得每当一个对象改变状态，则所有依赖于它的对象都会得到通知并被自动更新。

观察者模式的参与者如图 5-3 所示，其中含有 Subject、Observer、ConcreteSubject 和

ConcreteObserver 四个参与者。Subject 是被观察者，Observer 是观察者，模型中让多个观察者对象同时观察同一个主题对象的状态。当主题对象在状态上发生变化时，主题对象会主动通知所有观察者对象，让它们能够根据状态自动更新自己。下面对观察者模式中四个参与者进行详细介绍。

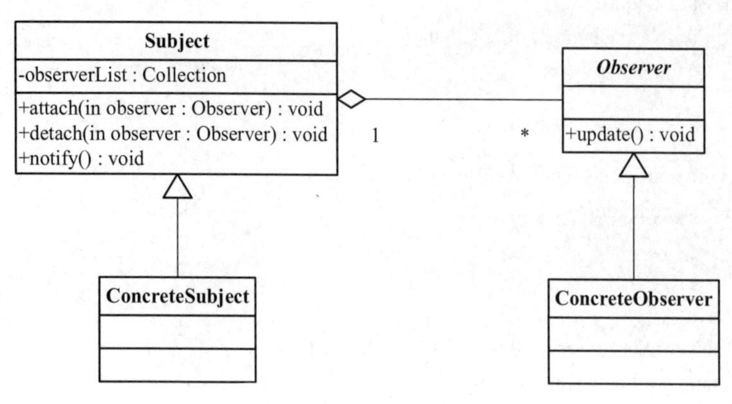


图 5-3 观察者模式的通用模型

- Subject（被观察者）。Subject 又称为被观察对象，它把所有对观察者对象的引用保存在一个集合里，每个被观察对象都可以有任意数量的观察者。Subject 是抽象的被观察对象，一般用一个抽象类或者一个接口实现。具有三个方法：attach 增加观察者到观察者集合中，detach 从观察者集合中删除观察者，notify 通知所有的观察者被观察者发生了变化。
- Observer（观察者）。观察者是对所有的具体观察者的抽象，在得到被观察者的通知时更新自己。抽象观察者角色一般用一个抽象类或者一个接口实现，这个接口包含一个方法，即 update()方法，这是一个抽象方法，该方法由具体的观察者来实现。
- ConcreteSubject（具体被观察者）。抽象的被观察者仅仅定义了被观察者一定具备的三个功能，但是并没有保存有关状态，在具体现察者对象中才进行有关状态的存储。在具体被观察者的内部状态改变时，给所有注册过的观察者发出更新通知。具体被观察者通常用一个实例类型实现。并可提供 getState 的方法，返回具体被观察者的状态信息。
- ConcreteObserver（具体观察者）。具体观察者对象实现抽象观察者对象所要求的 update 方法，以便使本身的状态与被观察者的状态相协调。如果需要，具体观察者对象可以保存一个指向具体被观察者对象的引用。具体观察者通常用一个具体实例类实现。当被观察者的状态改变时，具体观察者对象的 update 方法被调用，并去获取被观察者的最新状态，并进行自身的协调。

下面我们一起看一下观察者模式的示例代码。首先定义抽象观察者 Observer，该角色一般会定义成接口，代码如下：

```
public interface Observer{
    public void update();//开放给被观察者状态修改时调用
}
```

在抽象被观察者类中除了提供 attach、detach 以及 notify 三个方法外，还需要定义观察者集合，对注册的观察者进行管理，而观察者集合如何实现？不同的观察者实现方式不同。而观察者注册、移除观察者以及通知观察者状态改变的方法的实现都一致，一般会将观察者定义为实例类，代码如下：

```
public class Subject{
    protected Collection< Observer> observers;
    public void attach(Observer observer){
        observers.add(observer);
    }
    public void detach(Observer observer){
        observers.remove(observer);
    }
    public void notify(){
        for(Observer obs : observers){
            obs.update();
        }
    }
}
```

对于一个具体观察者，在实现的时候，需要实现 Observer 接口，并根据具体的业务需求实现 update 方法，使得在被观察者的状态改变时，被观察者调用具体观察者的 update 方法，以完成自己状态的变更，代码如下：

```
public class ConcreteObserver implements Observer{
    public void update(){
        //补充业务逻辑代码
    }
}
```

### 5.1.3　观察者模式相关知识

（1）观察者模式的意图。观察者模式（Observer）完美地将观察者和被观察对象分离开。例如，证券大厅的信息显示屏可以作为一个观察者，股票数据是被观察者，信息显示屏观察股票数据的变化，发现数据变化后，就更新显示屏上的数据。面向对象设计的单一职责原则是指系统中的每个类将重点放在某一个功能上，而不是其他方面。一个对象只做一件事情，并且将它做好。观察者模式在模块之间划定了清晰的界限，符合单一职责原则，提高了应用程序的可维护性和重用性。

（2）优缺点。

优点：

观察者模式将观察者和被观察者分隔后，被观察者不需要关心观察者是谁，不需要知道如何将信息或者数据传递给观察者。因为每个观察者想要建立与被观察者的关联，都需要符合观察者的要求，即实现抽象观察者的接口。

缺点：

如果一个被观察者有很多直接和间接的观察者的话，将所有的观察者都通知到会花费很多时间。如果在被观察者之间有循环依赖的话，被观察者会触发它们之间进行循环调用，导致系统崩溃。虽然观察者模式可以随时使观察者知道所观察的对象发生的变化，但是观察者模式没有相应的机制使观察者知道所观察的对象是怎么发生变化的。

（3）适用场景。当抽象个体有两个互相依赖的关系时。其中一个对象的变更会影响其他对象，却又不知道多少依赖对象必须被同时变更。或者当一个对象有能力通知其他对象，又不知道其他对象的实现细节时，都可以选择观察者模式，封装这些操作在单独的对象内，就可允许单独地去变更与重复使用这些对象，而不会产生两者之间交互的问题。

观察者模式通常与 MVC 模式有关系。在 MVC 中，观察者模式被用来降低 model 与 view 的耦合程度。一般而言，model 的改变会触发通知其他身为观察者的 model。而这些 model 实际上是 view。

### 5.1.4 应用举例

（1）JDK 对观察者模式的支持。java 类库中提供了 java.util.Observer 接口与 java.util.Obervable 类用来支持观察者模式的实现。其中 java.util.Observer 接口即被观察者的抽象接口，其中定义了一个抽象方法 update，在定义具体被观察者时，只要实现 java.util.Observer 接口即可。

（2）基于观察者模式的新闻消息推送实现。

观察者类的代码实现如下：

```
public class TenNewsClient implements Observer{
    @Override
    public void update(Observable o, Object arg) {
        System.out.println("提示消息：新闻有更新，" + (String)arg);
    }
}
```

被观察者类的代码实现如下：

```
public class TenNewsServer extends Observable{
    private Vector<String> newsList = new Vector<String>();
    public void pushNews(String news){
        setChanged();
        notifyObservers(news);
    }
}
```

场景类的实现代码如下：

```
public class Demo {
    static TenNewsServer server = new TenNewsServer();
    public static void main(String[] args) {
        //启动两个客户端
        server.addObserver(new TenNewsClient());
        server.addObserver(new TenNewsClient());
        new Thread(new Runnable() {
            @Override
            public void run() {
                while(true){
                    Scanner sc = new Scanner(System.in);
                    server.pushNews(sc.nextLine());
                }
```

```
            }
        }).start();
    }
}
```

### 5.1.5　应用扩展——观察者模式在 Java APJ 中的应用

观察者模式是一个使用非常广泛的模式，其应用场景很多。最典型的可以说是在 java.awt 的事件处理模型中的应用。Java 组件所引发的事件并不由引发事件的对象自己来负责处理，而是提交给独立的事件处理对象负责。

下面先来介绍一下 Java 的事件处理模型。Java 在事件处理过程中，主要涉及三个类对象：

- 事件源：事件发生的场所，通常就是各个组件，例如按钮、窗口、菜单。
- 事件：事件封装了 GUI 组件上发生的特定事情（通常就是一次操作）。如果程序需要获得 GUI 组件上所发生事件的相关信息，都通过 Event 对象来取得。
- 事件监听器：负责监听事件源所发生的事件，并对各种事件做出响应处理。

如图 5-4 所示，首先需要先给事件源设置对应的事件监听器，并设计实现事件产生时所要执行的事件处理器。然后，当用户的外部动作（例如，使用鼠标左键单击按钮），作用到这个设置了事件监听器的事件源上，此时会产生一个事件对象 Event，而这个事件对象将被传递给这个事件源的事件监听器的事件处理器，事件处理器（方法）将被执行。

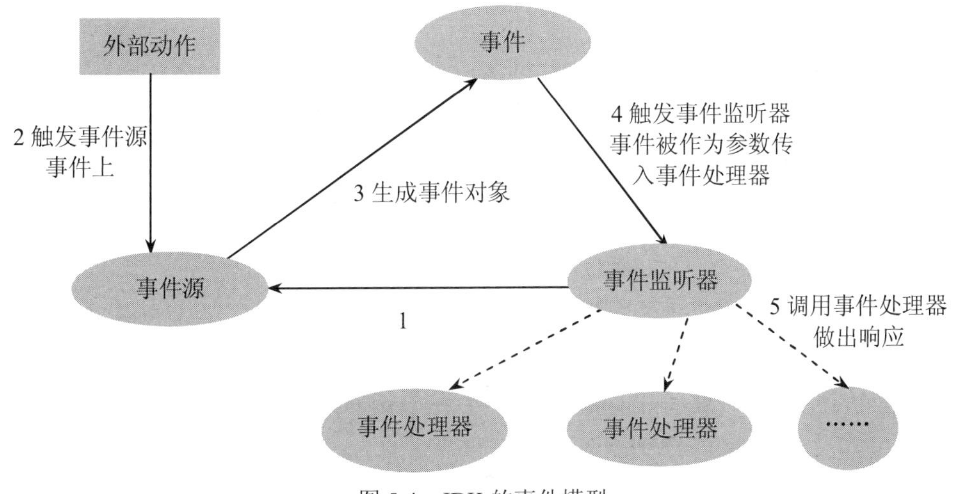


图 5-4　JDK 的事件模型

在 Java API 中，每一个组件的事件处理都采用基于观察者模式的委派事件模型，即一个 Java 组件所引发的事件并不由引发事件的对象自己来负责处理，而是委派给独立的事件处理对象负责。

在委派事件模型中，界面组件（目标角色）负责发布事件，而事件处理者（观察者角色）可以向目标订阅它所感兴趣的事件。当一个具体目标产生一个事件时，它将通知所有订阅者。事件的发布者称为事件源，而订阅者称为事件监听器，在这个过程中将通过事件对象来传递与事件相关的信息，可以在事件监听者的实现类中实现事件处理。

例如，Java API 中提供的按钮类型 java.awt.Button，鼠标单击事件处理流程如下：

（1）如果用户在GUI中单击一个按钮，将触发一个事件，产生一个相应的 ActionEvent 类型的事件对象，在该事件对象中包含了有关事件和事件源的信息，此时按钮是事件源对象。

（2）将 ActionEvent 事件对象传递给事件监听对象（事件处理对象），JDK 提供了专门用于处理 ActionEvent 事件的接口 ActionListener，我们需提供一个 ActionListener 的实现类，实现在 ActionListene 接口中声明的抽象事件处理方法 actionPerformed()，对所发生事件做出相应的处理。

（3）将 ActionListener 接口的实现类对象注册到按钮中，可以通过按钮类的 addActionListener()方法来实现注册。

（4）在触发事件时将调用按钮的 fireXXX()方法，在该方法内部将调用注册到按钮中的事件处理对象 actionPerformed()方法，实现对事件的处理。

而 Java API 中，java.awt.Button 的父类为 AbstractButton，在该类中，用于处理具体事件的 fireActionPerformed 方法的定义如下所示：

```
/**
 * Notifies all listeners that have registered interest for
 * notification on this event type.   The event instance
 * is lazily created using the <code>event</code>
 * parameter.
 *
 * @param event    the <code>ActionEvent</code> object
 * @see EventListenerList
 */
protected void fireActionPerformed(ActionEvent event) {
    // Guaranteed to return a non-null array
    Object[] listeners = listenerList.getListenerList();
    ActionEvent e = null;
    // Process the listeners last to first, notifying
    // those that are interested in this event
    for (int i = listeners.length-2; i>=0; i-=2) {
        if (listeners[i]==ActionListener.class) {
            // Lazily create the event:
            if (e == null) {
                String actionCommand = event.getActionCommand();
                if(actionCommand == null) {
                    actionCommand = getActionCommand();
                }
                e = new ActionEvent(AbstractButton.this,
                                    ActionEvent.ACTION_PERFORMED,
                                    actionCommand,
                                    event.getWhen(),
                                    event.getModifiers());
            }
            ((ActionListener)listeners[i+1]).actionPerformed(e);
        }
    }
}
```

## 5.2　迭代器模式

### 5.2.1　引题

在实际开发中，计算机的处理多数是用于对多个数据进行处理。对多个数据的处理至少包含两部分：一个是对数据的存储，另外一个就是对数据的遍历。很多人都会误以为遍历是将一组数据进行输出，实际并非如此。遍历是对一组数据进行操作，而输出只是操作的一种实例，操作还可以是按照某种规则改变数据的形态和内容等。

一组数据的遍历方式取决于数据的存储方案。一组数据的存储方案有很多，例如顺序表存储方案、链表存储方案等。不同的存储方案决定了数据的遍历方式。例如，某公司在不同时间开发了用户行为数据采集器 A、B 两套，部署在不同的业务系统中，但都是用来采集用户行为数据。现要开发数据中心，需将 A、B 两套数据采集器收集的用户行为数据，定时批量传递给数据中心，数据中心会对数据进行遍历、过滤和存储等数据清洗操作。用户行为数据采集中心架构如图 5-5 所示。

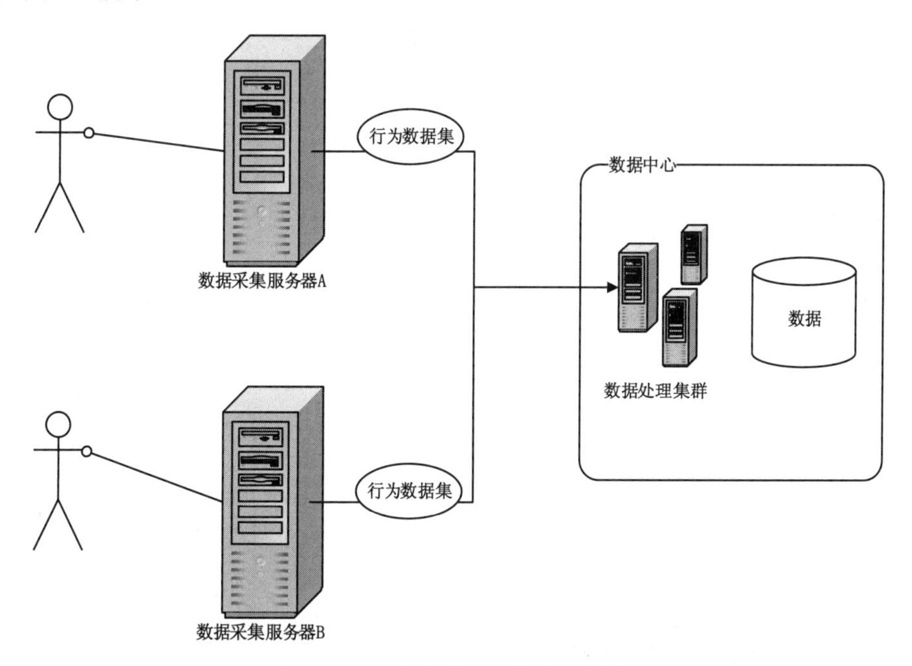


图 5-5　用户行为数据采集中心架构图

其中，用户行为采集器 A 所采集的数据使用顺序存储结构，用户行为采集器 B 所采集的数据使用链式存储结构。在数据处理服务器上，需要对用户行为采集器 A 和用户行为采集器 B 的两种不同存储方案下的集合数据进行统一处理，如何设计这个功能呢？

设计方案一：

在数据处理服务器上针对不同的数据存储方案，提供不同的数据处理接口。即针对用户行为采集器 A 的顺序存储结构提供一个数据遍历处理方法。针对用户行为采集器 B 的链式存储结构提供给一个数据遍历处理方法，具体设计如图 5-6 所示。

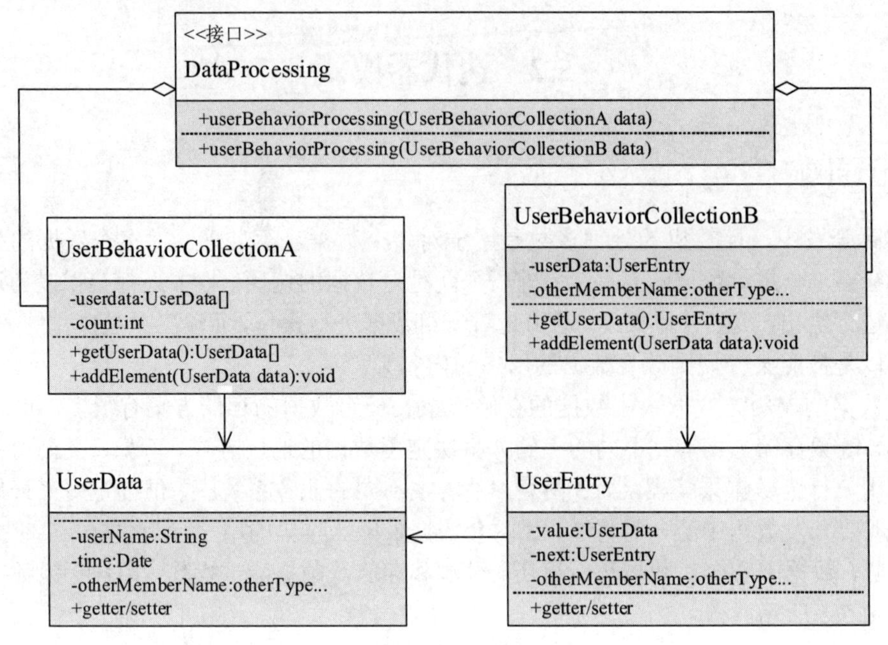


图 5-6　数据处理接口设计方案一

代码实现：

```
public class UserBehaviorCollectionA {
    private UserData[] userdata;
    private int count = 0;
    public void addElement(UserData data) {
        if((count+1)>this.userdata.length) {
            return;
        }
        count++;
        this.userdata[count] = data;
    }
    //getter\setter UserData
}
public class UserBehaviorCollectionB {
    private UserEntry userData;
    private UserEntry last;
    public void addElement(UserData data) {
        if(userData==null) {
            userData = new UserEntry();
            this.last = userData;
        }
        UserEntry entry = new UserEntry();
        entry.setValue(data);
        entry.setNext(null);
        this.last.getNext().setNext(entry);
        this.last = entry;
```

```
    }
    //getter\setter UserData
}
public interface DataProcessing {
    public void userBehaviorProcessing(UserBehaviorCollectionA data);
    public void userBehaviorProcessing(UserBehaviorCollectionB data);
}
public class MyDataProcessing implements DataProcessing{
    @Override
    public void userBehaviorProcessing(UserBehaviorCollectionA data) {
        UserData[] datas = data.getUserdata();
        for(int i=0;i<data.getCount();i++) {
            System.out.println(datas[i]);
            //判断当前数据的信息格式，并处理当前数据信息
            //将处理过的数据信息进行存储
        }
    }
    @Override
    public void userBehaviorProcessing(UserBehaviorCollectionB data) {
        UserEntry datas = data.getUserData();
        UserEntry p = datas;
        while(p.getNext()!=null) {
            p = p.getNext();
            System.out.println(p.getValue());
            //判断当前数据的信息格式，并处理当前数据信息
            //将处理过的数据信息进行存储
        }
    }
}
```

通过上述实现分析可以看出，数据处理中心必须要全面了解每一个数据采集器的具体存储方案，然后针对每个数据采集器的数据存储结构都要设计一个独立的处理器。这样的设计存在很多问题，首先，将自己本身的存储方案暴露给了外部系统；其次，如果对采集数据的处理方案进行改变，则需要对每一个数据处理方法，重新分析数据存储格式，再做一次统一更新，如果出现某个方法未更新，则会导致业务结果不一致等不良后果。

那么考虑将原来 DataProcessing 接口的处理方法变成统一的处理方法，是否能够解决上述问题呢？下面请看第二种设计方案。

设计方案二：

如图 5-7 所示，抽象出接口 UserBehaviorCollection，要求所有的用户行为数据集合对象都必须是 UserBehaviorCollection 的实现类。并且要求所有 UserBehaviorCollection 的实例对象都要实现 getUserData()方法，将当前的 UserBehaviorCollection 的实例对象转化成统一的数据存储方式 List。这样在 DataProcessing 接口中只需要实现一个方法 userBehaviorProcessing（UserBehaviorCollection data）就可以了，该方法只需要调用 data 的 getUserData()方法，获得 List 对象，再对其进行遍历即可。

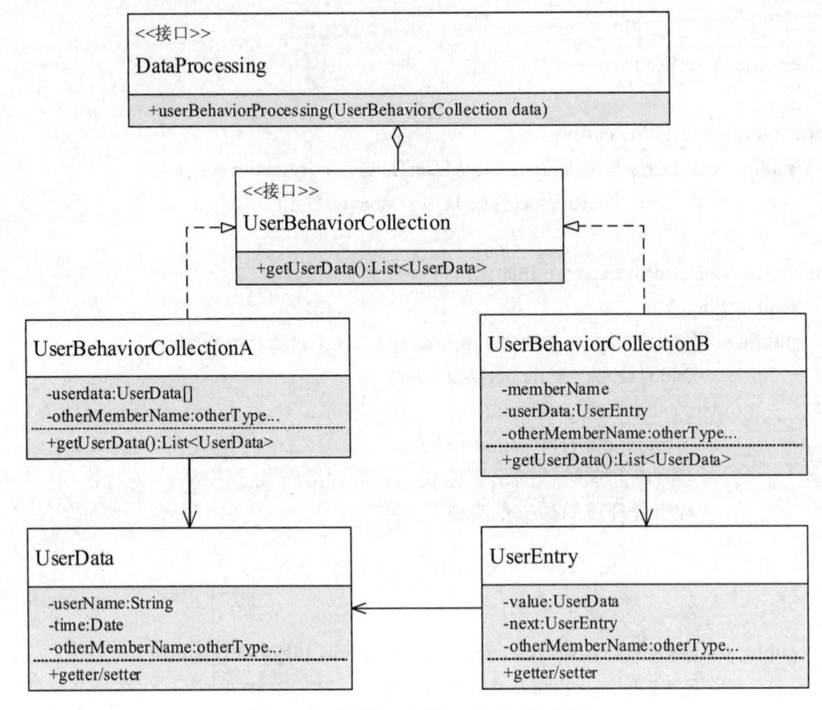


图 5-7　数据处理接口设计方案二

代码实现：

```
public interface UserBehaviorCollection {
    public List<UserData> getUserData();
}
public class UserBehaviorCollectionA implements UserBehaviorCollection{
    private UserData[] userdata;
    private int count = 0;
    public void addElement(UserData data) {
        if((count+1)>this.userdata.length) {
            return;
        }
        count++;
        this.userdata[count] = data;
    }
    @Override
    public List<UserData> getUserData() {
        return Arrays.asList(this.userdata);
    }
}
public class UserBehaviorCollectionB    implements UserBehaviorCollection{
    private UserEntry userData;
    private UserEntry last;
    public void addElement(UserData data) {
        if(userData==null) {
            userData = new UserEntry();
            this.last = userData;
```

```
            }
            UserEntry entry = new UserEntry();
            entry.setValue(data);
            entry.setNext(null);
            this.last.getNext().setNext(entry);
            this.last = entry;
        }
        @Override
        public List<UserData> getUserData() {
            List<UserData> list = new ArrayList<UserData>();
            UserEntry p = this.userData;
            while(p.getNext()!=null) {
                p = p.getNext();
                list.add(p.getValue());
            }
            return list;
        }
    }
    public interface DataProcessing {
        public void userBehaviorProcessing(UserBehaviorCollection data);
    }
    public class MyDataProcessing implements DataProcessing{
        @Override
        public void userBehaviorProcessing(UserBehaviorCollection data) {
            List<UserData> datas = data.getUserData();
            for(int i=0;i<datas.size();i++) {
                System.out.println(datas.get(i));
                //判断当前数据的信息格式，并处理当前数据信息
                //将处理过的数据信息进行存储
            }
        }
    }
```

对上述代码分析可以发现，设计方案二解决了数据存储中心需要了解用户数据采集器的自身存储方案的问题，却需要让原本只是做对采集的数据进行存储和上传工作的 UserBehaviorCollectionA 和 UserBehaviorCollectionB 实例，还要封装一个与自己的实际功能并不完全相关的类型转化方法，破坏了设计原则中类的单一职责原则，并且没有较好地体现面向对象的封装特性。下面将介绍迭代器模式来解决上述方案所带来的问题。

### 5.2.2 迭代器模式定义

迭代器模式是行为型设计模式之一，该模式定义了针对一组数据的容器的遍历方式。迭代器规定了不同存储结构的容器之间相同的数据访问方式。并且将容器的主要职责设定在数据存储上，将数据的遍历功能单独剥离出来，从而封装成一个迭代器对象。

迭代器模式的结构图如图 5-8 所示，迭代器模式需要创建一个遍历容器内容的 Iterator 接口和一个返回迭代器的 Container 接口。实现了 Container 接口的实体类需要负责实现 Iterator 接口。

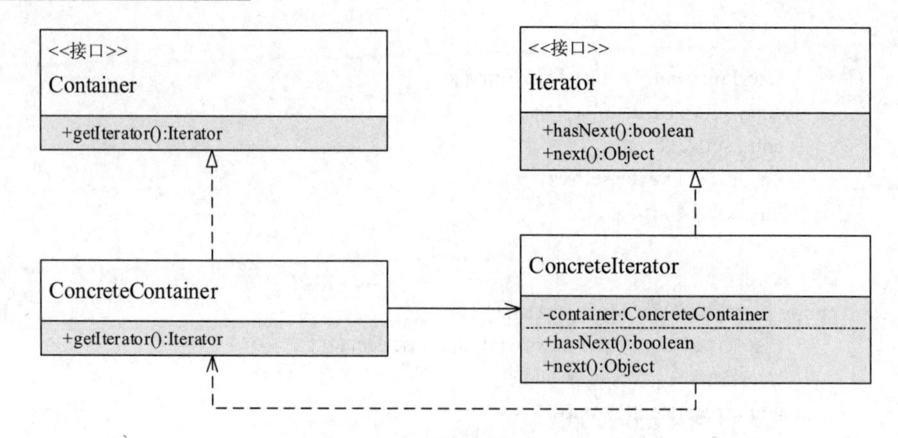


图 5-8　迭代器模式设计

因此，在迭代器模式的应用过程中，将会涉及以下 4 个角色。

- Iterator（抽象迭代器）。Iterator 定义了遍历容器中的元素的操作方法。例如，next()方法，就是从待遍历容器中获取下一个元素的方法。而 hasNext()方法则是判断是否还有下一个元素的方法。因此，还可以在 Iterator 中规定更多的通用数据访问操作方法。例如，获取当前元素的上一个元素，获取容器中的第一个元素等遍历元素的操作。
- ConcreteIterator（具体迭代器）。ConcreteIterator 则是对抽象迭代器接口 Iterator 的具体实现，该类要根据实际容器中元素的存储方案，实现抽象迭代器中规定的数据遍历功能。因此，ConcreteIterator 中的各个方法的实现依赖于具体容器类。
- Container（抽象容器类）。Container 定义了一个用于存储一组数据的容器，这个容器本身只需要考虑数据存储的实现方式，不需要考虑数据遍历。而数据遍历的功能则交给 Iterator 迭代器来实现。所以在该抽象容器类中，需要一个能够创建迭代器对象的方法 getIterator()。
- ConcreteContainer（具体容器类）。ConcreteContainer 是 Container 的具体实现。该类要考虑数据的具体存储方案，并实现方案。该类还要实现获得迭代器对象的方法。

下面看一下迭代器模式实现的示例代码，从而进一步分析迭代器模式的具体结构。首先，先来看一下如何设计抽象迭代器接口 Iterator。在设计该接口时，需要考虑通用的遍历操作方法。

```
ppublic interface Iterator<E> {
    /**
     * 判断是否还有一个待遍历元素
     * @return 如果存在待遍历元素返回 true，否则返回 false
     */
    public boolean hasNext();
    /**
     * 遍历下一个元素
     * @return 下一个元素对象
     */
    public E next();
    /**
     * 从迭代容器对象中移除当前元素
     * @return 移除的元素对象，如果移除失败返回 null
```

```
        */
        public E remove();
            //……
}
public class ConcreteIterator<E> implements Iterator<E>{
        private ConcreteContainer<E> container;
        public ConcreteIterator(ConcreteContainer<E> container) {
            this.container = container;
        }
        @Override
        public boolean hasNext() {
            return false;
        }
        @Override
        public E next() {
            return null;
        }
        @Override
        public E remove() {
            return null;
        }
}
```

因为涉及对容器中的元素的获取，考虑容器中元素类型的可扩展性，一般会选择使用泛型接口设计方式。以此来遍历 Container 容器中的元素，Container 的代码如下所示。

```
public interface Container<E> {
        /**
         * 获得一个迭代器对象
         * @return 迭代器对象
         */
        public Iterator getIterator();
}
public class ConcreteContainer<E> implements Container<E>{
        //......
        @Override
        public Iterator getIterator() {
            return new ConcreteIterator(this);
        }
        //......
}
```

### 5.2.3　迭代器模式相关知识

（1）意图。迭代器模式产生的主要意图是提供一种方法顺序访问一个容器对象中每个元素，而又无须暴露该容器对象的内部表示，如数据的存储方案。迭代器模式主要解决使用不同的方式来遍历整个容器对象的方法。通常会针对一个容器对象提供一个迭代器，将数据的存储与数据的遍历责任分隔。

（2）优缺点。

优点：

- 它支持以不同的方式遍历一个容器对象。
- 迭代器简化了容器类的功能。
- 在同一个容器上可以有多个遍历。
- 在迭代器模式中，增加新的聚合类和迭代器类都很方便，无须修改原有代码。

缺点：

由于迭代器模式将存储数据和遍历数据的职责分离，增加新的容器类需要对应增加新的迭代器类，类的个数成对增加，这在一定程度上增加了系统的复杂性。

（3）适用场景。当需要为遍历不同结构下的容器对象提供一个统一的接口时可以采用迭代器模式。另外当访问一个容器对象的内容而不想暴露其内部表示时，也可以使用迭代器模式。

### 5.2.4 应用举例

在上一小节中，大家了解了迭代器模式的定义及其使用场景，下面一起来使用迭代器模式修改 5.2.1 小节中设定的系统场景，重新设计一下用户行为数据采集系统。

通过图 5-9 所示的用户行为数据采集器的设计方案，可以看到在本例中，针对于不同用户行为数据采集器收集的数据类型是不相同的，所以在本例中增加了一个迭代器接口 Iterator 的定义。针对用户行为数据采集器 A 和 B，每一个数据集合都设计了一个属于自己的迭代器实现类，并且这个迭代器要和具体的集合对象相关，因为迭代器在对数据进行迭代的时候，是需要针对数据的集合进行访问的。所以每一个迭代器的具体实现方式是不相同、不相关的，也就是不可以复用的，于是在实现的时候就可以适用私有类设计方式，具体的实现如代码所示。

首先创建一个 Iterator 迭代器接口，在接口中，仅设计了两个必要的方法：一个是判断是否还存在未访问的元素的 hasNext()方法，还有一个就是获得下一个待访问的元素的对象的 next()方法。

```
public interface Iterator<E> {
        /**
         * 判断是否还有一个待遍历元素
         * @return 如果存在待遍历元素返回 true，否则返回 false
         */
        public boolean hasNext();
        /**
         * 遍历下一个元素
         * @return 下一个元素对象
         */
        public E next();
}
```

对于所有需要使用上面设计的迭代器进行数据迭代的容器类，在设计的时候都必须包含有一个获得遍历元素的迭代器的对象的 getIterator()方法。所以设计了一个容器类接口，代码如下。

```
public interface UserBehaviorCollection {
        public Iterator getIterator();
}
```

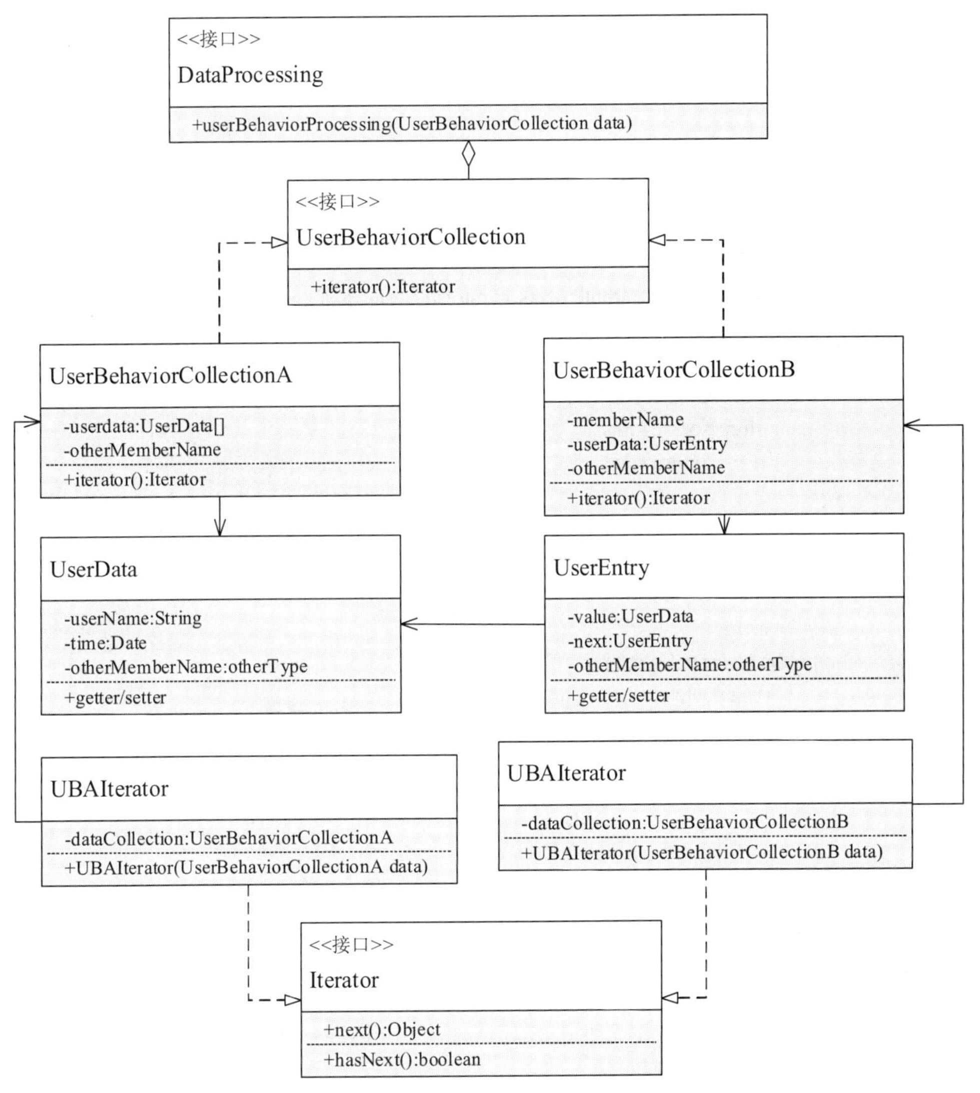


图 5-9　基于迭代器模式的用户行为数据采集器设计

接下来针对不同的用户行为数据采集器设计自己的存储结构，UserBehaviorCollectionA 代表了用户行为数据采集器 A 的数据存储结构，而 UserBehaviorCollectionB 代表了用户行为数据采集器 B 的数据存储结构，这两个类都要实现对迭代器对象的创建方法的实现，如何创建这个迭代器对象呢？首先需要针对不同用户行为数据采集器定义对应的 Iterator 实现类，这个实现类需要针对不同数据存储容器进行访问，因此考虑将这个迭代器实现类，使用私有类的方式在具体数据存储容器的实现类中进行定义。

UserBehaviorCollectionA 与 UBAIterator 的实现代码如下所示。

```
public class UserBehaviorCollectionA implements UserBehaviorCollection{
    private UserData[] userdata;
    private int count = 0;
    public void addElement(UserData data) {
        if((count+1)>this.userdata.length) {
            return;
```

```
            }
            count++;
            this.userdata[count] = data;
        }
        @Override
        public Iterator<UserData> getIterator() {
            return new UBAIterator();
        }
        private class UBAIterator implements Iterator<UserData>{
            private int cursor = 0;//当前元素的位置
            @Override
            public boolean hasNext() {
                if(cursor!=count) {
                    return true;
                }
                return false;
            }

            @Override
            public UserData next() {
                UserData element = userdata[cursor];
                cursor++;
                return element;
            }
        }
    }
```

UserBehaviorCollectionB 与 UBBIterator 的实现代码如下所示。

```
    public class UserBehaviorCollectionB    implements UserBehaviorCollection{
        private UserEntry userData;
        private UserEntry last;
        public void addElement(UserData data) {
            if(userData==null) {
                userData = new UserEntry();
                this.last = userData;
            }
            UserEntry entry = new UserEntry();
            entry.setValue(data);
            entry.setNext(null);
            this.last.getNext().setNext(entry);
            this.last = entry;
        }
        @Override
        public Iterator<UserData> getIterator() {
            return new UBBIterator();
        }
        private class UBBIterator implements Iterator<UserData>{
            @Override
            public boolean hasNext() {
```

```
                UserEntry p = userData;
                if(p.getNext()!=null) {
                    return true;
                }
                return false;
            }
            @Override
            public UserData next() {
                UserEntry p =userData;
                return p.getNext().getValue();
            }
        }
    }
```

通过上述实现，数据中心对所有数据进行处理的过程就可以统一用如下所示代码来实现。

```
    public interface DataProcessing {
        public void userBehaviorProcessing(UserBehaviorCollection data);
    }
    public class MyDataProcessing implements DataProcessing{
        @Override
        public void userBehaviorProcessing(UserBehaviorCollection data) {
            Iterator<UserData> it = data.getIterator();
            while(it.hasNext()) {
                UserData data = it.next();
            }
        }
    }
```

### 5.2.5　应用扩展——迭代器模式在 Java JDK 中的应用

在 Java JDK 中提供了很多的集合框架类。例如 List、Set、Map 等，它们的存储结构存在非常大的差异。无论是哪一种集合框架类，使用什么样的存储结构，都是用来存储一个集合数据的。

这些集合框架的最大的优点就是提供了非常简洁的集合操作，让所有开发人员在实际开发的过程中，不需要思考具体的数据的存储方案，只需要关注如何添加和访问数据即可，从而提高了开发效率，降低了学习成本。

在 Java JDK 中为了提供一个统一的遍历操作，避免对不同的数据结构的遍历，开发人员需要深入了解数据的存储结构带来的问题，提供一套成熟的迭代器体系。迭代器的接口定义在 java.util 包下，代码如下所示。

```
    package java.util;
    public interface Iterator<E> {
        boolean hasNext();
        E next();
        default void remove() {
            throw new UnsupportedOperationException("remove");
        }
        default void forEachRemaining(Consumer<? super E> action) {
```

```
            Objects.requireNonNull(action);
            while (hasNext())
                action.accept(next());
        }
    }
```

而在 Java JDK 中针对不同的集合框架类，都提供了属于自己的具体迭代器实现类，并且也是采用私有类的设计方式来实现的。下面来看一下 ArrayList 的迭代器的实现代码，如图 5-10 所示。

```
ArrayList$Itr.class
831      * @return an iterator over the elements in this list in proper sequence
832      */
833     public Iterator<E> iterator() {
834         return new Itr();
835     }
836
837     /**
838      * An optimized version of AbstractList.Itr
839      */
840     private class Itr implements Iterator<E> {
841         int cursor;       // index of next element to return
842         int lastRet = -1; // index of last element returned; -1 if no such
843         int expectedModCount = modCount;
844
845         public boolean hasNext() {
846             return cursor != size;
847         }
848
849         @SuppressWarnings("unchecked")
850         public E next() {
851             checkForComodification();
852             int i = cursor;
853             if (i >= size)
854                 throw new NoSuchElementException();
855             Object[] elementData = ArrayList.this.elementData;
856             if (i >= elementData.length)
857                 throw new ConcurrentModificationException();
858             cursor = i + 1;
859             return (E) elementData[lastRet = i];
860         }
```

图 5-10　ArrayList 下的迭代器实现代码

针对不同集合框架的存储结构，可以根据各自的存储方案，在具体的迭代器的实现类中提供更多、更方便的数据操作方法，例如 ArrayList 下就提供了对迭代器接口的扩展实现，代码如图 5-11 所示。

```
ArrayList$Itr.class    ArrayList$ListItr.class
904
905     /**
906      * An optimized version of AbstractList.ListItr
907      */
908     private class ListItr extends Itr implements ListIterator<E> {
909         ListItr(int index) {
910             super();
911             cursor = index;
912         }
913
914         public boolean hasPrevious() {
915             return cursor != 0;
916         }
917
918         public int nextIndex() {
919             return cursor;
920         }
921
922         public int previousIndex() {
923             return cursor - 1;
924         }
925
926         @SuppressWarnings("unchecked")
927         public E previous() {
928             checkForComodification();
929             int i = cursor - 1;
930             if (i < 0)
931                 throw new NoSuchElementException();
932             Object[] elementData = ArrayList.this.elementData;
933             if (i >= elementData.length)
934                 throw new ConcurrentModificationException();
935             cursor = i;
```

图 5-11　ListItr 对 ArrayList 的基本实现 Itr 的扩展

在实际开发中，如果需要针对容器进行遍历操作，很少需要自己去实现一套新的迭代器体系，因为 Java JDK 提供了一套很完善的设计体系，建议在开发中使用 Java JDK 提供的迭代器，来完成自己的开发任务。

# 5.3　策略模式

## 5.3.1　引题

网上购物已经成为现代人重要的消费模式，各大电商平台在各种重要的节日里都会设置一些折扣活动来提高访问量。例如，双十一购物狂欢节是指每年 11 月 11 日的网络促销日。在举办促销活动时，为了避免商家设置虚假原价，系统不允许商家修改原价格，对于活动只能设置折扣力度，然后由系统自动计算出促销价格。如果要模拟这个场景，该如何实现价格计算功能呢？

设计方案一：

相信大家最先考虑到的就是抽象出商品类 Auction，在 Auction 中需要提供商品的原始价格 costPrice，以及商品要设置的折扣类型 discount，在活动当天系统会根据原始价格与折扣类型通过 getPromotionPrice ()方法计算出最终的促销价格。设计方案如图 5-12 所示。

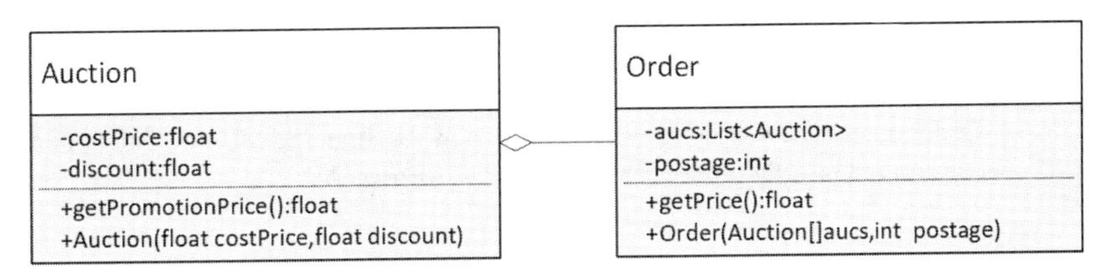


图 5-12　商品促销类图

Auction 类代码实现如下：

```
public class Auction {
        private float costPrice;//原始价格
        private float discount;//折扣率
        /**
         * 获得商品的最终促销价
         * @return
         */
        public float getPromotionPrivce(){
                return costPrice*discount;
        }
        public Auction(){
                this(56.0f,0.7f);
        }
        public Auction(float costPrice,float discount){
                this.costPrice = costPrice;
                this.discount = discount;
        }
}
```

系统一般以订单为单位来对最终的促销价格进行计算，一个订单中会包含多个商品，所以订单类的实现代码如下：

```
public class Order {
    List<Auction> aucs = new ArrayList<Auction>();
    private int postage;
    public float getPrice(){
        float price = 0;//订单价格
        for(Auction a:aucs){
            price += a.getPromotionPrivce();
        }
        return price+postage;
    }
    public Order(Auction[] aucs){
        this.aucs = new ArrayList<Auction>(Arrays.asList(aucs));
    }
    public Order(){
    }
}
```

如果系统中有一个订单，含有两个商品对象，原价格是 78 元，现在设置这两个商品的折扣率为 8 折，邮费为 10 元，想要获得这个订单的促销价格，在使用时场景类实现如下：

```
public class Demo {
    public static void main(String[] args) {
        // 订单商品列表
        Order order = new Order(new Auction[]{new Auction(78,0.8f),new Auction(78,0.8f)});
        System.out.println("订单价格是："+order.getPrice());
    }
}
```

电商平台中的全部商品都是 Auction 的子类，所以 getPromotionPrice()方法需要支持所有商品的折扣方式。目前在实现的时候，支持按照折扣率计算促销价格的方法，但是商家在促销时，不仅仅按照折扣率来促销，还存在“满 300 减 50”等活动，这种活动是设定在用户的订单上的，所以修改 Order 类如图 5-13 所示。

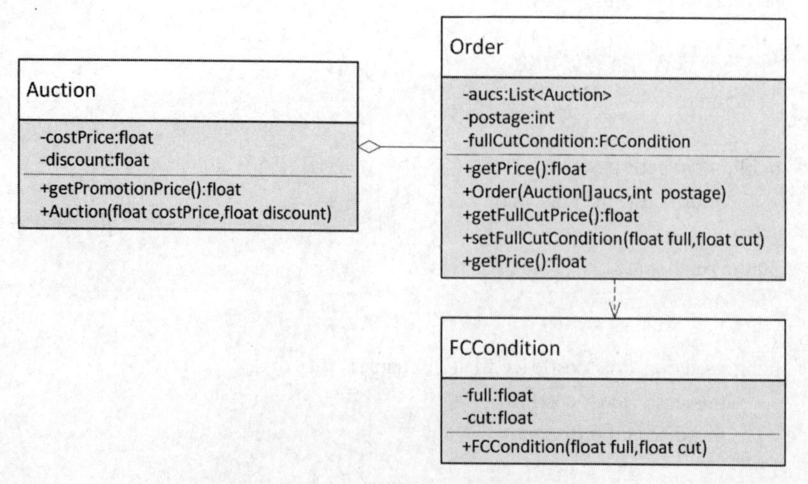


图 5-13　改进的商品促销类图

Order 类的具体代码实现如下：

```
public class Order {
    List<Auction> aucs = new ArrayList<Auction>();//订单商品列表
    private int postage;//邮费
    private int discountType;//促销类型
    private FCCondition fullCutCondition = new FCCondition(0,0);//满减条件
    /**
     * 设置满减条件
     * @param full 满多少钱<br>
     * @param cut 减多少钱<br>
     */
    public void setFullCutCondition(float full,float cut){
        this.fullCutCondition = new FCCondition(full,cut);
    }
    /**
     * 获得最终的促销价格
     * @return
     */
    public float getPromotionPrivcePrice(){
        float price   = 0;
        switch(discountType){
        case 0:
            price = getPrice();
            break;
        case 1:
            price = getFullCutPrice();
        }
        return price;
    }
    /**
     * 满减活动后的价格
     * @return
     */
    public float getFullCutPrice(){
        float price = getPrice();
        if(price>fullCutCondition.full){
            price = price - fullCutCondition.cut;
        }
        return price;
    }
    /**
     * 单纯商品打折价格
     * @return
     */
    public float getPrice(){
        float price = postage;//订单价格
        for(Auction a:aucs){
            price += a.getPromotionPrivce();
```

```
            }
            return price;
        }
        class FCCondition{
            float full;
            float cut;
            FCCondition(float full,float cut){
                this.full = full;
                this.cut = cut;
            }
        }
    ……//省略构造方法
    }
```

场景类代码设计如下：

```
    public class Demo {
        public static void main(String[] args) {
            // 订单商品列表
            Order order = new Order(new Auction[]{new Auction(178,0.8f),new Auction(178,0.8f)});
            order.setDiscountType(0);//订单使用促销策略
            System.out.println("订单价格是："+order.getPrice());
        }
    }
```

观察目前的设计，Order 类承担了过多的职责，除了要维护订单本身的数据信息之外，还需要维护促销活动的内容，违背了面向对象的单一职责，所以考虑将促销相关操作从 Order 类中提取出来，请看设计方案二。

设计方案二：

因为促销活动是后期商家根据需求来进行添加的，所以考虑将促销模式从订单中抽离出来，如果需要追加某种促销活动时，只需要修改促销活动类，而不需要去修改 Order 订单类。设计结构图如图 5-14 所示。

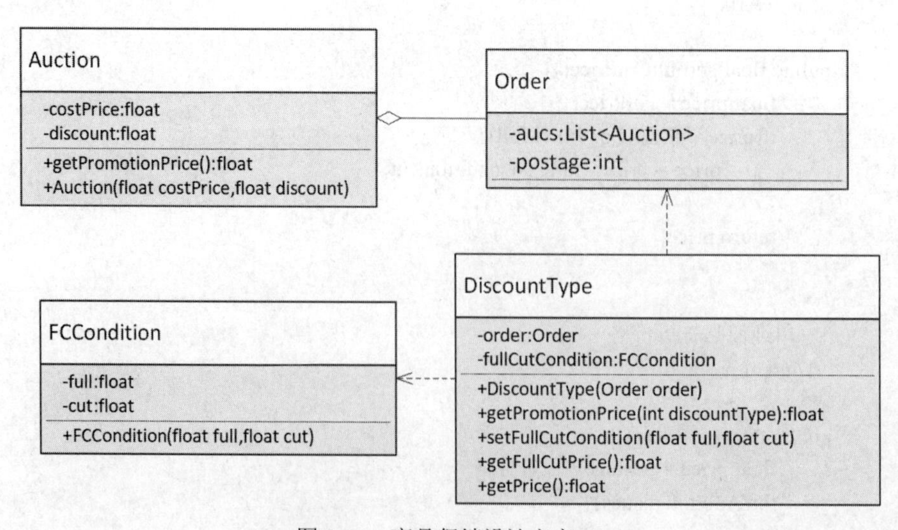


图 5-14 商品促销设计方案二

在 Order 类中取消对于促销活动的功能实现，将此部分功能抽象出来形成 DiscountType 类，用来完成订单促销价格计算的方案，其中 DiscountType 的实现代码如下：

```
public class DiscountType {
    private Order order;
    private FCCondition fullCutCondition = new FCCondition(0,0);//满减条件
    public DiscountType(Order order){
        this.order = order;
    }
    /**
     * 获得最终的促销价格
     * @return
     */
    public float getPromotionPrivcePrice(int discountType){
        float price    = 0;
        switch(discountType){
        case 0:
            price = getPrice();
            break;
        case 1:
            price = getFullCutPrice();
        }
        return price;
    }
    /**
     * 设置满减条件
     * @param full
     * @param cut
     */
    public void setFullCutCondition(float full,float cut){
        this.fullCutCondition = new FCCondition(full,cut);
    }
    /**
     * 满减活动后的价格
     * @return
     */
    public float getFullCutPrice(){
        float price = getPrice();
        if(price>fullCutCondition.full){
            price = price - fullCutCondition.cut;
        }
        return price;
    }
    /**
     * 单纯商品打折价格
     * @return
     */
```

```
        public float getPrice(){
            float price = order.getPostage();//订单价格
            for(Auction a:order.getAucs()){
                price += a.getPromotionPrivce();
            }
            return price;
        }
        class FCCondition{
            float full;
            float cut;
            FCCondition(float full,float cut){
                this.full = full;
                this.cut = cut;
            }
        }
    }
```

订单类别中去掉所有和促销相关的内容，具体实现如下：

```
    public class Order {
        List<Auction> aucs = new ArrayList<Auction>();//订单商品列表
        private int postage;//邮费
        ……//构造方法及 getter、setter 代码省略
    }
```

当对一个具体的订单进行促销价格计算时的场景类实现代码如下：

```
    public class Demo {
        public static void main(String[] args) {
            // 订单商品列表
            Order order = new Order(new Auction[]{new Auction(),new Auction()});
            DiscountType d = new DiscountType(order,1);
            d.setFullCutCondition(300, 100);
            System.out.println("订单价格是："+d.getPromotionPrivcePrice());
        }
    }
```

目前，将每个类的职责进行了重新的划分，其中 Order 类就单纯地封装了和订单有关的数据信息，而 DiscountType 类封装了促销活动相关功能。那么，如果后期又需要增加一个新的促销活动“满 100 免邮费”，此时还需要继续修改 DiscountType 类，以后只要增加新的促销模式都需要对 DiscountType 类进行更改操作，这违背了面向对象的开-闭原则。

为了解决这些问题，可以考虑使用策略模式将各种促销活动抽象出来，做成一个促销活动簇集。下面先来看一下什么是策略模式。

### 5.3.2 策略模式的定义

策略模式为行为型模式之一，它定义一系列算法，并且将这一系列的算法封装成为策略类，使这些策略类相互独立又可以相互替换，对外则提供公共的接口即策略接口。策略类的调用完全取决于调用者，这使得当需求或者说策略算法发生改变时，只需新增策略类，而无需修

改其他代码，从而不会影响到用户，使得策略类独立于用户而变化。总的来说，策略模式是对算法的包装，是把使用算法的责任和算法本身分离开来，委派给不同的对象管理。模式结构图如图 5-15 所示。

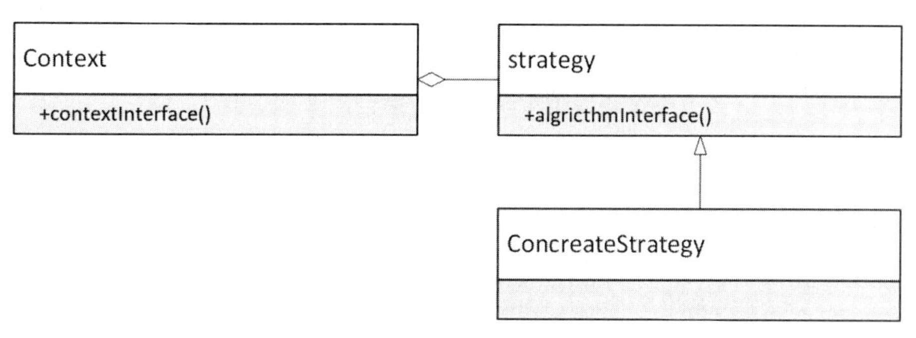


图 5-15　策略模式结构图

策略模式定义了算法族，并分别封装起来，让它们之间可以互相替换，此模式让算法的变化独立于使用算法的客户。

策略模式的参与者有 Strategy、ConcreteStrategy 和 Context。

- 抽象策略角色（Strategy）。此角色给出所有的具体策略类所需的接口，通常由一个接口或者抽象类实现。
- 具体策略角色（ConcreteStrategy）。包装了相关的算法和行为。
- 环境角色（Context）。持有一个策略类的引用，可以认为是策略的调用者，通过环境角色可以更换具体的策略。

### 5.3.3　策略模式相关知识

（1）意图。策略模式的核心是将算法抽象成具体的类来应对算法的不断增加，以及策略使用者需要频繁更换策略的需求。当有新的策略增加时，只需要新增一个具体的类，而不需要对已有的代码做更改，减少策略与具体问题的耦合度，使代码具有更强的可扩展性，易于维护。更重要的是它大大提高了代码的可重用性。

（2）优缺点。

优点：

- 首先策略模式可以让策略算法自由切换，只要一个类实现了抽象策略接口，这个类就可以称为一个具体的策略类，供待解决问题直接调用，实现了良好的扩展性。
- 使用了策略模式，就不需要将策略应用使用选择结构耦合到具体的问题解决代码中，选择结构的代码不易维护。

缺点：

- 因为每一个策略算法都要设计成一个类，使得代码中类的数量过多。
- 策略使用者需要了解策略的具体实现方式，违背了迪米特法则。

（3）适用场景。当需求中解决某个具体问题时，可以采用多种不同的方式来实现时，并且允许用户使用不同的方式来切换算法，就可以考虑使用策略模式，将这些解决当前具体问题的每一个方法抽象成一个具体策略类。

### 5.3.4 应用举例

使用策略模式实现电商促销活动下的订单价格计算。

首先定义一个促销价格的策略接口 IPromotionStrategy（替换 DiscountType），在这个策略接口中需要完成的任务就是计算某个订单的促销价格，即 getPromotionPrice(Order order)方法。然后将订单类作为上下文角色封装促销策略，设计结构图如图 5-16 所示。

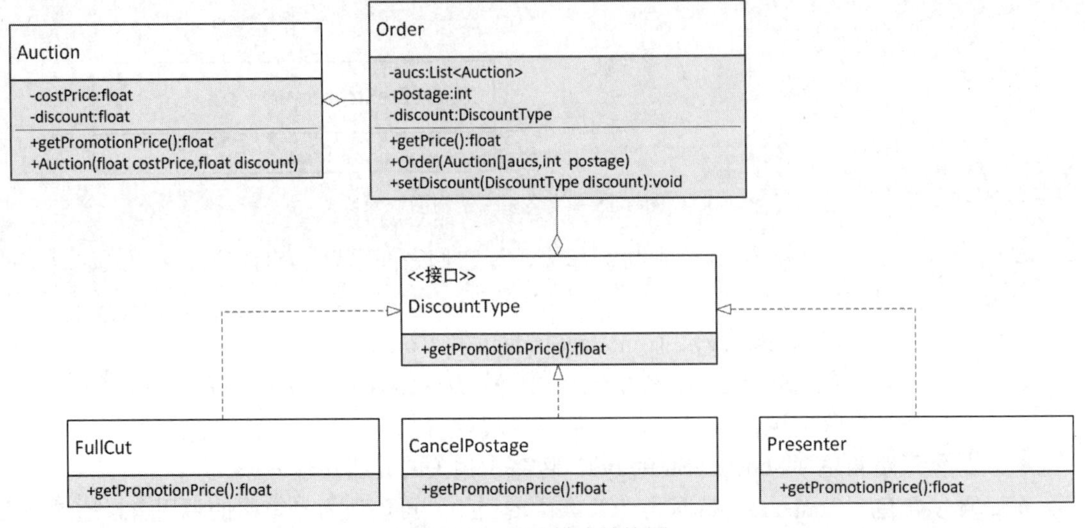


图 5-16 策略模式结构图

其中 IPromotionStrategy 接口具体实现代码如下：

```
public interface IPromotionStrategy {
    public float getPromotionPrice(Order order);
}
```

此时 Order 类中提供 IPromotionStrategy 类型的对象来保存当前订单要使用的促销策略，价格计算模块可以通过一个 setPromotionStrategy(IPromotionStrategy)方法来对策略进行更改，具体代码如下：

Order 类的具体实现代码如下：

```
public class Order {
    List<Auction> aucs = new ArrayList<Auction>();//订单商品列表
    private int postage;//邮费
    private IPromotionStrategy promotionStrategy;
    public void setPromotionStrategy(IPromotionStrategy promotionStrategy) {
        this.promotionStrategy = promotionStrategy;
    }
    public float getPromotionPrice(){
        return promotionStrategy.getPromotionPrice(this);
    }
    /**
     * 单纯商品打折价格
```

```
         * @return
         */
        public float getPrice(){
            float price = postage;//订单价格
            for(Auction a:aucs){
                price += a.getPromotionPrice();
            }
            return price;
        }
        ……//构造方法与 getter、setter 方法省略
    }
```

每一个促销策略都是一个实现了 IPromotionStrategy 接口的实例类型，现在实现具体促销策略“满××减××”类型 FullCutStrategy，具体代码如下：

```
    public class FullCutStrategy implements IPromotionStrategy{
        private float full;
        private float cut;
        public FullCutStrategy(float full,float cut){
            this.full = full;
            this.cut = cut;
        }
        @Override
        public float getPromotionPrice(Order order) {
            float price = order.getPrice();
            if(price>full){
                price = price - cut;
            }
            return price;
        }
    }
```

设计一个场景类，对一个含有两个商品并参与“满 300 减 100”促销活动的订单，计算其促销价格，具体实现代码如下：

```
    public class Demo {
        public static void main(String[] args) {
            // 订单商品列表
            Order order = new Order();
            IPromotionStrategy d = new FullCutStrategy(300,100);
            order.setPromotionStrategy(d);
            System.out.println("订单价格是："+order.getPromotionPrice());
        }
    }
```

如果需要增加新的促销活动，例如“满 300 免邮费”，此时，只需要增加一个新的策略类 CancelPostageStrategy，具体代码如下：

```
public class CancelPostageStrategy implements IPromotionStrategy{
    private float full;
    public CancelPostageStrategy(float full){
        this.full = full;
    }
    @Override
    public float getPromotionPrice(Order order) {
        float price = order.getPrice();
        if(price>full){
            price = price - order.getPostage();
        }
        return price;
    }
}
```

在应用时，只需要通过订单类的 setPromotionStrategy(IPromotionStrategy p)方法，改变当前订单使用的促销策略即可，代码如下：

```
public class Demo {
    public static void main(String[] args) {
        // 订单商品列表
        Order order = new Order();
        IPromotionStrategy d = new CancelPostageStrategy(300);
        order.setPromotionStrategy(d);
        System.out.println("订单价格是："+order.getPromotionPrice());
    }
}
```

### 5.3.5 应用扩展——策略模式在 JDK 中的应用

策略模式提倡“针对接口编程”的模式，而使用接口的目的是为了统一标准或者说是指定一种强制的规定。使用策略模式是由用户/开发者发起并根据其具体的需求、具体的操作决定调用哪种具体的策略类。当前策略模式的使用十分广泛，例如 JDK 中的 Comparable、Comparator 接口，Swing 中的布局管理器 LayoutManager，边界类 Border 等。下面以 Swing 中的布局管理器的设计方案为例，深入理解一下策略模式。

LayoutManager 是一个接口，代表了 Java 图形界面开发中的布局管理器，用户在设计自己的窗口的时候，都需要先给自己的窗口设置一个布局管理器，当窗口在对自己包含的组件进行排版的时候，会通过具体的布局管理器的相关方案进行展现。此时 LayoutManager 就充当了策略模式中的抽象策略角色。LayoutManager 的代码如下：

```
public interface LayoutManager {
    void addLayoutComponent(String name, Component comp);
    void removeLayoutComponent(Component comp);
    Dimension preferredLayoutSize(Container parent);
    Dimension minimumLayoutSize(Container parent);
    void layoutContainer(Container parent);
}
```

在 JDK 中每一个具体的布局管理器都实现了 LayoutManager 接口，在策略模式中充当了具体策略角色，例如 FlowLayout 类，其实现了 LayoutManager 接口，并提供了一些为完成自己的策略算法所需要的其他属性和方法，代码如下所示。

```
public class FlowLayout implements LayoutManager, java.io.Serializable {
……//具体代码略，请查看 JDK 源码
}
```

布局管理器主要解决容器的排版问题，所以在定义好一个容器后，就需要让这个容器采取某个布局策略，来管理容器中组件的排版方式，在 JDK 中容器类就是策略模式中的环境角色。例如，定义了一个 JFrame 类型的容器对象，就可以通过容器类的 setLayout 方法更换具体的布局策略，代码如下：

```
public class MyFrame {
    public static void main(String[] args) {
        JFrame f = new JFrame();
        f.setLayout(new FlowLayout(FlowLayout.LEFT));
    }
}
```

## 5.4　模板方法模式

### 5.4.1　引题

假设现在要制作一些饮料产品，比方说要泡茶和咖啡。泡茶和泡咖啡的流程大体上可以分为四步，第一将水煮沸，第二烘焙原料，第三倒入杯中，第四加入调料。通常第一步和第三步动作是一样的，所以可以在父类中将方法直接写好，而第二步和第四步则随着泡茶还是泡咖啡有所不同，因此设计为抽象方法，让子类去实现。而这四步整体上又是泡饮料的固定流程，所以将这四步封装在一个方法中，并且设置这个方法的修饰符为 final，以防子类去修改它。

### 5.4.2　模板方法模式定义

模板方法（Template method）就是做一些任务的通用流程。如网上有许多自我介绍模板、推荐信模板，即开头和结尾可能都是差不多的内容，而中间需要客户去修改一下即可使用。设计模式源自生活，模板方法就在类似的场景下诞生了。模板方法指定义一个操作中的算法的骨架，而将步骤延迟到子类中。模板方法使得子类可以不改变一个算法的结构即可重定义算法的某些特定步骤。

模板方法模式的结构图如图 5-17 所示。

从结构图中可以看出，其中涉及两个角色：AbstractClass 角色、ConcreteClass 角色。

- AbstractClass 模板抽象父类。实现了模板方法 TemplateMethod，定义了算法的骨架。定义抽象方法 PrimitiveOperator。
- ConcreteClass 模板子类。实现抽象类中的抽象方法 PrimitiveOperator，已完成完整的算法。

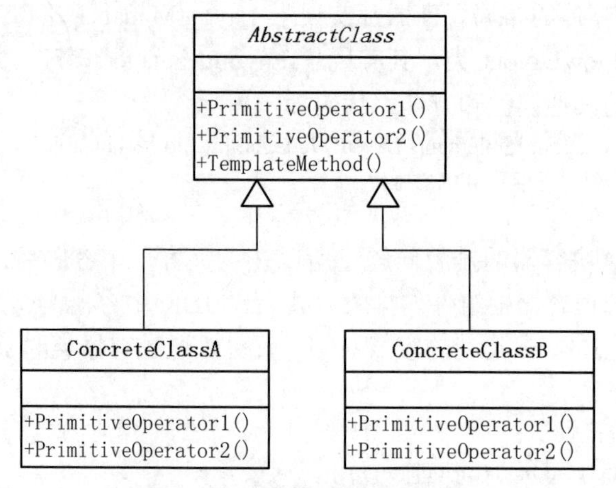


图 5-17　模板方法模式结构图

如何实现装饰模式呢？以下是基本的代码实现。

AbstratorClass 类：

```
public abstract class AbstractClass{
    // 一些抽象行为，放到子类去实现
    public abstract void PrimitiveOperation1();
    public abstract void PrimitiveOperation2();
    // 模板方法给出了逻辑的骨架，而逻辑的组成是相应的抽象操作，它们推迟到子类去实现。
    public void TemplateMethod(){
        PrimitiveOperation1();
        PrimitiveOperation2();
        System.out.println("Done the method.");
    }
}
```

ConcreteClassA 类：

```
public class ConcreteClassA extends AbstractClass{
    // 与 ConcreteClassB 中的实现逻辑不同
    public void PrimitiveOperation1(){
        System.out.println("Implement operation 1 in Concreate class A.");
    }
    // 与 ConcreteClassB 中的实现逻辑不同
    public void PrimitiveOperation2(){
        System.out.println("Implement operation 2 in Concreate class A.");
    }
}
```

ConcreteClassB 类：

```
public class ConcreteClassB extends AbstractClass{
    // 与 ConcreteClassA 中的实现逻辑不同
    public void PrimitiveOperation1(){
        System.out.println("Implement operation 1 in Concreate class B.");
```

```
    }
    // 与 ConcreteClassA 中的实现逻辑不同
    public void PrimitiveOperation2(){
        System.out.println("Implement operation 2 in Concreate class B.");
    }
}
```

### 5.4.3　模板方法模式相关知识

（1）意图。定义一个类框架，当它需要派生不同的子类时，再具体实现。

（2）优缺点。

优点：

- 模板方法模式在一个类中形式化地定义算法，而由它的子类实现细节的处理。
- 模板方法是一种代码复用的基本技术，这在类库中尤为重要，它们提取了类库中的公共行为。
- 模板方法模式导致一种反向的控制结构，这种结构有时被称为“好莱坞法则”，即“别找我们，我们找你”。通过对子类的扩展增加新的行为，符合开-闭原则。

缺点：

- 每个不同的实现都需要定义一个子类，这会导致类的个数增加，系统更加庞大，设计也更加抽象，但是更加符合单一职责原则，使得类的内聚性得以提高。

（3）适用场景。模板方法可以用于一次性实现一个算法的不变部分，并将可变的部分留给子类去实现；子类的公共代码部分应该被提炼到父类中去写，防止代码重复编写；控制子类的扩展，模板方法只允许在特定点调用钩子函数，这样就只允许在这些点进行扩展。

### 5.4.4　应用举例

依据上述两节对模板方法模式的介绍，针对引题中的例子，可给出设计方案如图 5-18 所示。

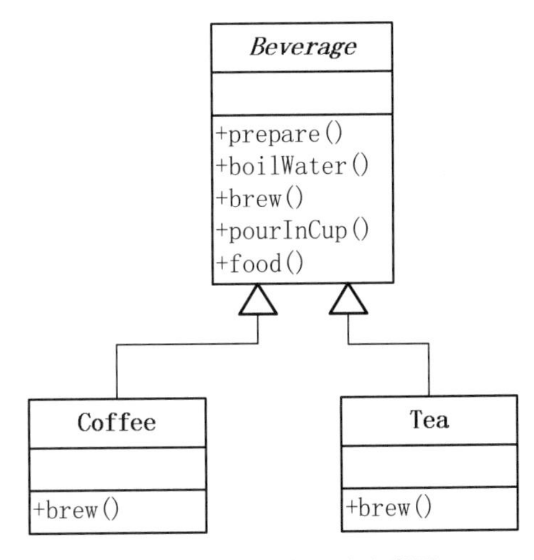


图 5-18　饮料产品设计类图

设计泡茶和泡咖啡的抽象类 Beverage 类，由于制作饮料的大致步骤相同，可以设计整个制作饮料的过程 prepare 方法，prepare 方法包括四个环节：boilWater（将水煮沸），brew（烘焙原料），pourInCup（将水倒入杯中），food（加入调料）。泡茶和泡咖啡的区别仅在于 brew（烘焙原料）的方法不一样，因此可将 brew 设计为抽象方法，把该方法的实现放到具体的 Coffee 类和 Tea 类中去实现。不管是泡茶或是泡咖啡，只需要调用 prepare 方法就可以了。该应用的具体代码如下。

Beverage 类：

```
abstract class Beverage {
    // 准备饮料的过程，烧水，冲泡，倒杯，搭配糕点
    final public void prepare() {
        boilWater();
        brew();
        pourInCup();
        food();
    }
    final public void boilWater() {
        System.out.println("烧水。");
    }
    abstract void brew();
    final public void pourInCup() {
        System.out.println("将水倒入杯子里。");
    }
    public void food() {
        System.out.println("放入调味品。");
    }
}
```

Coffee 类：

```
class Coffee extends Beverage {
    @Override
    void brew() {
        System.out.println("烘焙咖啡。");
    }
}
```

Tea 类：

```
class Tea extends Beverage {
    @Override
    void brew() {
        System.out.println("制作茶叶。");
    }
}
```

TestTemplateMethod 类：

```
public class TestTemplateMethod {
    public static void main(String[] args) {
```

```
            System.out.println("---茶---");
            Beverage tea = new Tea();
            tea.prepare();
            System.out.println("---咖啡---");
            Beverage coffee = new Coffee();
            coffee.prepare();
        }
    }
```

### 5.4.5　应用扩展——模板方法模式在 Java API 中的应用

示例 1　Arrays.sort()排序

对数组进行排序时，常会使用 Arrays.sort()方法，Arrays 类的 sort()方法就是模板方法。

模板方法模式的重点在于提供一个算法，并让子类实现某些步骤，但是在 Arrays.sort()数组排序时并不是如此，通常我们无法设计一个类继承 Java 数组，而 sort()方法希望能够适用于所有的数组（每个数据都是不同的类型），所以定义了一个静态的 sort()方法，在模板方法 sort()中需要元素比较大小的算法部分，但是对于不同的类有不同的排序规则，所以让被排序的对象内的每个元素提供比较大小的算法部分（方式就是被排序元素的类必须实现 Comparable 接口）。

Arrays.sort()对数组排序虽然不是先前所说的模板方法的标准实现，但是它的实现仍然符合模板方法模式的精神。由于不需要继承数组就可以实现这个算法，使得排序变得更有弹性、更有用。

Java 中常用的类 Integer、String 等已经实现了 Comparable 接口，所以可以直接使用 Arrays.sort()对该类型的数组进行排序，如果需要对自定义类型的数组进行排序，则自定义的类必须实现 Comparable 接口。

示例 2　java.io.InputStream 类的 read()方法

java.io.InputStream 抽象类是表示字节输入流的所有类的超类。其中的 read(byte b[],int off,int len)就是一个模板方法，在该方法中调用了该类的抽象方法 read()，要求子类提供 read()方法的实现，这是模板方法模式的典型应用。

示例 3　Swing 窗口程序中的钩子：paint()方法

在默认情况下 paint()方法是不做事情的（JFrame 的超类 Component 中对 paint()进行了空实现），它是一个“钩子”，通过覆盖 paint()方法，可以将自己的代码插入到 JFrame 的算法中，显示出想要的画面。

## 5.5　命令模式

### 5.5.1　引题

装修新房的最后几道工序之一是安装插座和开关，通过开关可以控制某些电器的打开和关闭，例如电灯或者排气扇。在购买开关时，我们并不知道它将来到底用于控制什么电器，也就是说，开关与电灯、排气扇并无直接关系，一个开关在安装之后可能用来控制电灯，也可能用来控制排气扇或者其他电器设备。开关与电器之间通过电线建立连接，如果开关打开，则电线通电，电器工作；反之，开关关闭，电线断电，电器停止工作。相同的开关可以通过不同的电线来控制不同的电器，如图 5-19 所示。

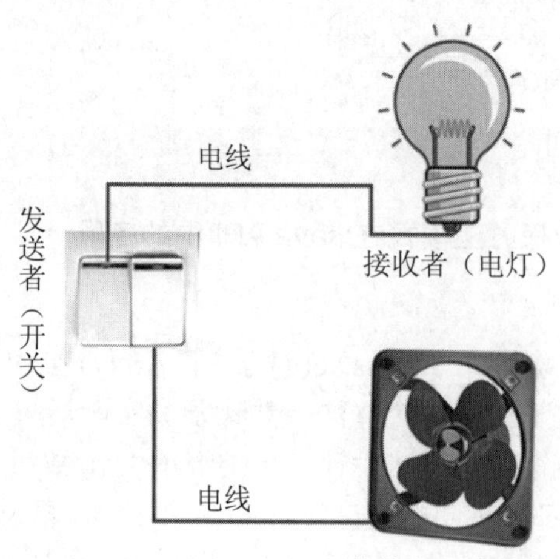


图 5-19 开关控制图示

在图中，可以将开关理解成一个请求的发送者，用户通过它来发送一个“开灯”请求，而电灯是“开灯”请求的最终接收者和处理者，在图中，开关和电灯之间并不存在直接耦合关系，它们通过电线连接在一起，使用不同的电线可以连接不同的请求接收者，只需更换一根电线，相同的发送者（开关）即可对应不同的接收者（电器）。

在软件开发中也存在很多与开关和电器类似的请求发送者和接收者对象，为了降低系统的耦合度，将请求的发送者和接收者解耦，可以使用一种被称为命令模式的设计模式来实现。在命令模式中，发送者与接收者之间引入了新的命令对象（类似图中的电线），将发送者的请求封装在命令对象中，再通过命令对象来调用接收者的方法。

### 5.5.2 命令模式定义

命令模式（Command Pattern）：将一个请求封装为一个对象（即创建的 Command 对象），从而可用不同的请求对客户进行参数化，对请求排队或记录请求日志，以及支持可撤销的操作。命令模式可以将请求发送者和接收者完全解耦，发送者与接收者之间没有直接引用关系，发送请求的对象只需要知道如何发送请求，而不必知道如何完成请求。

命令模式的核心在于引入了命令类，通过命令类来降低发送者和接收者的耦合度，请求发送者只需指定一个命令对象，再通过命令对象来调用请求接收者的处理方法，其结构如图 5-20 所示。

从结构图中可以看出，其中涉及五个角色：抽象命令（ICommand）、具体命令（ConcreteCommand）、接收者（Receiver）、调用者（Invoker）、客户端（Client）。

- 抽象命令（ICommand 接口）。定义命令的接口，声明执行的方法。
- 具体命令（ConcreteCommand 类）。具体命令实现要执行的方法，它通常是“虚”的实现；通常会有接收者，并调用接收者的功能来完成命令要执行的操作。

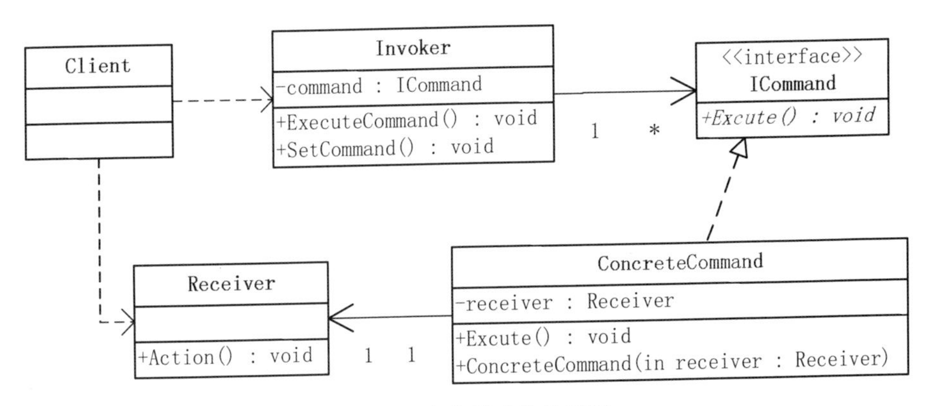


图 5-20　命令模式结构类图

- 接收者（Receiver 类）。真正执行命令的对象。任何类都可能成为一个接收者，只要能实现命令要求的相应功能。
- 调用者（Invoker 类）。要求命令对象执行请求，通常会持有命令对象，可以持有很多的命令对象。这个是客户端真正触发命令并要求命令执行相应操作的地方，也就是说相当于使用命令对象的入口。
- 客户端（Client 类）。命令由客户端来创建，并设置命令的接收者。

命令模式基本的实现代码如下：

ICommand 接口：

```
interface ICommand {
    void Execute();
}
```

ConcereteCommand 类：

```
class ConcereteCommand implements ICommand {
    private Receiver receiver;
    public ConcereteCommand(Receiver receiver) {
        this.receiver = receiver;
    }
    public void Execute() {
        receiver.Action();
    }
}
```

Invoker 类：

```
class Invoker {
    private ICommand command;
    public void SetCommand(ICommand command) {
        this.command = command;
    }
    public void ExecuteCommand() {
        command.Execute();
    }
}
```

Receiver 类：

```
class Receiver {
    public void Action() {
        System.out.println("Execute request!");
    }
}
```

Client 类：

```
class Client{
    public static void main(String[] args) {
        Receiver receiver = new Receiver();
        ICommand command = new ConcereteCommand(receiver);
        Invoker invoker = new Invoker();
        invoker.SetCommand(command);
        invoker.ExecuteCommand();
    }
```

### 5.5.3 命令模式相关知识

（1）意图。在软件系统中，行为请求者与行为实现者通常是一种紧耦合的关系，但某些场合，比如需要对行为进行记录、撤销或重做事务等处理时，这种无法抵御变化的紧耦合的设计就不太合适。

（2）优缺点。

优点：

- 解除请求者与实现者之间的耦合，降低了系统的耦合度。
- 对请求排队或记录请求日志，支持撤销操作。
- 可以容易地设计一个组合命令。
- 新命令可以容易地加入到系统中。

缺点：

因为针对每一个命令都需要设计一个具体命令类，使用命令模式可能会导致系统有过多的具体命令类。

（3）适用场景。

- 当需要对行为进行“记录、撤销/重做”等处理时。
- 系统需要将请求者和接收者解耦，使得调用者和接收者不直接交互。
- 系统需要在不同时间指定请求、请求排队和执行请求。
- 系统需要将一组操作组合在一起，即支持宏命令。

### 5.5.4 应用举例

根据前面的介绍，针对引题中的例子，实现命令的请求者与执行者解耦，给出解决方案如图 5-21 所示。

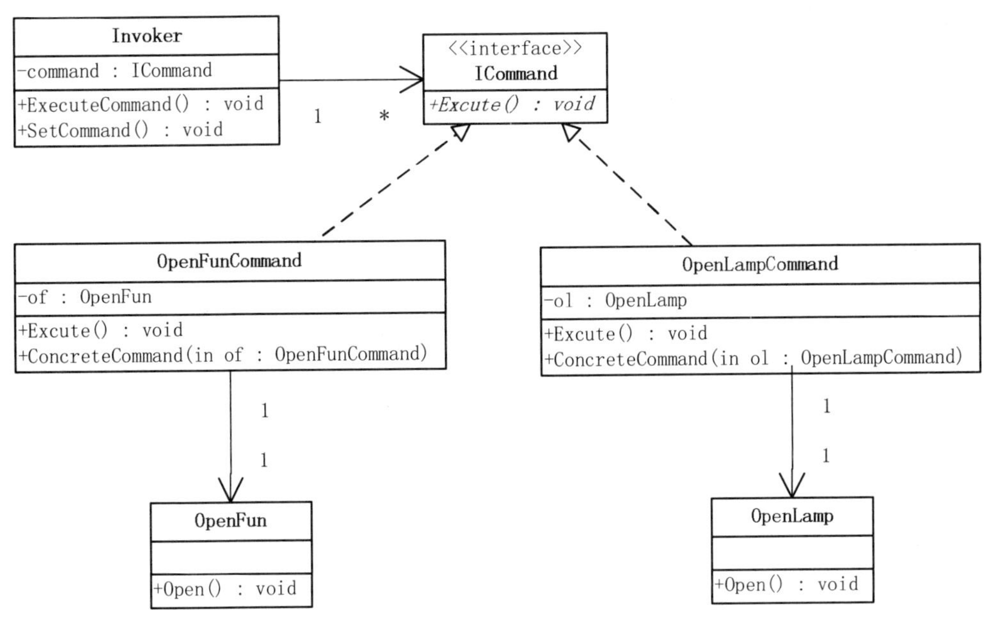


图 5-21　开关控制设计类图

在该方案中，接收者角色通过 OpenFun 类和 OpenLamp 类实现，打开风扇的实现通过具体类 OpenFun 的 open 方法实现，打开灯通过具体类 OpenLamp 的 open 方法实现；调用者通过类 Invoker 实现，持有命令对象 command；抽象命令 ICommand 接口声明执行的方法；具体命令类 OpenFunCommand 和 OpenLampCommand 实现 ICommand 接口，持有接收者，完成对接收者的调用。该应用的具体代码如下：

Invoker 类：

```
class Invoker {
    private ICommand command;
    public void SetCommand(ICommand command) {
        this.command = command;
    }
    public void ExecuteCommand() {
        command.Execute();
    }
}
```

ICommand 类：

```
interface ICommand {
    void Execute();
}
```

OpenFun 类：

```
class OpenFun {
    public void Open() {
        System.out.println("OpenFun!");
    }
}
```

OpenLamp 类：

```
class OpenLamp {
    public void Open() {
        System.out.println("OpenLamp!");
    }
}
```

OpenFunCommand 类：

```
class OpenFunCommand implements ICommand {
    private OpenFun of;
    public OpenFunCommand(OpenFun of) {
        this.of = of;
    }
    public void Execute() {
        of.Open();
    }
}
```

OpenLampComman 类：

```
class OpenLampCommand implements ICommand {
    private OpenLamp ol;
    public OpenLampCommand(OpenLamp ol) {
        this.ol = ol;
    }
    public void Execute() {
        ol.Open();
    }
}
```

TestCommand 类：

```
class TestCommand {
    public static void main(String[] args) {
        OpenFun of = new OpenFun();
        OpenLamp ol=new OpenLamp();
        ICommand funCommand = new OpenFunCommand(of);
        ICommand lampCommand=new OpenLampCommand(ol);
        Invoker invoker = new Invoker();
        invoker.SetCommand(funCommand);
        invoker.ExecuteCommand();
        invoker.SetCommand(lampCommand);
        invoker.ExecuteCommand();
    }
}
```

### 5.5.5　应用扩展——命令模式在 Java API 中的应用

在 Java API 事件处理中，将能触发事件的组件称为事件源。事件源通过调用相应的方法将实现了 XXXListener 接口的实例作为监视器，例如：

```
component.addXXXListener(XXXListener);
```

当用户的操作导致组件触发事件时，监视器将调用接口中的方法。Java AWT 事件处理中的 XXXListner 接口相当于命令模式中的 ICommand 接口。

## 5.6　状态模式

### 5.6.1　引题

电梯主要有四种状态：电梯门关闭、电梯门打开、电梯上下运载、电梯停止。电梯的状态变换也不是任意的，如电梯在门打开的时候，只能关闭电梯门，不能进行其他的任何操作。如果要编写这个逻辑，一定是长篇累牍的 if…else…，而且逻辑混乱，很难维护。当然，这里可以使用 if…else…，因为电梯的这些状态基本是稳定的，不会有什么变动。但是如果需求里状态会不断更新，而使用 if…else…埋下的隐患就会带来很多代码修改上的不便。

### 5.6.2　状态模式定义

定义对象间的一种一对多的依赖关系，当一个对象的状态发生改变时，所有依赖于它的对象都得到通知并被自动更新。允许一个对象在其内部状态改变时改变它的行为，这样对象看起来似乎修改了它的类。

状态模式的结构图如图 5-22 所示。

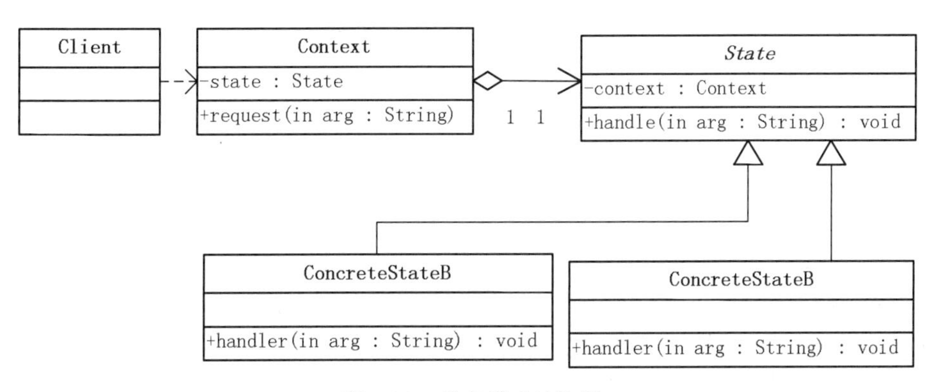


图 5-22　状态模式结构图

状态模式所涉及的角色有：

- 环境（Context）角色。定义客户端所感兴趣的接口，并且保留一个具体状态类的实例，给出此环境对象的现有状态。
- 抽象状态（State）角色。定义一个接口用以封装环境（Context）对象的一个特定的状态所对应的行为。

- 具体状态（ConcreteState）角色。每一个具体状态类都实现了环境（Context）的一个状态所对应的行为。

下面是基本的代码实现。

State 接口：

```
interface State {
    void handler();
}
```

ConcreteStateA 类：

```
class ConcreteStateA implements State {
    @Override
    public void handler() {
        System.out.println("ConcreteStateA");
    }
}
```

ConcreteStateB 类：

```
class ConcreteStateB implements State {
    @Override
    public void handler() {
        System.out.println("ConcreteStateB");
    }
}
```

Context 类：

```
class Context {
    private State state;
    public State getState() {
        return state;
    }
    public void setState(State state) {
        this.state = state;
    }
    public void request() {
        state.handler();
    }
}
```

Client 类：

```
public class Client{
    public static void main(String[] args) {
        Context context = new Context();
        context.setState(new ConcreteStateA());
        context.request();
        context.setState(new ConcreteStateB());
        context.request();
    }
}
```

### 5.6.3 状态模式相关知识

（1）意图。将特定状态相关的逻辑分散到一些状态类中。

（2）优缺点。

优点：

- 封装了转换规则。
- 枚举可能的状态，在枚举状态之前需要确定状态种类。
- 将所有与某个状态有关的行为放到一个类中，并且可以方便地增加新的状态，只需要改变对象状态即可改变对象的行为。
- 允许状态转换逻辑与状态对象合成一体，而不是某一个巨大的条件语句块。
- 可以让多个环境对象共享一个状态对象，从而减少系统中对象的个数。

缺点：

- 状态模式的使用必然会增加系统类和对象的个数。
- 状态模式的结构与实现都较为复杂，如果使用不当将导致程序结构和代码的混乱。
- 状态模式对开-闭原则的支持并不太好，对于可以切换状态的状态模式，增加新的状态类需要修改那些负责状态转换的源代码，否则无法切换到新增状态，而且修改某个状态类的行为也需修改对应类的源代码。

（3）适用场景。

- 对象的行为依赖于它的状态（属性），并且可以根据它的状态改变而改变它的相关行为。
- 代码中包含大量与对象状态有关的条件语句。

### 5.6.4 应用举例

根据前面的介绍，针对引题中的例子，电梯的运行和电梯目前所在的状态是紧密相关的，为了实现状态的变化对电梯运行的影响，简化复杂的逻辑判断，给出解决方案如图 5-23 所示。

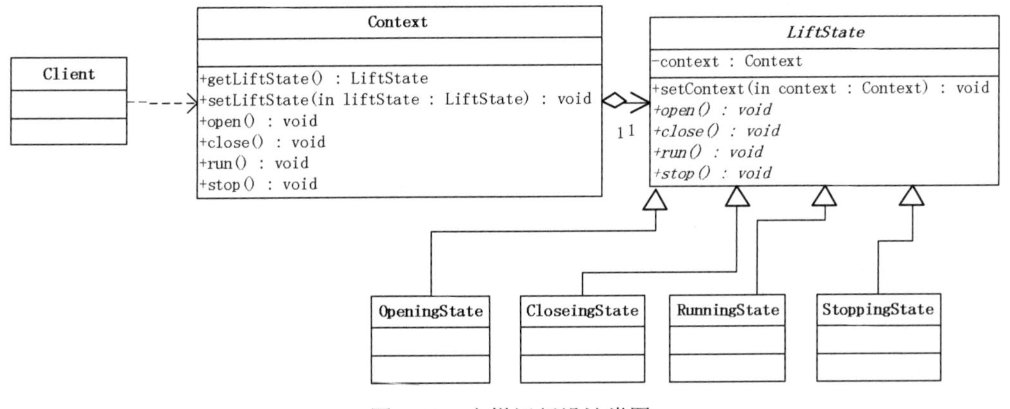


图 5-23 电梯运行设计类图

在类图中，定义了一个 LiftState 抽象类，声明了一个受保护的类型 Context 变量，这个是串联各个状态的封装类，封装的目的很明显，就是电梯对象内部状态的变化不被调用类知晓，并且还定义了四个具体的实现类，承担的是状态的产生以及状态间的转换过渡。

LiftState 类：

```
abstract class LiftState {
    // 定义一个环境角色，也就是封装状态的变换引起的功能变化
    protected Context context;
    public void setContext(Context context) {
        this.context = context;
    }
    // 首先电梯门开启动作
    public abstract void open();
    // 电梯门有开启，那当然也就有关闭了
    public abstract void close();
    // 电梯要能上能下，跑起来
    public abstract void run();
    // 电梯还要能停下来
    public abstract void stop();
}
```

抽象类比较简单，首先看一个具体的实现，门敞状态的实现 OpenningState 类：

```
class OpenningState extends LiftState {
    //电梯能够关闭
    @Override
    public void close() {
        // 状态修改
        super.context.setLiftState(Context.closeingState);
        // 动作委托为 CloseState 来执行
        super.context.getLiftState().close();
    }
    // 打开电梯门
    @Override
    public void open() {
        System.out.println("电梯门开启...");
    }
    // 电梯处于开门状态，禁止运行
    @Override
    public void run() {
        // do nothing;
    }
    // 开门状态的电梯本身处于停止状态
    public void stop() {
        // do nothing;
    }
}
```

电梯门关闭的实现，ClosingState 类：

```
class ClosingState extends LiftState {
    // 电梯门关闭，这是关闭状态要实现的动作
    @Override
```

```
        public void close() {
            System.out.println("电梯门关闭...");
        }
        // 关门状态的电梯，无需再打开
        @Override
        public void open() {
            super.context.setLiftState(Context.openningState); // 置为门敞状态
            super.context.getLiftState().open();
        }
        // 关门状态的电梯可以运行
        @Override
        public void run() {
            super.context.setLiftState(Context.runningState); // 设置为运行状态；
            super.context.getLiftState().run();
        }
        // 电梯处于关门状态，可以是静止的
        @Override
        public void stop() {
            super.context.setLiftState(Context.stoppingState); // 设置为停止状态；
            super.context.getLiftState().stop();
        }
    }
```

电梯运行类的实现 RunningState 类：

```
    class RunningState extends LiftState {
        // 运行状态的电梯，门本身就应该是关闭的
        @Override
        public void close() {
            // do nothing
        }
        // 运行状态的电梯，不允许执行开门操作
        @Override
        public void open() {
            // do nothing
        }
        // 这是在运行状态下要实现的方法
        @Override
        public void run() {
            System.out.println("电梯上下跑...");
        }
        // 运行状态的电梯，可以执行停止操作
        @Override
        public void stop() {
            super.context.setLiftState(Context.stoppingState); // 环境设置为停止状态
            super.context.getLiftState().stop();
        }
    }
```

电梯停止类的实现 StoppingState 类：

```
class StoppingState extends LiftState {
    // 停止状态的电梯，门本身就是关闭的
    @Override
    public void close() {
        // do nothing;
    }
    // 停止状态的电梯，可以执行开门操作
    @Override
    public void open() {
        super.context.setLiftState(Context.openningState);
        super.context.getLiftState().open();
    }
    // 停止状态的电梯，可以执行运行操作
    @Override
    public void run() {
        super.context.setLiftState(Context.runningState);
        super.context.getLiftState().run();
    }
    // 停止状态的电梯，本身处于停止状态
    @Override
    public void stop() {
        System.out.println("电梯停止了...");
    }
}
```

Openning 状态是由 open()方法产生的，因此这个方法中有一个具体的业务逻辑，用 print 来代替；在 Openning 状态下，电梯能过渡到其他什么状态呢？按照现在的定义，只能过渡到 Closing 状态，因此在 Close()中定义了状态变更，同时把 Close 这个动作也委托了给 CloseState 类下的 Close 方法执行。Context 类实现代码如下：

```
class Context {
    // 定义出所有的电梯状态
    public final static OpenningState openningState = new OpenningState();
    public final static ClosingState closeingState = new ClosingState();
    public final static RunningState runningState = new RunningState();
    public final static StoppingState stoppingState = new StoppingState();
    // 定一个当前电梯状态
    private LiftState liftState;
    public LiftState getLiftState() {
        return liftState;
    }
    public void setLiftState(LiftState liftState) {
        this.liftState = liftState;
        // 把当前的环境通知到各个实现类中
        this.liftState.setContext(this);
```

```
        }
        public void open() {
            this.liftState.open();
        }
        public void close() {
            this.liftState.close();
        }
        public void run() {
            this.liftState.run();
        }
        public void stop() {
            this.liftState.stop();
        }
    }
```

业务逻辑已经实现，测试代码如下：

```
    public class TestState {
        public static void main(String[] args) {
            Context context = new Context();
            context.setLiftState(new ClosingState());
            context.open();
            context.close();
            context.run();
            context.stop();
        }
    }
```

### 5.6.5　应用扩展——状态模式在 Java API 中的应用

在 Java 中 Iterator 为一个接口，它只提供迭代的基本规则，在 JDK 中它是这样定义的：对 Collection 进行迭代的迭代器。在迭代执行的过程中，随着迭代的进行，Collection 的状态发生变化，迭代的行为也随之改变。

在 Java API 中，使用状态模式的还有 javax.faces.lifecycle.LifeCycle 的 execute()方法。

## 5.7　责任链模式

### 5.7.1　引题

很多公司都有这样的福利，就是项目组或者是部门可以向公司申请一些聚餐费用，用于组织项目组成员或者是部门成员进行聚餐活动。申请聚餐费用的大致流程一般是：由申请人先填写申请单，然后交给领导审批，如果申请批准下来，领导会通知申请人审批通过，然后申请人去财务领取费用，如果没有批准下来，领导会通知申请人审批未通过，此事也就此作罢。不同级别的领导，对于审批的额度是不一样的，比如，项目经理只能审批 500 元以内的申请，部门经理能审批1000元以内的申请，而总经理可以审核任意额度的申请。也就是说，当某人提出聚餐费用申请的请求后，该请求会经由项目经理、部门经理、总经理之中的某一位领导来进行相应的处理，但是提出申请的人并不知道最终会由谁来处理他的请求，一般申请人是把自己的申请提交给项目经理，或许最后是由总经理来处理他的请求。

### 5.7.2 责任链模式定义

在责任链模式里，很多对象由每一个对象对其下家的引用而连接起来形成一条链。请求在这个链上传递，直到链上的某一个对象决定处理此请求。发出这个请求的客户端并不知道链上的哪一个对象最终处理这个请求，这使得系统可以在不影响客户端的情况下动态地重新组织和分配责任。责任链模式的结构如图5-24所示。

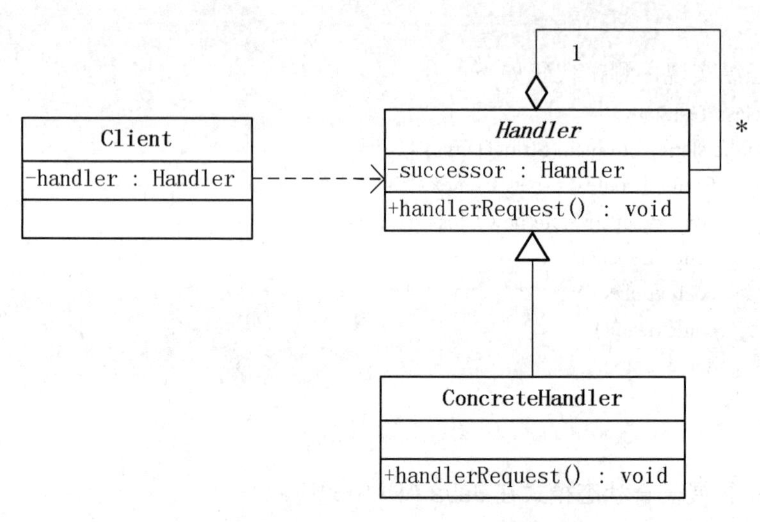


图5-24 责任链模式结构图

责任链模式涉及的角色如下所示：

- 抽象处理者（Handler）角色。定义一个处理请求的接口。如果需要，接口可以定义一个方法以设定和返回对下家的引用。这个角色通常由一个Java抽象类或者接口实现。上图中Handler类的聚合关系给出了具体子类对下家的引用，抽象方法handleRequest()规范了子类处理请求的操作。
- 具体处理者（ConcreteHandler）角色。具体处理者接到请求后，可以选择将请求处理掉，或者将请求传给下家。由于具体处理者持有对下家的引用，因此如果需要，具体处理者可以访问下家。

抽象处理者角色Handler类：

```
abstract class Handler {
    private Handler nextHandler;
    public Handler getNextHandler() {
        return nextHandler;
    }
    public void setNextHandler(Handler nextHandler) {
```

```
            this.nextHandler = nextHandler;
        }
        public abstract void doHandler();
    }
```

具体处理者角色 ConcreteHandler 类：

```
class ConcreteHandler extends Handler {
    @Override
    public void doHandler() {
        if (getNextHandler() != null) {
            System.out.println("还有责任链");
            getNextHandler().doHandler();
        } else {
            System.out.println("我自己处理");
        }
    }
}
```

测试类 ChainofResponsibility：

```
public class ChainofResponsibility {
    public static void main(String[] args) {
        // 组装责任链
        Handler handler1 = new ConcreteHandler();
        Handler handler2 = new ConcreteHandler();
        handler1.setNextHandler(handler2);
        // 提交请求
        handler1.doHandler();
    }
}
```

### 5.7.3　责任链模式相关知识

（1）意图。避免请求发送者与接收者耦合在一起，让多个对象都有可能接收请求，将这些对象连接成一条链，并且沿着这条链传递请求，直到有对象处理它为止。

（2）优缺点。

优点：

- 降低耦合度：它将请求的发送者和接收者解耦。
- 简化对象：使得对象不需要知道链的结构。
- 增强给对象指派职责的灵活性：通过改变链内的成员或者调动它们的次序，允许动态地新增或者删除责任。
- 增加新的请求处理类很方便。

缺点：

- 不能保证请求一定被接收。
- 系统性能将受到一定影响，而且在进行代码调试时不太方便，可能会造成循环调用。
- 可能不容易观察运行时的特征，有碍于排错。

（3）适用场景。

- 有多个对象可以处理同一个请求，具体哪个对象处理该请求由运行时自动确定。
- 在不明确指定接收者的情况下，向多个对象中的一个提交一个请求。
- 可动态指定一组对象处理请求。

### 5.7.4 应用举例

根据前面的介绍，针对引题中的例子，聚餐费到底由谁来审批，申请人并不关心，只关心审批的结果，使用责任链模式给出解决方案如图 5-25 所示。

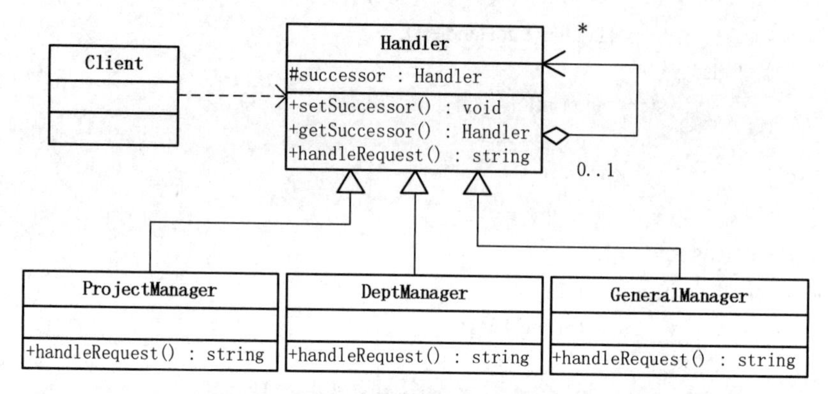


图 5-25 聚餐费审批流程解决方案

在类图中，定义了一个 Handler 抽象类，声明了一个受保护的类型 successor 对象，这个对象持有下一个处理请求的对象，并且还定义了三个具体的实现类，每个类实现具体的处理行为。

抽象处理者角色类 Handler：

```
public abstract class Handler {
    //持有下一个处理请求的对象
    protected Handler successor = null;
    public Handler getSuccessor() {
        return successor;
    }
    //设置下一个处理请求的对象
    public void setSuccessor(Handler successor) {
        this.successor = successor;
    }
    //处理聚餐费用的申请
    public abstract String handleRequest(double fee);
}
```

具体处理者角色 ProjectManager，只能审批 500 元以下的聚餐费：

```
public class ProjectManager extends Handler {
    @Override
    public String handleRequest(double fee) {
        String str = "";
```

```
            if(fee < 500){
                str = "成功：项目经理同意【" + user + "】的聚餐费用，金额为" + fee + "元";
            }else {
                if(getSuccessor() != null) {
                    return getSuccessor().handleRequest(fee);
                }
            }
        return str;
        }
    }
```

具体处理者角色 DeptManager，只能审批 1000 元以下的聚餐费：

```
    public class DeptManager extends Handler {
        @Override
        public String handleRequest(String user, double fee) {
            String str = "";
            //部门经理的权限只能在 1000 以内
            if(fee < 1000){
                str = "成功：部门经理同意【" + user + "】的聚餐费用，金额为" + fee + "元";
            }else{
                if(getSuccessor() != null) {
                    return getSuccessor().handleRequest(fee);
                }
            }
        return str;
        }
    }
```

具体处理者角色 GeneralManager，可审批高于 1000 元的聚餐费：

```
    public class GeneralManager extends Handler {
        @Override
        public String handleRequest(double fee) {
            String str = "";
            //总经理的权限很大，只要请求到了这里，他都可以处理
            if(fee >= 1000) {
                str = "成功：总经理同意【" + user + "】的聚餐费用，金额为" + fee + "元";
            }else {
                if(getSuccessor() != null) {
                    return getSuccessor().handleRequest(fee);
                }
            }
        return str;
        }
    }
```

客户端类 Client，用于测试审批的传递：

```
public class Client {
    public static void main(String[] args) {
        //先要组装责任链
        Handler h1 = new GeneralManager();
        Handler h2 = new DeptManager();
        Handler h3 = new ProjectManager();
    h3.setSuccessor(h2);
    h2.setSuccessor(h1);
    //开始测试
        String test1 = h3.handleRequest(300);
    System.out.println("test1 = " + test1);
        String test2 = h3.handleRequest(700);
    System.out.println("test2 = " + test2);
        String test3 = h3.handleRequest(1500);
    System.out.println("test3 = " + test3);
    }
}
```

### 5.7.5 应用扩展——责任链模式在 Java API 中的应用

Tomcat 中一个最容易发现的设计模式就是责任链模式，这个设计模式也是 Tomcat 中 Container 设计的基础，整个容器就是通过一个链连接在一起，这个链一直将请求正确的传递给最终处理请求的那个 Servlet。

## 5.8 解释器模式

### 5.8.1 引题

虽然目前计算机编程语言有好几百种，有时候还是希望能用简单的语言来实现特定的操作。例如提供一个简单的加法/减法解释器，只要输入一个加法/减法表达式，它就能够计算出表达式结果。但是像 C++、Java 和 C#等语言无法直接解释类似“1+ 2 + 3 – 4 + 1”这样的字符串，必须自己定义一套语言规则来实现对这些语句的解释。在实际开发中，如果基于的编程语言是面向对象语言，此时可以使用解释器模式来实现这些功能。

### 5.8.2 解释器模式定义

定义：给定一个语言，定义它的文法的一种表示，并定义一个解释器，这个解释器使用该表示来解释语言中的句子。

一个解释器模式中包含四种角色：抽象表达式、终结符表达式、非终结符表达式和环境角色。类图如图 5-26 所示。

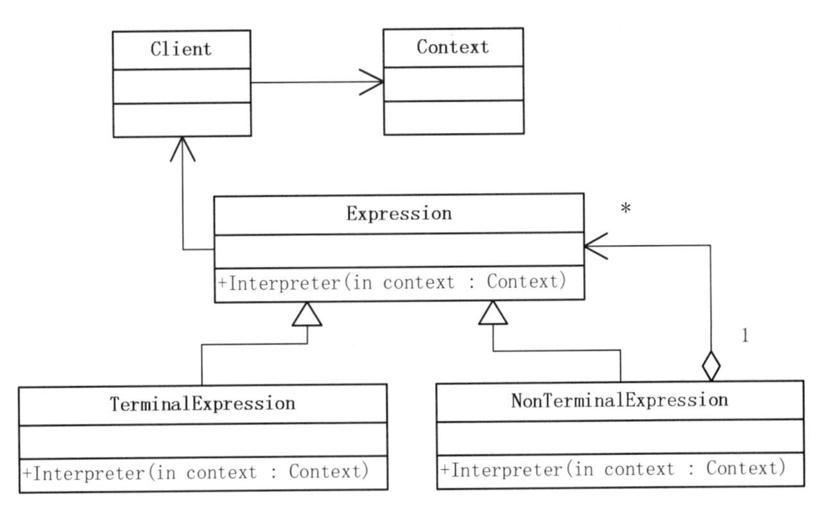


图 5-26 解释器类图

- 抽象表达式（Expression）。声明一个所有的具体表达式角色都需要实现的抽象接口。这个接口主要是一个 interpret()方法，称作解释操作。
- 终结符表达式（Terminal Expression）。实现了抽象表达式角色所要求的接口，主要是一个 interpret()方法；文法中的每一个终结符都有一个具体终结表达式与之相对应。比如有一个简单的公式 R=R1+R2，在里面 R1 和 R2 就是终结符，对应的解析 R1 和 R2 的解释器就是终结符表达式。
- 非终结符表达式（Nonterminal Expression）。文法中的每一条规则都需要一个具体的非终结符表达式，非终结符表达式一般是文法中的运算符或者其他关键字，比如公式 R=R1+R2 中，“+”就是非终结符，解析“+”的解释器就是一个非终结符表达式。
- 环境（Context）角色。这个角色的任务一般是用来存放文法中各个终结符所对应的具体值，比如 R=R1+R2，给 R1 赋值 100，给 R2 赋值 200。这些信息需要存放到环境角色中，很多情况下使用 Map 来充当环境角色。

该模式对应的源代码如下：

抽象表达式 Expression 类：

```
public abstract class Expression{
    //每个表达式必须有一个解析任务
    public abstract Object interpreter(Context context);
}
```

终结符表达式 TerminalExpression 类：

```
public class TerminalExpression extends Expression{
    //通常终结符表达式只有一个，但是有多个对象
    public Object interpreter(Context context){
        return null;
    }
}
```

非终结符表达式 NonterminalExpression 类：

```
public class NonterminalExpression extends Expression{
```

```
        //每个非终结符表达式都会对其他表达式产生依赖
        public NonterminalExpression(Expression... expression){
        }
        public Object interpreter(Context context){
            //进行文法处理
        return null;
        }
    }
```

场景类：

```
    public class Context {
        private final Map<String, Integer> valueMap = new HashMap<String, Integer>();
        public void addValue(final String key, final int value) {
            valueMap.put(key, Integer.valueOf(value));
        }
        public int getValue(final String key) {
            return valueMap.get(key).intValue();
        }
    }
```

### 5.8.3 解释器模式相关知识

（1）意图。将某一特定领域的复杂问题，表达为某种语法规则下的句子，然后构建一个解释器来解释这样的句子，来应对使用普通的编程方式实现面临非常频繁变化的问题。

（2）优缺点。

优点：解释器是一个简单的语法分析工具，它最显著的优点就是扩展性，修改语法规则只需要修改相应的非终结符即可，若扩展语法，只需要增加非终结符类即可。

缺点：解释器模式会引起类的膨胀，每个语法都需要产生一个非终结符表达式，语法规则比较复杂时，就可能产生大量的类文件，为维护带来非常多的麻烦。

（3）适用场景。一些重复发生的事情包含固定的一系列操作类型，比较适合用解释器模式来实现。比如加减乘除四则运算，但是公式每次都不同，比如可配置，有时是 a+b-c*d，有时是 a*b+c-d 等，公式千变万化，但是都是由加减乘除四个非终结符来连接的，这时就可以使用解释器模式。

### 5.8.4 应用举例

根据引题中的例子，设计出解析算术表达式计算的方案，为了快速说明问题，例子仅支持双操作数运算。为了说明解释器模式的实现办法，这里给出一个最简单的文法和对应的解释器模式的实现。在这个方案中，终结符表达式包括两个终结符表达式类 Variable 和 Constant，非终结符表达式类包含 Add、Sub、Mul 和 Div。这个简单的文法如下：

```
Expression::= Constant | Variable | Add | Sub| Mul |Div
Add ::= Expression 'Add' Expression
Sub::= Expression 'Sub' Expression
Mul ::= Expression 'Mul' Expression
```

Div ::= Expression 'Div' Expression
Variable::= 任何标识符
Constant::= an Integer

使用解释器模式给出解决方案如图 5-27 所示。

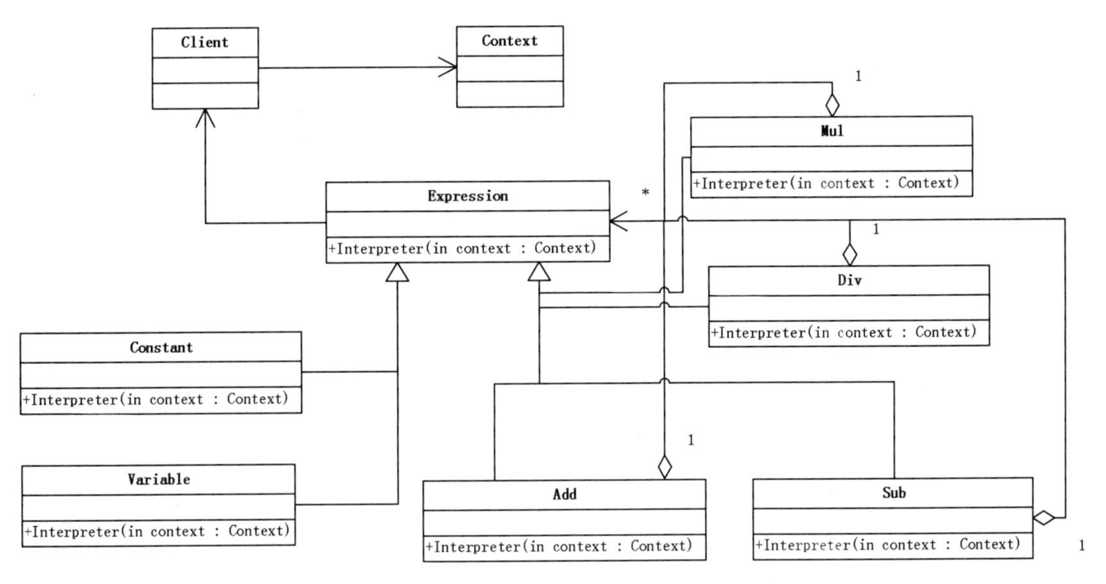


图 5-27　基于解释器模式的运算器解决方案

下面给出代码的详细实现。

抽象表达式 Expression：

```
interface Expression {
    int interpret(Context context);
}
```

终结符表达式 Constant 类：

```
class Constant implements Expression {
    private int i;
    public Constant(int i) {
        this.i = i;
    }
    @Override
    public int interpret(Context context) {
        return i;
    }
}
```

终结符表达式 Variable 类：

```
classVariable implements Expression {
    @Override
    public int interpret(Context context) {
        return context.LookupValue(this);
    }
}
```

非终结符表达式 Add 类：

```
class Add implements Expression {
    private Expression left, right;
    public Add(Expression left, Expression right) {
        this.left = left;
        this.right = right;
    }
    @Override
    public int interpret(Context context) {
        return left.interpret(context) + right.interpret(context);
    }
}
```

非终结符表达式 Sub 类：

```
class Sub implements Expression {
    private Expression left, right;
    public Sub(Expression left, Expression right) {
        this.left = left;
        this.right = right;
    }
    @Override
    public int interpret(Context context) {
        return left.interpret(context) - right.interpret(context);
    }
}
```

非终结符表达式 Mul 类：

```
class Mul implements Expression {
    private Expression left, right;
    public Mul(Expression left, Expression right) {
        this.left = left;
        this.right = right;
    }
    @Override
    public int interpret(Context context) {
        return left.interpret(context) * right.interpret(context);
    }
}
```

非终结符表达式 Div 类：

```
class Div implements Expression {
    private Expression left, right;
    public Div(Expression left, Expression right) {
        this.left = left;
        this.right = right;
    }
    @Override
```

```
    public int interpret(Context context) {
        return left.interpret(context) / right.interpret(context);
    }
}
```

环境角色 Context 类：

```
class Context {
    private Map valueMap = new HashMap<>();
    public void addValue(Variable x, int y) {
        valueMap.put(x, y);
    }
    public int LookupValue(Variable x) {
        return (int) valueMap.get(x);
    }
}
```

测试客户端类 Clinet：

```
public class Clinet {
    public static void main(String[] args) {
        // (a*b)/(a-b+15000)
        Context context = new Context();
        Variable a = new Variable();
        Variable b = new Variable();
        Constant c = new Constant(15000);
        context.addValue(a, 14);
        context.addValue(b, 10000);
        Expression expression = new Div(new Mul(a, b), new Add(new Sub(a, b), c));
        System.out.println("Result = " + expression.interpret(context));
    }
}
```

执行输出结果：Result = 27。

## 5.9　备忘录模式

### 5.9.1　引题

当使用文本编译器记录一些内容时，发现内容写错时，往往可以使用 Ctrl+Z 的方式退到上一个状态，其中运用到的知识就是备忘录模式。

### 5.9.2　备忘录模式定义

备忘录模式（Memento）：在不破坏封装性的前提下，捕获一个对象的内部状态，并在该对象之外保存这个状态，这样就可将该对象恢复到原先保存的状态。该模式的类图如图 5-28 所示。

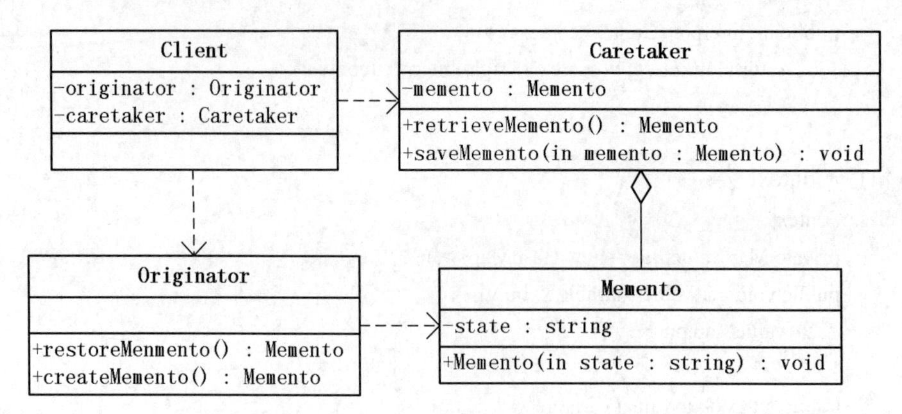


图 5-28 备忘录结构类图

- Originator（发起人）。负责创建一个备忘录 Memento，用以记录当前时刻对象的内部状态，并可使用备忘录恢复内部状态。Originator 可根据需要决定 Memento 存储 Originator 的哪些内部状态。
- Memento（备忘录）。负责存储 Originator 对象的内部状态，并可防止 Originator 以外的其他对象访问备忘录 Memento。备忘录有两个接口，Caretaker 只能看到备忘录的窄接口，它能将备忘录传递给其他对象。Originator 能够看到一个宽接口，允许它访问返回到先前状态所需的所有数据。
- Caretaker（管理者）。负责保存好备忘录 Memento，不能对备忘录的内容进行操作或检查。

备忘录模式的基本实现代码如下，包括 Client、Originator、Memento 和 Caretaker 类。

发起人 Originator 类：

```
public class Originator {
    private String state;
    public Memento createMemento(){
        return new Memento(state);
    }
    public void restoreMemento(Memento memento){
        this.state = memento.getState();
    }
    public String getState() {
        return state;
    }
    public void setState(String state) {
        this.state = state;
    }
}
```

备忘录 Memento 类：

```
public class Memento {
    private String state;
    public Memento(String state){
        this.state = state;
```

```
        }
        public String getState() {
            return state;
        }
        public void setState(String state) {
            this.state = state;
        }
    }
```

管理者 Caretaker 类：

```
    public class Caretaker {
        private Memento memento;
        public Memento retrieveMemento(){
            return memento;
        }
        public void saveMemento(Memento memento){
            this.memento = memento;
        }
    }
```

测试 Client 类：

```
    public class Client {
        private static Originator o = new Originator();
        private static Caretaker c = new Caretaker();
        public static void main(String[] args) {
            //改变发起人的状态
            o.setState("on");
            //创建备忘录对象，并保持于管理保持
            c.saveMemento(o.createMemento());
            //改变发起人的状态
            o.setState("off");
            //还原状态
            o.restoreMemento(c.retrieveMemento());
        }
    }
```

### 5.9.3　备忘录模式相关知识

（1）意图。在不破坏封装性的前提下，捕获一个对象的内部状态，并在该对象之外保存这个状态。

（2）优缺点。

优点：使用备忘录模式可以避免暴露一些只应由源发器管理却又必须存储在源发器之外的信息，而且能够在对象需要时恢复到先前的状态。

缺点：使用备忘录可能代价很高。如果源发器在生成备忘录时必须复制并存储大量的信息，或者客户非常频繁地创建备忘录和恢复源发器状态，可能会导致非常大的开销。

（3）适用场景。Memento 模式适用于功能比较复杂，需要维护或记录属性历史的类，或者需要保存的属性只是众多属性中的一小部分时，Originator 可以根据保存的 Memento 信息还原到前一状态。

### 5.9.4 应用举例

电脑经常会由于病毒或者误操作的原因导致不能正常运行，此时如果以前系统在正常的时候做过备注，那么把正常的系统还原即可，不必重装系统。下面通过备忘录模式实现系统的备份与还原，此例子过于简单并不能真正实现系统的备份，仅供演示用。

该示例的类图如图 5-29 所示。

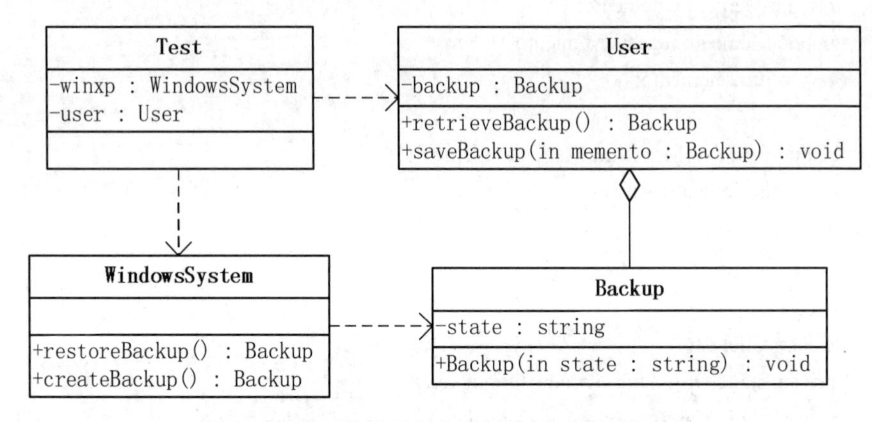


图 5-29 基于备忘录的电脑备份与还原解决方案

详细实现代码如下：

发起人类 WindowsSystem：

```
classWindowsSystem {
    private String state;
    // 系统备份
    public Backup createBackup() {
        return new Backup(state);
    }
    // 恢复系统
    public void restoreBackup(Backup m) {
        this.state = m.getState();
    }
    public String getState() {
        return state;
    }
    public void setState(String state) {
        this.state = state;
        System.out.println("当前系统处于" + this.state);
    }
}
```

备忘录类 Backup：

```
class Backup {
    private String state;
    public Backup(String state) {
        this.state = state;
    }
    public String getState() {
        return state;
    }
    public void setState(String state) {
        this.state = state;
    }
}
```

管理者类 User：

```
class User {
    private Backup backup;
    public Backup retrieveBackup() {
        return this.backup;
    }
    public void saveBackup(Backup backup) {
        this.backup = backup;
    }
}
```

测试类 Test：

```
public class Test {
    public static void main(String[] args) {
        // 实例化 Winxp 系统
        WindowsSystem winxp = new WindowsSystem();
        // 创建某一用户
        User user = new User();
        // Winxp 处于好的运行状态
        winxp.setState("好的状态");
        // 用户对系统进行备份，Winxp 系统要产生备份文件
        user.saveBackup(winxp.createBackup());
        // Winxp 处于不好的运行状态
        winxp.setState("坏的状态");
        // 用户发恢复命令，系统进行恢复
        winxp.restoreBackup(user.retrieveBackup());
        System.out.println("当前系统处于" + winxp.getState());
    }
}
```

### 5.9.5 应用扩展

在 Web 网站中新增账户时，表单中需要填写用户名、密码、联系电话、地址等信息，如果有些字段没有填写或填写错误，当用户单击“提交”按钮时，需要在新增页面上保存用户输入的选项，并提示出错的选项。这就是利用 JavaBean 的 scope="request"或 scope="session"特性实现，即是用备忘录模式实现的。

## 5.10 中介者模式

### 5.10.1 引题

电脑各个配件之间的交互是通过主板完成的。如果电脑没有了主板，那么各个配件之间就必须自行相互交互，以互相传送数据。而且由于各个配件的接口不同，相互之间交互时，还必须把数据接口进行转换才能匹配上，如图 5-30 所示。

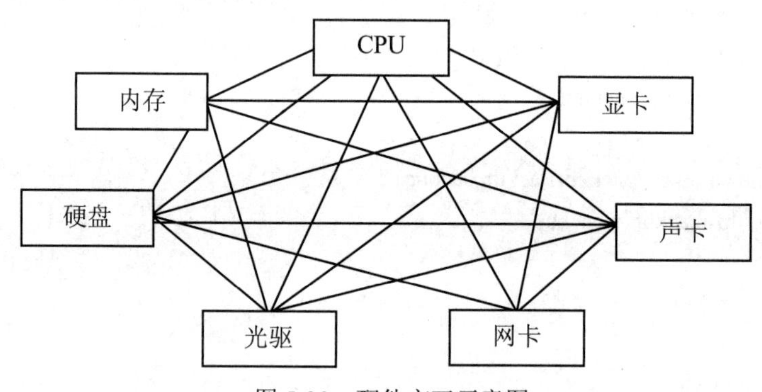


图 5-30 配件交互示意图

所幸是有主板，各个配件的交互完全通过主板来完成，而主板知道如何跟所有的配件打交道，如图 5-31 所示。

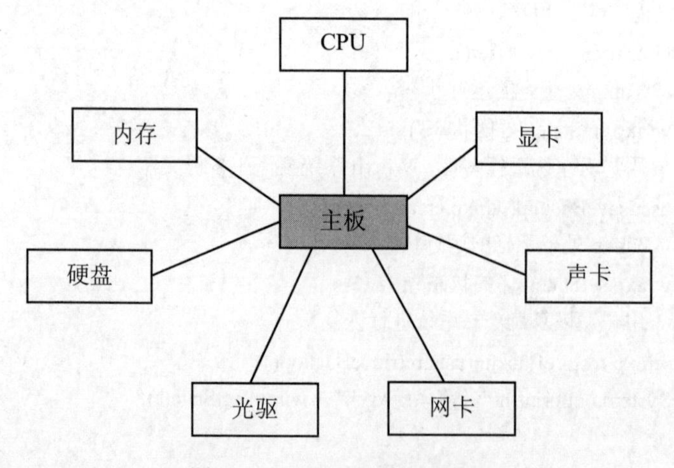


图 5-31 基于主板的交互方式

### 5.10.2　中介者模式定义

中介者模式用一个中介对象来封装一系列的对象交互。中介者使得各对象不需要显式地相互引用，从而使其耦合松散，而且可以独立地改变它们之间的交互。

中介者模式的类图如图 5-32 所示。

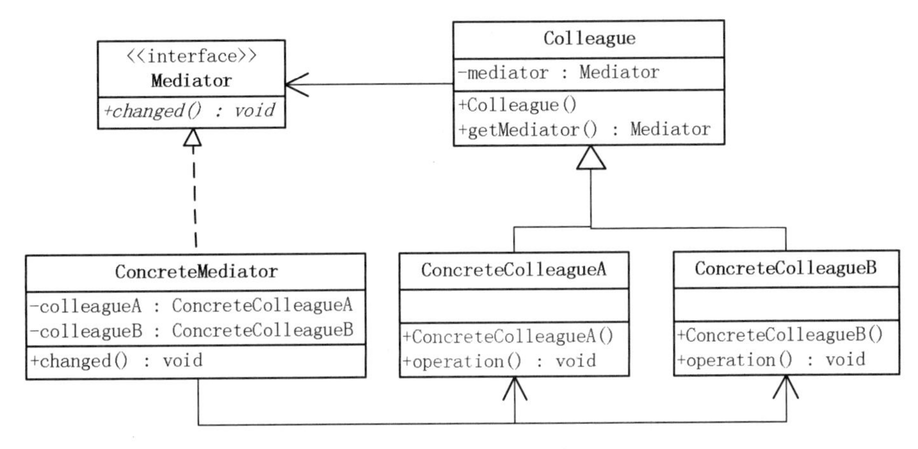


图 5-32　中介者结构类图

中介者模式包括以下角色：

- 抽象中介者（Mediator）角色。定义出同事对象到中介者对象的接口，其中主要方法是一个（或多个）事件方法。
- 具体中介者（ConcreteMediator）角色。实现了抽象中介者所声明的事件方法。具体中介者知晓所有的具体同事类，并负责协调各同事对象的交互关系。
- 抽象同事类（Colleague）角色。定义出中介者到同事对象的接口。同事对象只知道中介者而不知道其余的同事对象。
- 具体同事类（ConcreteColleague）角色。所有的具体同事类均从抽象同事类继承而来。实现自己的业务，在需要与其他同事通信的时候，就与持有的中介者通信，中介者会负责与其他的同事交互。

抽象中介者类 Mediator：

```
public interface Mediator {
    /**
     * 同事对象在自身改变的时候来通知中介者方法
     * 让中介者去负责相应的与其他同事对象的交互
     */
    public void changed(Colleague c);
}
```

具体中介者类 ConcreteMediator：

```
public class ConcreteMediator implements Mediator {
    //持有并维护同事 A
    private ConcreteColleagueA colleagueA;
    //持有并维护同事 B
```

```
        private ConcreteColleagueB colleagueB;
        public void setColleagueA(ConcreteColleagueA colleagueA) {
            this.colleagueA = colleagueA;
        }
        public void setColleagueB(ConcreteColleagueB colleagueB) {
            this.colleagueB = colleagueB;
        }
        @Override
        public void changed(Colleague c) {
            /**
             * 某一个同事类发生了变化，通常需要与其他同事交互
             * 具体协调相应的同事对象来实现协作行为
             */
        }
    }
```

抽象同事类 Colleague：

```
public abstract class Colleague {
    //持有一个中介者对象
    private Mediator mediator;
    /**
     * 构造函数
     */
    public Colleague(Mediator mediator){
        this.mediator = mediator;
    }
    /**
     * 获取当前同事类对应的中介者对象
     */
    public Mediator getMediator() {
        return mediator;
    }
}
```

具体同事类 ConcreteColleagueA：

```
public class ConcreteColleagueA extends Colleague {
    public ConcreteColleagueA(Mediator mediator) {
        super(mediator);
    }
    /**
     * 示意方法，执行某些操作
     */
    public void operation(){
        //在需要跟其他同事通信的时候，通知中介者对象
        getMediator().changed(this);
    }
}
```

具体同事类 ConcreteColleagueA：

```
public class ConcreteColleagueB extends Colleague {
    public ConcreteColleagueB(Mediator mediator) {
        super(mediator);
    }
    /**
     * 示意方法，执行某些操作
     */
    public void operation(){
        //在需要跟其他同事通信的时候，通知中介者对象
        getMediator().changed(this);
    }
}
```

### 5.10.3　中介者模式相关知识

（1）意图。使用一个中介的对象封装一组对象之间的交互，对象就可以不用彼此耦合。

（2）优缺点。

优点：Mediator 的出现减少了各个 Colleague 的耦合，使得可以独立地改变、复用各个 Colleague 类、Mediator 类。把对象间如何协作进行了抽象，将终结作为一个独立的概念并将其封装在一个对象中，这样关注的对象就从对象各自本身的行为转义到它们之间的交互上来，即站在一个更宏观的角度去看待系统。

缺点：具体中介者类 ConcreteMediator 可能会因为 ConcreteColleague 越来越多，而变得非常复杂，反而不容易维护。ConcreteMediator 控制的集中化，交互复杂性变为了中介者的复杂性，使得中介者会变得比任何一个 ConcreteColleague 都复杂。

（3）适用场景。

- 一组对象（以定义良好但是复杂的方式）进行通信的场合。
- 想定制一个分布在多个类中的行为，而不想生成太多的子类的场合。

### 5.10.4　应用举例

回到引题中的例子，在日常生活中，经常使用电脑看电影，把这个过程描述出来，简化后假定会有如下的交互过程：

- 首先是光驱要读取光盘上的数据，然后告诉主板，它的状态改变了。
- 主板去得到光驱的数据，把这些数据交给 CPU 进行分析处理。
- CPU 处理完后，把数据分成了视频数据和音频数据，通知主板已处理完。
- 主板得到 CPU 处理过后的数据，分别把数据交给显卡和声卡，显示出视频和发出声音。

要使用中介者模式来实现示例，那就要区分出同事对象和中介者对象。很明显，主板是中介者，而光驱、声卡、CPU、显卡等配件，都是作为同事对象。设计类图如图 5-33 所示。

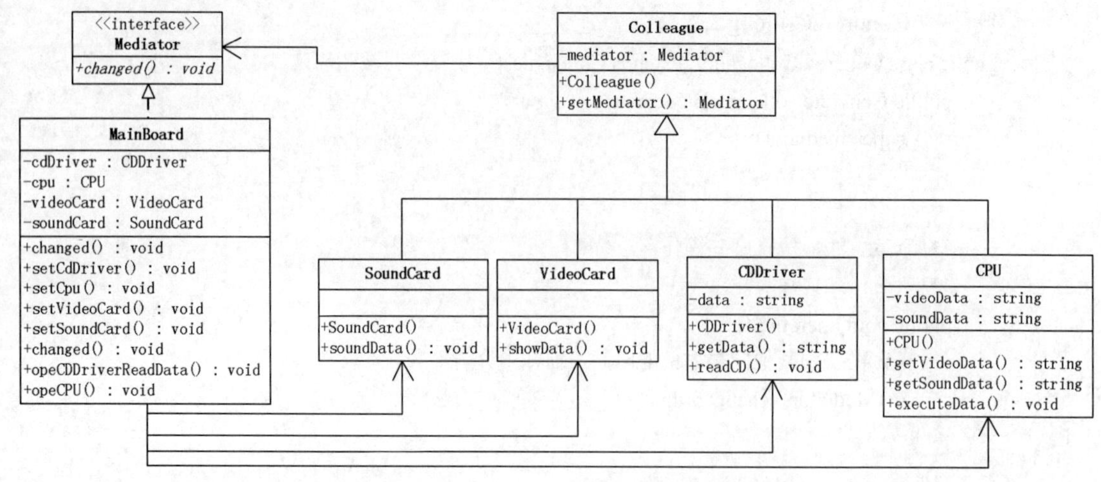


图 5-33 基于中介者模式的电脑看电影设计方案

有关的实现源代码如下：

抽象中介者类 Mediator：

```
interfaceMediator {
    // 同事对象在自身改变的时候来通知中介者方法让中介者去负责相应的与其他同事对象的交互
    public void changed(Colleague c);
}
```

抽象同事类 Colleague：

```
abstract class Colleague {
    // 持有一个中介者对象
    private Mediator mediator;
    // 构造函数
    public Colleague(Mediator mediator) {
        this.mediator = mediator;
    }
    // 获取当前同事类对应的中介者对象
    public Mediator getMediator() {
        return mediator;
    }
}
```

具体同事类 CDDriver：

```
classCDDriver extends Colleague {
    // 光驱读取出来的数据
    private String data = "";
    // 构造函数
    public CDDriver(Mediator mediator) {
        super(mediator);
    }
    // 获取光盘读取出来的数据
    public String getData() {
```

```
            return data;
        }
        // 读取光盘
        public void readCD(String data) {
            // 逗号前是视频显示的数据，逗号后是声音
            this.data = data;
            // 通知主板，自己的状态发生了改变
            getMediator().changed(this);
        }
    }
```

具体同事类 CPU：

```
    classCPU extends Colleague {
        // 分解出来的视频数据
        private String videoData = "";
        // 分解出来的声音数据
        private String soundData = "";
        // 构造函数
        public CPU(Mediator mediator) {
            super(mediator);
        }
        // 获取分解出来的视频数据
        public String getVideoData() {
            return videoData;
        }
        // 获取分解出来的声音数据
        public String getSoundData() {
            return soundData;
        }
        // 处理数据，把数据分成音频和视频的数据
        public void executeData(String data) {
            // 把数据分解开，前面是视频数据，后面是音频数据
            String[] array = data.split(",");
            this.videoData = array[0];
            this.soundData = array[1];
            // 通知主板，CPU 完成工作
            getMediator().changed(this);
        }
    }
```

具体同事类 VideoCard：

```
    classVideoCard extends Colleague {
        // 构造函数
        public VideoCard(Mediator mediator) {
            super(mediator);
        }
```

```
        // 显示视频数据
        public void showData(String data) {
            System.out.println("您正在观看的是：" + data);
        }
    }
```

具体同事类 SoundCard：

```
    classSoundCard extends Colleague {
        // 构造函数
        public SoundCard(Mediator mediator) {
            super(mediator);
        }
        // 按照声频数据发出声音
        public void soundData(String data) {
            System.out.println("画外音：" + data);
        }
    }
```

具体中介者 MainBoard：

```
    class MainBoard implements Mediator {
        // 需要知道要交互的同事类——光驱类
        private CDDriver cdDriver = null;
        // 需要知道要交互的同事类——CPU 类
        private CPU cpu = null;
        // 需要知道要交互的同事类——显卡类
        private VideoCard videoCard = null;
        // 需要知道要交互的同事类——声卡类
        private SoundCard soundCard = null;
        public void setCdDriver(CDDriver cdDriver) {
            this.cdDriver = cdDriver;
        }
        public void setCpu(CPU cpu) {
            this.cpu = cpu;
        }
        public void setVideoCard(VideoCard videoCard) {
            this.videoCard = videoCard;
        }
        public void setSoundCard(SoundCard soundCard) {
            this.soundCard = soundCard;
        }
        @Override
        public void changed(Colleague c) {
            if (c instanceof CDDriver) {
                this.opeCDDriverReadData((CDDriver) c);   // 表示光驱读取数据了
            } else if (c instanceof CPU) {
                this.opeCPU((CPU) c);
            }
        }
```

```
        // 处理光驱读取数据以后与其他对象的交互
        private void opeCDDriverReadData(CDDriver cd) {
            // 先获取光驱读取的数据
            String data = cd.getData();
            // 把这些数据传递给 CPU 进行处理
            cpu.executeData(data);
        }
        // 处理 CPU 处理完数据后与其他对象的交互
        private void opeCPU(CPU cpu) {
            // 先获取 CPU 处理后的数据
            String videoData = cpu.getVideoData();
            String soundData = cpu.getSoundData();
            // 把这些数据传递给显卡和声卡展示出来
            videoCard.showData(videoData);
            soundCard.soundData(soundData);
        }
    }
```

测试类 Client：

```
    public class Client {
        public static void main(String[] args) {
            // 创建中介者——主板
            MainBoard mediator = new MainBoard();
            // 创建同事类
            CDDriver cd = new CDDriver(mediator);
            CPU cpu = new CPU(mediator);
            VideoCard vc = new VideoCard(mediator);
            SoundCard sc = new SoundCard(mediator);
            // 让中介者知道所有同事
            mediator.setCdDriver(cd);
            mediator.setCpu(cpu);
            mediator.setVideoCard(vc);
            mediator.setSoundCard(sc);
            // 开始看电影，把光盘放入光驱，光驱开始读盘
            cd.readCD("One Piece,海贼王我当定了");
        }
    }
```

## 5.11　本章小结

本章介绍了十种行为型模式，包括观察者模式、迭代器模式、策略模式、模板方法模式、命令模式、状态模式、责任链模式、解释器模式、备忘录模式及中介者模式，对这十种模式的理论知识，包括模式定义、类结构及适用场景等分别作了介绍，并配有实践部分，包括应用举例，同时对模式的应用进行了扩展。

行为型设计模式关心对象之间的责任分配，与结构型设计模式不同的是行为型设计模式不仅仅指定结构，而且还概述了它们之间的消息传递的模式。通过行为型模式，可以更加清晰

地划分类与对象的职责，并研究系统在运行时实例对象之间的交互。在系统运行时，对象并不是孤立的，它们可以通过相互通信与协作完成某些复杂功能，一个对象在运行时也将影响到其他对象的运行。通过本章学习，可以了解到每个模式的应用场景，每个模式能够解决的问题，并能够使用相应的模式进行设计及编码。

## 5.12 习题

### 一、选择题

1．某系统中的某子模块需要为其他模块提供访问不同数据库系统（Oracle、SQL Server、DB2、UDB 等）的功能，这些数据库系统提供的访问接口有一定的差异，但访问过程却都是相同的，例如，先连接数据库，再打开数据库，最后对数据进行查询，可使用（　　）设计模式抽象出相同的数据库访问过程。

A．观察者　　B．访问者　　C．模板方法　　D．策略

2．以下关于命令模式的叙述错误的是（　　）。

A．命令模式将一个请求封装为一个对象，从而使我们可用不同的请求对客户进行参数化

B．命令模式可以将请求发送者和请求接收者解耦

C．使用命令模式会导致某些系统有过多的具体命令类，导致在有些系统中命令模式变得不切实际

D．命令模式是对命令的封装，命令模式把发出命令的责任和执行命令的责任集中在同一个类中，委派给统一的类来进行处理

3．在（　　）时无须使用命令模式。

A．实现撤销（Undo）操作和恢复（Redo）操作

B．将请求的发送者和接收者解耦

C．不改变聚合类的前提下定义作用于聚合中元素的新操作

D．不同的时间指定请求，并将请求排队

4．场景（　　）不是状态模式的实例。

A．银行账户根据余额不同拥有不同的存取款操作

B．游戏软件中根据虚拟角色级别的不同拥有不同的权限

C．某软件在不同的操作系统中呈现不同的外观

D．会员系统中会员等级不同可以实现不同的行为

5．以下关于状态模式叙述错误的是（　　）。

A．状态模式允许一个对象在其内部状态改变时改变它的行为，对象看起来似乎修改了它的类

B．状态模式中引入了一个抽象类来专门表示对象的状态，而具体的状态都继承了该类，并实现了不同状态的行为，包括各种状态之间的转换

C．状态模式使得状态的变化更加清晰明了，也很容易创建对象的新状态

D．状态模式完全符合开-闭原则，增加新的状态类无须对原有类库进行任何修改

6．在很多流行的交互式绘图程序中，当用户选择不同的绘图工具时图形编辑器的行为将随当前工具的变化而改变。如当一个“绘制椭圆”工具被激活时，可以创建椭圆对象；当一个“选择”工具被激活时，可以选择图形对象；当一个“填充”工具被激活时，可以给图形填充颜色等。在该程序中，可以使用（　　）设计模式来根据当前的工具来改变编辑器的行为。

A．工厂方法（Factory Method）　B．状态（State）
C．备忘录（Memento）　D．访问者（Visitor）

7．接力赛跑体现了（　　）设计模式。

A．责任链（Chain of Responsibility）　B．命令（Command）
C．备忘录（Memento）　D．工厂方法（Factory Method）

8．关于解释器模式，以下叙述错误的是（　　）。

A．当一个待解释的语言中的句子可以表示为一颗抽象语法树时，可以使用解释器模式
B．在解释器模式中使用类来表示文法规则，可以方便地改变或者扩展文法
C．解释器模式既适用于文法简单的小语言，也适用于文法非常复杂的语言解析
D．需要自定义一个小语言，如一些简单的控制指令时，可以考虑使用解释器模式

9．很多软件都提供了撤销（Undo）功能，（　　）设计模式可以用于实现该功能。

A．中介者　B．备忘录　C．迭代器　D．观察者

10．以下关于备忘录模式叙述错误的是（　　）。

A．备忘录模式的作用是在不破坏封装的前提下，捕获一个对象的内部状态，并在该对象之外保存这个状态，这样可以在以后将对象恢复到原先保存的状态
B．备忘录模式提供了一种状态恢复的实现机制，使得用户可以方便地回到一个特定的历史步骤
C．备忘录模式的缺点在于资源消耗太大，如果类的成员变量太多，就不可避免占用大量的内存，而且每保存一次对象的状态都需要消耗内存资源
D．备忘录模式属于对象行为型模式，负责人向原发器请求一个备忘录，保留一段

11．在图形界面系统开发中，如果界面组件之间存在较为复杂的相互调用关系，为了降低界面组件之间的耦合度，让它们不产生直接的相互引用，可以使用（　　）设计模式。

A．组合（Composite）　B．适配器（Adapter）
C．中介者（Mediator）　D．状态（State）

12．中介者模式中通过中介者来将同事类解耦，这是（　　）的具体应用。

A．迪米特法则　B．接口隔离原则
C．里氏代换原则　D．合成复用原则

13．以下关于中介者模式的叙述错误的是（　　）。

A．中介者模式用一个中介对象来封装一系列的对象交互
B．中介者模式与观察者模式均可以用于降低系统的耦合度，中介者模式用于处理对象之间一对多的调用关系，而观察者模式用于处理多对多的调用关系
C．中介者模式简化了对象之间的交互，将原本难以理解的网状结构转换成相对简单的星型结构
D．中介者将原本分布于多个对象间的行为集中在一起，改变这些行为只需生成新的中介者子类即可，这使得各个同事类可被重用

14．策略模式应遵循的原则中不正确的是（　　）。

A．对象都具有职责

B．职责不同的具体实现是通过多态的使用完成的

C．概念上相同的算法具有多个不同的实现，需要进行管理

D．优先使用组合而不是继承

15．下面哪些是策略模式的优缺点？（　　）

A．相关算法系列　　B．一个替代继承的方法

C．消除了一些条件语句　　D．改变对象外壳与改变对象内核

16．以下关于策略模式叙述错误的是（　　）。

A．策略模式是对算法的包装，是把算法的责任和算法本身分隔开，委派给不同的对象管理

B．在 Context 类中，维护了对各个 ConcreteStrategy 的引用实例，提供了一个接口供 ConcreteStrategy 存储数据

C．策略模式让算法独立于使用它的客户而变化

D．策略模式中，定义一系列算法，并将每一个算法封装起来，并让它们可以相互替换

17．关于模式适用性，在（　　）情况不适合使用策略模式。

A．当一个对象必须通知其他对象，而它又不能假定其他对象是谁，换言之，不希望这些对象是紧密耦合的

B．许多相关的类仅仅是行为有异，“策略”提供了一种用多个行为中的一个行为来配置一个类的方法

C．需要使用一个算法的不同变体，例如，可能会定义一些反映不同的空间/时间权衡的算法，当这些变体实现为一个算法的类层次时，可以使用策略模式

D．算法使用客户不应该知道的数据，可使用策略模式以避免暴露复杂的、与算法相关的数据结构

18．某系统中用户可自行动态选择某种排序算法之一（如选择排序、冒泡排序、插入排序）来实现某功能，该系统的设计可以使用（　　）设计模式。

A．状态　　B．策略　　C．模板方法　　D．工厂方法

19．以下关于迭代器模式的叙述错误的是（　　）。

A．迭代器模式提供一种方法来访问聚合对象，而无须暴露这个对象的内部表示

B．迭代器模式支持以不同的方式遍历一个聚合对象

C．迭代器模式定义了一个访问聚合元素的接口，并且可以跟踪当前遍历的元素，了解哪些元素已经遍历过而哪些没有

D．在抽象聚合类中定义了访问和遍历元素的方法并在具体聚合类中实现这些方法

20．迭代器模式用于处理具有（　　）性质的类。

A．抽象　　B．聚集　　C．单例　　D．共享

21．以下意图哪个是用来描述迭代器模式？（　　）

A．使多个对象都有机会处理请求，从而避免请求的发送者和接收者之间的耦合关系

B．用原型实例指定创建对象的种类，并且通过复制这些原型创建新的对象

C．提供一种方法顺序访问一个聚合对象中各个元素，而又不需暴露该对象的内部表示

D．运用共享技术有效地支持大量细粒度的对象

22．以下意图哪个是用来描述观察者模式？（　　）

A．将抽象部分与它的实现部分分离，使它们都可以独立地变化

B．定义对象间的一种一对多的依赖关系，当一个对象的状态发生改变时，所有依赖于它的对象都得到通知并被自动更新

C．用原型实例指定创建对象的种类，并且通过复制这些原型创建新的对象

D．使多个对象都有机会处理请求，从而避免请求的发送者和接收者之间的耦合关系

23．关于模式适用性，在以下（　　）情况不适合使用观察者模式。

A．当一个抽象模型有两个方面，其中一个方面依赖于另一方面，将这二者封装在独立的对象中以使它们可以各自独立地改变和复用

B．当对一个对象的改变需要同时改变其他对象，而不知道具体有多少对象有待改变

C．当一个对象必须通知其他对象，而它又不能假定其他对象是谁。换言之，不希望这些对象是紧密耦合的

D．在不影响其他对象的情况下，以动态、透明的方式给单个对象添加职责

24．在观察者模式中，表述错误的是（　　）。

A．观察者角色的更新是被动的

B．被观察者可以通知观察者进行更新

C．观察者可以改变被观察者的状态，再由被观察者通知所有观察者依据被观察者的状态进行

D．以上表述全部错误

25．观察者模式不适用于（　　）。

A．当一个抽象模型存在两个方面，其中一个方面依赖于另一方面，将这二者封装在独立的对象中以使它们可以各自独立的改变和复用

B．当对一个对象的改变需要同时改变其他对象，而不知道具体有多少个对象有待改变时

C．当一个对象必须通知其他对象，而它又不能假定其他对象是谁，也就是说系统不希望这些对象是紧耦合的

D．一个对象结构包含很多类对象，它们有不同的接口，而想对这些对象实施一些依赖于其具体类的操作

26．观察者模式定义了一种（　　）的依赖关系。

A．一对多　　　　B．一对一

C．多对多　　　　D．以上都有可能

27．对观察者模式，以下叙述不正确的是（　　）。

A．必须找出所有希望获得通知的对象

B．所有的观察者对象有相同的接口

C．如果观察者的类型相同，目标就可以轻易地通知它们

D．在大多数情况下，观察者负责了解自己观察的是什么，目标需要知道有哪些观察者依赖自己

28．对于观察者模式，以下叙述正确的是（　　）。

A．当对象之间存在依赖关系，就适宜采用观察者模式

B．如果对象之间的以来关系是固定的，采用观察者模式会带来负面影响

C．如果需要得到某事件通知的对象列表是变化的，不适宜采用观察者模式

D．以上叙述皆不正确

29．观察者模式允许独立的改变目标和观察者。可以单独复用目标对象而无需同时复用其观察者，反之亦然。它也使系统可以在不改动目标和其他的观察者的前提下增加观察者。下面哪些是观察者模式的优缺点？（　　）（多选）

A．它使得状态转换显式化　　　　B．支持广播通信

C．意外的更新　　　　　　　　　D．目标和观察者间的抽象耦合

**二、设计题**

1．某银行软件的利息计算流程如下：系统根据账户查询用户信息；根据用户信息判断用户类型；不同类型的用户使用不同的利息计算方式计算利息（如活期账户 CurrentAccount 和定期账户 SavingAccount 具有不同的利息计算方式）；显示利息。现使用模板方法模式来设计该系统。

2．已知某企业欲开发一家用电器遥控系统，即用户使用一个遥控器即可控制某些家用电器的开与关。该遥控器共有 4 个按钮，编号分别是 0 至 3，按钮 0 和 2 能够遥控打开电器 1 和电器 2，按钮 1 和 3 则能遥控关闭电器 1 和电器 2。由于遥控系统需要支持形式多样的电器，因此，该系统的设计要求具有较高的扩展性。现假设需要控制客厅电视和卧室电灯，请使用命令模式对该遥控系统进行设计。

3．传输门是传输系统中的重要装置。传输门具有 Open（打开）、Closed（关闭）、Opening（正在打开）、StayOpen（保持打开）、Closing（正在关闭）五种状态。触发状态的转换事件有 click、complete 和 timeout 三种。事件与其相应的状态转换如图 5-34 所示。

请使用状态模式实现该传输系统。

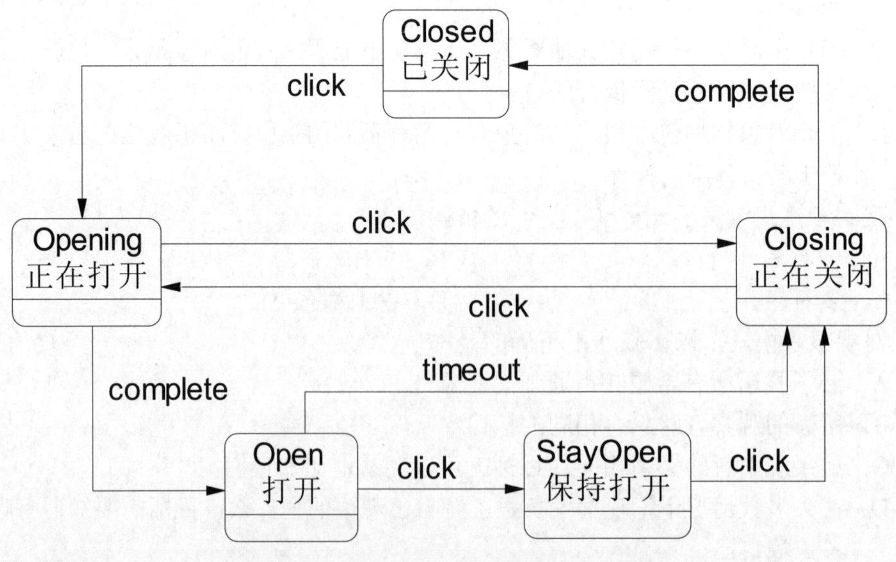


图 5-34　传输门响应事件与其状态转换图

4．已知某企业的采购审批是分级进行的，即根据采购金额的不同由不同层次的主管人员来审批，主任可以审批 5 万元以下（不包括 5 万元）的采购单，副董事长可以审批 5 万元至 10 万元（不包括 10 万元）的采购单，董事长可以审批 10 万元至 50 万元（不包括 50 万元）的采购单，50 万元及以上的采购单就需要开会讨论决定。采用责任链设计模式对上述过程进行设计。

5．使用解释器模式设计一个简单的加法/减法解释器，可以对加法/减法表达式进行解释，如用户输入表达式“2 + 3 - 4 + 1”，输出结果为 2。

6．某数据处理软件需要提供一个数据恢复功能，用户在操作过程中如果发生异常操作，可以将数据恢复到初始状态。采用备忘录模式设计该系统，要求初始数据能够独立保存且不能被当前数据对象以外的其他对象读取。

7．某公司欲开发一套窗体图形界面类库。该类库需要包含若干预定义的窗格（Pane）对象，例如 TextPane、ListPane、GraphicPane 等，窗格之间不允许直接引用。基于该类库的应用由一个包含一组窗格的窗口（Window）组成，并需要协调窗格之间的行为。基于该类库，在相互之间不直接引用的前提下需要实现窗格之间的协作，现采用中介者模式设计该系统。

8．策略模式的意图是什么？它有哪些效果？

9．策略模式是建立在哪些原则的基础上？

10．假设现在要设计一个贩卖各类书籍的电子商务网站的购物车系统。一个最简单的情况就是把所有货品的单价乘上数量，但是实际情况肯定比这要复杂。比如，本网站可能对所有的高级会员提供每本 20%的促销折扣；对中级会员提供每本 10%的促销折扣；对初级会员没有折扣。

根据描述，折扣是根据以下的几个算法中的一个进行的：

算法一：对初级会员没有折扣。

算法二：对中级会员提供 10%的促销折扣。

算法三：对高级会员提供 20%的促销折扣。

11．自行设计三种集合类型，分别为链表、顺序表、堆栈（请参考数据结构概念），并使用迭代器模式实现集合迭代器类，完成对三种数据类型链表、顺序表、堆栈的遍历操作。

12．为实现应用的界面与应用数据的分离，一个表格对象和一个柱状图对象可使用不同的表示形式描述同一个应用数据对象的信息。请根据叙述，选择设计模式，并给出设计模式的类图。

# 第三部分　综合案例

# 第 6 章　案例——学生信息管理系统

## 6.1　学生信息管理系统——抽象工厂模式与单例模式结合

### 6.1.1　系统需求

用户需要一套学生信息管理系统，要求可对专业进行增、删、改、查，可对学生信息进行增、删、改、查。要求程序界面采用传统 MDI 多文档窗体结构，支持两种数据存储方案：MySQL 数据库存储和文件存储。

### 6.1.2　模式应用分析

基于上述需求，有以下两处需要应用模式：

（1）MDI 多文档窗体，如不做特殊处理，用户每点击一次菜单项，都会实例化一个子窗体，即当用户频繁点击同一菜单项时，就会重复打开同一模块，如图 6-1 所示。

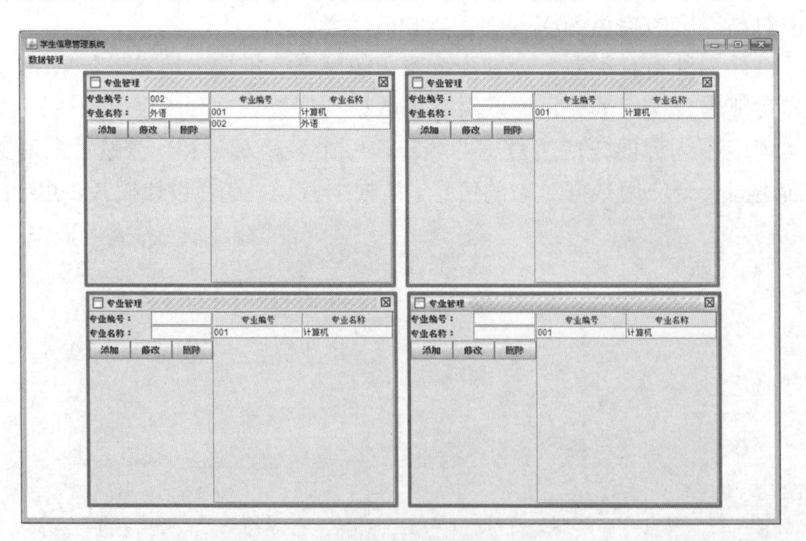


图 6-1　重复打开同一模块效果图

图 6-1 就是多次单击“数据管理”菜单中的“专业管理”菜单项导致打开了多个“专业管理”窗体，从图 6-1 可以看出，这几个“专业管理”窗体中的列表出现了数据不一致现象。原

因在于用户打开多个“专业管理”窗体后，在其中一个窗体（左上角的专业管理窗体）中添加了数据，刷新了该窗体的列表，但是其他三个窗体却维持了原状。这种数据不一致现象是不允许出现的。我们可以对这些子窗体使用单例模式，令用户无论点击多少次菜单项，都只能打开唯一的子窗体，不允许程序同时产生多个子窗体实例，这样就可以有效避免上述现象。

（2）用户支持两种数据存储方案，这就要求程序可以进行产品族的替换。本程序专业和学生数据访问类就是产品族中的两个产品，切换数据存储方案，就是在整体切换专业数据访问类和学生数据访问类这一产品族。因此，此处可以引进抽象工厂模式。

### 6.1.3　类设计

根据上述系统需求与模式分析结果，设计学生信息管理系统整体类图设计如图 6-2 所示。

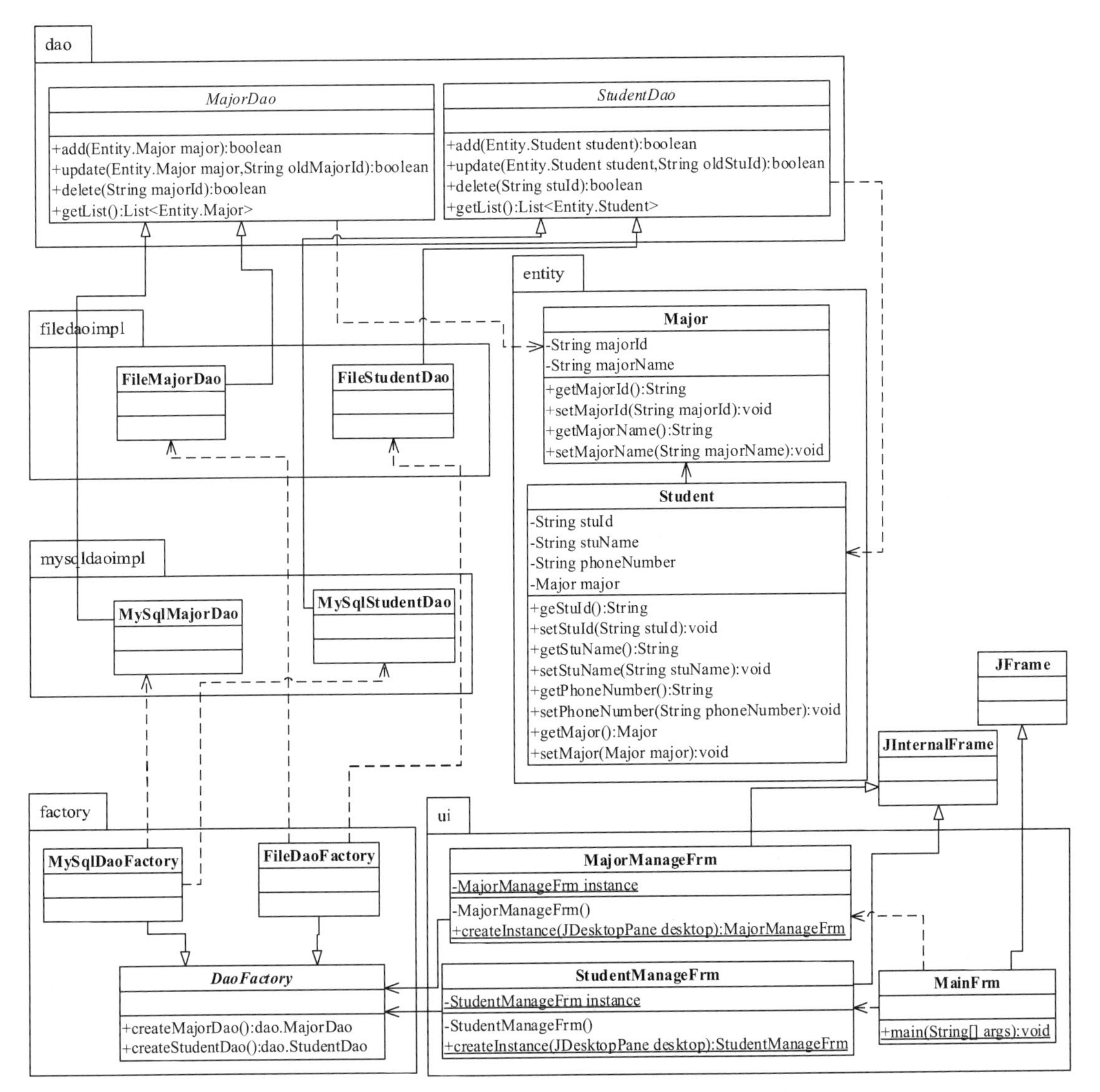


图 6-2　学生信息管理系统整体类结构图

从结构图中可以看出，其中涉及 6 个包：entity、dao、filedaoimpl、mysqldaoimpl、factory、ui。entity 为实体类包，其中的 Major 和 Student 类分别用来对专业信息和学生信息的属性封装；dao 为抽象数据访问类包，其中的 MajorDao 和 StudentDao 类分别封装专业增、删、该、查和学生增、删、改、查的抽象行为。mysqldaoimpl 为 MySql 数据库存储方案的数据访问实现类包，其中的 MySqlMajorDao 和 MySqlStudentDao 类分别实现了专业和学生信息的 MySql 数据库访问；filedaoimpl 为文件存储方案的数据访问实现类包，其中的 FileMajorDao 和 FileStudentDao 类分别实现了专业和学生信息的文件访问；factory 为数据访问工厂包，其中的 DaoFactory 为抽象工厂，封装着生产专业数据访问类和学生数据访问类的对象抽象方法，MySqlDaoFactory 为生产 MySql 数据访问产品族的具体工厂，FileDaoFactory 为生产文件访问产品族的具体工厂；ui 为表示层类包，也就是界面，其中的 MainFrm 为程序主界面，MajorManageFrm 为专业管理模块的界面，StudentManageFrm 为学生管理模块的界面，MajorManageFrm 和 StudentManageFrm 类均应用了单例模式。

以下是学生信息管理程序的主要代码实现。

### 6.1.4 详细编码

Major 类代码：

```
package entity;
public class Major {
        private String majorId;//专业编号
        private String majorName;//专业名称
        public String getMajorId() {
            return majorId;
        }
        public void setMajorId(String majorId) {
            this.majorId = majorId;
        }
        public String getMajorName() {
            return majorName;
        }
        public void setMajorName(String majorName) {
            this.majorName = majorName;
        }
        @Override
        public String toString() {
            //为 JComboBox 绑定选项时会绑定 Major 类型的对象，
            //这里的实现可以使 JComboBox 显 Major 对象的 majorName 属性值，即专业名称
            return majorName;
        }
        @Override
        public boolean equals(Object obj) {
            //比较两个 Major 对象的依据是判断 majorId 是否相等
            if(majorId==obj.toString()){
                return true;
            }
```

```
			else{
				return false;
			}
		}
	}
```

Student 类代码：

```
package entity;
public class Student {
		private String stuId;//学号
		private String stuName;//姓名
		private String phoneNumber;//电话
		private Major major;//专业
		public String getStuId() {
			return stuId;
		}
		public void setStuId(String stuId) {
			this.stuId = stuId;
		}
		public String getStuName() {
			return stuName;
		}
		public void setStuName(String stuName) {
			this.stuName = stuName;
		}
		public String getPhoneNumber() {
			return phoneNumber;
		}
		public void setPhoneNumber(String phoneNumber) {
			this.phoneNumber = phoneNumber;
		}
		public Major getMajor() {
			return major;
		}
		public void setMajor(Major major) {
			this.major = major;
		}
}
```

MajorDao 抽象类代码：

```
package dao;
import java.util.List;
public abstract class MajorDao {
		public abstract boolean add(entity.Major major);//添加数据
		public abstract boolean update(entity.Major major,String oldMajorId);//修改数据
		public abstract boolean delete(String majorId);//删除数据
		public abstract List<entity.Major> getList();//查询数据
}
```

StudentDao 抽象类代码：

```
package dao;
import java.util.List;
public abstract class StudentDao {
        public abstract boolean add(entity.Student student);
        public abstract boolean update(entity.Student student,String oldStuId);
        public abstract boolean delete(String stuId);
        public abstract List<entity.Student> getList();
}
```

JDBCUtil 类是访问 MySQL 数据库的工具类，提供了连接数据库和释放数据库资源的基本实现，代码如下：

```
package util;
public class JDBCUtil {
    private static String driver;
    private static String userName;
    private static String password;
    private static String url;
    static{ //静态代码块，加载配置文件中的信息
        try {
            Properties ps=new Properties();
            ps.load(new FileInputStream("config.properties"));
            driver=ps.getProperty("driver");
            userName=ps.getProperty("username");
            password=ps.getProperty("password");
            url=ps.getProperty("url");
            Class.forName(driver);
        } catch (Exception e) {
            e.printStackTrace();
        }
    }
    //创建数据库连接对象
    public static Connection getConnection(){
        try {
            Connection conn = DriverManager.getConnection(url,userName,password);
            return conn;
        } catch (SQLException e) {
            return null;
        }
    }
    //释放资源
    public static void release(ResultSet rs,Statement st,Connection conn){
        try{
            if(rs!=null){
                rs.close();
            }
            if(st!=null){
```

```
                st.close();
            }
            if(conn!=null){
                conn.close();
            }
        }
        catch(Exception e){
        }
    }
}
```

配置文件 config.properties 的内容如下：

```
driver=com.mysql.jdbc.Driver
url=jdbc\:mysql\://localhost\:3306/studentdb?characterEncoding\=utf8
username=root
password=root
daofactory=factory.MySqlDaoFactory
```

MySqlMajorDao 类代码：

```
package mysqldaoimpl;
import dao.MajorDao;
import util.JDBCUtil;
import entity.Major;
public class MySqlMajorDao extends MajorDao{
    @Override
    public boolean add(Major major) {
        boolean result=false;
        Connection conn=null;
        PreparedStatement ps=null;
        try{
            conn=JDBCUtil.getConnection();
            String sql="insert into major (majorId,majorName) values (?,?)";
            ps=conn.prepareStatement(sql);
            ps.setString(1, major.getMajorId());
            ps.setString(2, major.getMajorName());
            ps.executeUpdate();
            result=true;
        }
        catch(Exception e){
        }
        finally{
            JDBCUtil.release(null, ps, conn);
        }
        return result;
    }
    @Override
    public boolean update(Major major, String oldMajorId) {
        boolean result=false;
        Connection conn=null;
```

```
        PreparedStatement ps=null;
        try{
            conn=JDBCUtil.getConnection();
            String sql="update major set majorId=?,majorName=? where majorId=?";
            ps=conn.prepareStatement(sql);
            ps.setString(1, major.getMajorId());
            ps.setString(2, major.getMajorName());
            ps.setString(3,oldMajorId);
            ps.executeUpdate();
            result=true;
        }
        catch(Exception e){
        }
        finally{
            JDBCUtil.release(null, ps, conn);
        }
        return result;
    }
    @Override
    public boolean delete(String majorId) {
        boolean result=false;
        Connection conn=null;
        PreparedStatement ps=null;
        try{
            conn=JDBCUtil.getConnection();
            String sql="delete from major where majorId=?";
            ps=conn.prepareStatement(sql);
            ps.setString(1, majorId);
            ps.executeUpdate();
            result=true;
        }
        catch(Exception e){
        }
        finally{
            JDBCUtil.release(null, ps, conn);
        }
        return result;
    }
    @Override
    public List<Major> getList() {
        Connection conn=null;
        PreparedStatement ps=null;
        ResultSet rs=null;
        List<Major> majorList=null;
        try{
            conn=JDBCUtil.getConnection();
            String sql="select * from major";
```

```
            ps=conn.prepareStatement(sql);
            rs=ps.executeQuery();
            majorList=new ArrayList<Major>();
            while(rs.next()){//根据查询结果循环构造 Major 对象并放入集合
                Major major=new Major();
                major.setMajorId(rs.getString("majorId"));
                major.setMajorName(rs.getString("majorName"));
                majorList.add(major);
            }
        }
        catch(Exception e){}
        finally{
            JDBCUtil.release(rs,ps, conn);
        }
        return majorList;
    }
}
```

MySqlStudentDao 类代码：

```
package mysqldaoimpl;
import dao.StudentDao;
import util.JDBCUtil;
import entity.*;
public class MySqlStudentDao extends StudentDao {
    @Override
    public boolean add(Student student) {
        boolean result=false;
        Connection conn=null;
        PreparedStatement ps=null;
        try{
            conn=JDBCUtil.getConnection();
            String sql="insert into student (stuId,stuName,phoneNumber,majorId) values (?,?,?,?)";
            ps=conn.prepareStatement(sql);
            ps.setString(1,student.getStuId() );
            ps.setString(2,student.getStuName());
            ps.setString(3,student.getPhoneNumber());
            ps.setString(4, student.getMajor().getMajorId());
            ps.executeUpdate();
            result=true;
        }
        catch(Exception e){
        }
        finally{
            JDBCUtil.release(null, ps, conn);
        }
        return result;
    }
    @Override
```

```
public boolean update(Student student, String oldStuId) {
    boolean result=false;
    Connection conn=null;
    PreparedStatement ps=null;
    try{
        conn=JDBCUtil.getConnection();
        String sql="update student set stuId=?,stuName=?,phoneNumber=?,majorId=? where stuId=?";
        ps=conn.prepareStatement(sql);
        ps.setString(1,student.getStuId() );
        ps.setString(2,student.getStuName());
        ps.setString(3,student.getPhoneNumber());
        ps.setString(4, student.getMajor().getMajorId());
        ps.setString(5,oldStuId);
        ps.executeUpdate();
        result=true;
    }
    catch(Exception e){
    }
    finally{
        JDBCUtil.release(null, ps, conn);
    }
    return result;
}
@Override
public boolean delete(String stuId) {
    boolean result=false;
    Connection conn=null;
    PreparedStatement ps=null;
    try{
        conn=JDBCUtil.getConnection();
        String sql="delete from student where stuId=?";
        ps=conn.prepareStatement(sql);
        ps.setString(1,stuId);
        ps.executeUpdate();
        result=true;
    }
    catch(Exception e){
    }
    finally{
        JDBCUtil.release(null, ps, conn);
    }
    return result;
}
@Override
public List<Student> getList() {
    Connection conn=null;
    PreparedStatement ps=null;
```

```
            ResultSet rs=null;
            List<Student> studentList=null;
            try{
                conn=JDBCUtil.getConnection();
                String  sql="select  stuId,stuName,phoneNumber,student.majorId  as  majorId,majorName
    from student left join major on major.majorId=student.majorId";
                ps=conn.prepareStatement(sql);
                rs=ps.executeQuery();
                studentList=new ArrayList<Student>();
                while(rs.next()){
                    Student student=new Student();
                    student.setStuId(rs.getString("stuId"));
                    student.setStuName(rs.getString("stuName"));
                    student.setPhoneNumber(rs.getString("phoneNumber"));
                    Major major=new Major();
                    major.setMajorId(rs.getString("majorId"));
                    major.setMajorName(rs.getString("majorName"));
                    student.setMajor(major);
                    studentList.add(student);
                }
            }
            catch(Exception e){
                System.out.println(e.getMessage());
            }
            finally{
                JDBCUtil.release(rs,ps, conn);
            }
            return studentList;
        }
    }
```

DaoFactory 抽象类代码：

```
    package factory;
    public abstract class DaoFactory {
        public abstract dao.MajorDao createMajorDao();//创建专业数据访问类对象
        public abstract dao.StudentDao createStudentDao();//创建学生数据访问类对象
    }
```

MySqlDaoFactory 类代码：

```
    package factory;
    import dao.*;
    import mysqldaoimpl.*;
    public class MySqlDaoFactory extends DaoFactory{
        @Override
        public MajorDao createMajorDao() {
            return new MySqlMajorDao();
        }
        @Override
        public StudentDao createStudentDao() {
```

```
            return new MySqlStudentDao();
        }
    }
```

MainFrm 类代码：

```
    package ui;
    public class MainFrm extends JFrame {
        JDesktopPane desktop;
        public MainFrm(){
            this.setTitle("学生信息管理系统");
            this.setBounds(100, 100, 450, 300);
            this.setDefaultCloseOperation(JFrame.EXIT_ON_CLOSE);
            desktop = new JDesktopPane (); //MDI 多文档窗体实现，desktop 用于承载子窗体
            this.getContentPane().add(desktop);
            JMenuBar menuBar = new JMenuBar();
            this.setJMenuBar(menuBar);
            JMenu menu = new JMenu("数据管理");
            menuBar.add(menu);
            JMenuItem menuItem = new JMenuItem("专业管理");
            menu.add(menuItem);
            menuItem.addActionListener(new ActionListener() {
                @Override
                public void actionPerformed(ActionEvent e) {
                    //以单例模式实例化专业管理窗体
                    MajorManageFrm frm=MajorManageFrm.createInstance(desktop);
                    frm.setVisible(true);
                }
            });
            JMenuItem menuItem_1 = new JMenuItem("学生管理");
            menu.add(menuItem_1);
            menuItem_1.addActionListener(new ActionListener() {
                @Override
                public void actionPerformed(ActionEvent e) {
                    //以单例模式实例化学生管理窗体
                    StudentManageFrm frm=StudentManageFrm.createInstance(desktop);
                    frm.setVisible(true);
                }
            });
        }
        public static void main(String[] args){
            MainFrm frame = new MainFrm();
            frame.setVisible(true);
        }
    }
```

MajorManageFrm 类代码：

```
    package ui;
    import dao.MajorDao;
```

```
import entity.*;
import factory.*;
public class MajorManageFrm extends JInternalFrame {
    private static MajorManageFrm instance;
    DaoFactory daoFactory;
    JTable tblMajorList;
    JTextField jtfMajorId;
    JTextField jtfMajorName;
    DefaultTableModel tableModel;
    public static MajorManageFrm createInstance(JDesktopPane desktop){
        if(instance==null||!instance.isValid()){
            instance=new MajorManageFrm();
            desktop.add(instance);//将当前专业管理窗体作为 MDI 子窗体放入 desktop 面板
        }
        return instance;
    }
private MajorManageFrm(){
    this.setClosable(true);
    this.setDefaultCloseOperation(DISPOSE_ON_CLOSE);
    this.setTitle("专业管理");
    this.setBounds(100, 100, 450, 300);
    Container container=this.getContentPane();
    container.setLayout(new BorderLayout());
    JPanel panelLeft=new JPanel();
    container.add(panelLeft,BorderLayout.WEST);
    panelLeft.setLayout(new BorderLayout());
    JPanel panelLeftContent=new JPanel();
    panelLeftContent.setLayout(new BorderLayout());
    panelLeft.add(panelLeftContent,BorderLayout.NORTH);
    JPanel panelEdit=new JPanel();
    panelEdit.setLayout(new GridLayout(2,2,0,0));
    panelLeftContent.add(panelEdit,BorderLayout.CENTER);
    panelEdit.add(new JLabel("专业编号："));
    jtfMajorId=new JTextField();
    panelEdit.add(jtfMajorId);
    panelEdit.add(new JLabel("专业名称："));
    jtfMajorName=new JTextField();
    panelEdit.add(jtfMajorName);
    panelLeftContent.add(panelEdit,BorderLayout.NORTH);
    JPanel panelButton=new JPanel();
    panelButton.setLayout(new GridLayout(1,3,0,0));
    JButton btnAdd=new JButton("添加");
    btnAdd.addActionListener(new ActionListener() {
        @Override
        public void actionPerformed(ActionEvent e) {
            //实现专业添加
```

```
            MajorDao majorDao=daoFactory.createMajorDao();
            Major major=new Major();
                major.setMajorId(jtfMajorId.getText());
                major.setMajorName(jtfMajorName.getText());
                if(majorDao.add(major)){
                    bindDataToTable();
                    JOptionPane.showMessageDialog(null, "添加成功");
                }
                else{
                    JOptionPane.showMessageDialog(null, "添加失败");
                }
            }
        });
        JButton btnUpdate=new JButton("修改");
        btnUpdate.addActionListener(new ActionListener() {
            @Override
            public void actionPerformed(ActionEvent e) {
                //实现专业修改
                MajorDao majorDao=daoFactory.createMajorDao();
                Major major=new Major();
                major.setMajorId(jtfMajorId.getText());
                major.setMajorName(jtfMajorName.getText());
                if(majorDao.update(major,tblMajorList.getValueAt(tblMajorList.getSelectedRow(), 0).
                toString())){
                        bindDataToTable();
                    JOptionPane.showMessageDialog(null, "修改成功");
                }
                else{
                        JOptionPane.showMessageDialog(null, "修改失败");
                }
            }
        });
        JButton btnDelete=new JButton("删除");
        btnDelete.addActionListener(new ActionListener() {
            @Override
            public void actionPerformed(ActionEvent e) {
                //实现专业删除
                MajorDao majorDao=daoFactory.createMajorDao();
                if(majorDao.delete(tblMajorList.getValueAt(tblMajorList.getSelectedRow(), 0).toString())){
                    bindDataToTable();
                    JOptionPane.showMessageDialog(null, "删除成功");
                }
                else{
                    JOptionPane.showMessageDialog(null, "删除失败");
                }
            }
        });
```

```
        panelButton.add(btnAdd);
        panelButton.add(btnUpdate);
        panelButton.add(btnDelete);
        panelLeftContent.add(panelButton,BorderLayout.SOUTH);
        JScrollPane panelList=new JScrollPane();
        container.add(panelList,BorderLayout.CENTER);
        tblMajorList=new JTable();
        tableModel=new DefaultTableModel();
        tableModel.addColumn("专业编号");
        tableModel.addColumn("专业名称");
        tblMajorList.setModel(tableModel);
        tblMajorList.getSelectionModel().addListSelectionListener(new ListSelectionListener(){
            @Override
            public void valueChanged(ListSelectionEvent e) {
                //在 JTable 中选中不同的行时，将该行代表的专业信息回填到各输入控件中
                try{
                  jtfMajorId.setText(tblMajorList.getValueAt(tblMajorList.getSelectedRow(), 0).toString());;
                  jtfMajorName.setText(tblMajorList.getValueAt(tblMajorList.getSelectedRow(), 1).toString());;
                }catch(Exception ex){}
            }
        });
        panelList.setViewportView(tblMajorList);
        try {
            //从配置文件读取要反射的工厂
            Properties prop = new Properties();
            InputStream in;
            in = new BufferedInputStream (new FileInputStream("config.properties"));
            prop.load(in);      ///加载属性列表
            String className=prop.get("daofactory").toString();
            daoFactory = (DaoFactory)Class.forName(className).newInstance();
        } catch (Exception e1) {
            e1.printStackTrace();
        }
        bindDataToTable();
    }
    //绑定 JTable 显示数据
    public void bindDataToTable(){
         try{
              tableModel.setRowCount(0);
              MajorDao majorDao=daoFactory.createMajorDao();
              List<Major> majorList= majorDao.getList();
              for(int i=0;i<majorList.size();i++){
                  Vector vector=new Vector();
                  vector.add(majorList.get(i).getMajorId());
                  vector.add(majorList.get(i).getMajorName());
                  tableModel.addRow(vector);
```

```
                }
            }
            catch(Exception e){
                e.printStackTrace();
            }
        }
    }
```

StudentManageFrm 类代码：

```
package ui;
import dao.MajorDao;
import dao.StudentDao;
import entity.Major;
import entity.Student;
import factory.DaoFactory;
public class StudentManageFrm extends JInternalFrame {
    private static StudentManageFrm instance;
    DaoFactory daoFactory;
    JTable tblStudentList;
    JTextField jtfStudentId;
    JTextField jtfStudentName;
    JTextField jtfPhoneNumber;
    JComboBox jcbMajor;
    DefaultTableModel tableModel;
    public static StudentManageFrm createInstance(JDesktopPane desktop){
        if(instance==null||!instance.isValid()){
            instance=new StudentManageFrm();
            desktop.add(instance);
        }
        return instance;
    }
    public StudentManageFrm(){
         try {
            Properties prop = new Properties();
            InputStream in;
            in = new BufferedInputStream (new FileInputStream("config.properties"));
            prop.load(in);        ///加载属性列表
            String className=prop.get("daofactory").toString();
            daoFactory = (DaoFactory)Class.forName(className).newInstance();
        } catch (Exception e1) {
            e1.printStackTrace();
        }
        this.setTitle("学生管理");
        this.setBounds(100, 100, 450, 300);
        this.setClosable(true);
        this.setDefaultCloseOperation(DISPOSE_ON_CLOSE);
        Container container=this.getContentPane();
```

```
container.setLayout(new BorderLayout());
JPanel panelLeft=new JPanel();
container.add(panelLeft,BorderLayout.WEST);
panelLeft.setLayout(new BorderLayout());
JPanel panelLeftContent=new JPanel();
panelLeftContent.setLayout(new BorderLayout());
panelLeft.add(panelLeftContent,BorderLayout.NORTH);
JPanel panelEdit=new JPanel();
panelEdit.setLayout(new GridLayout(4,2,0,0));
panelLeftContent.add(panelEdit,BorderLayout.CENTER);
panelEdit.add(new JLabel("学号："));
jtfStudentId=new JTextField();
panelEdit.add(jtfStudentId);
panelEdit.add(new JLabel("姓名："));
jtfStudentName=new JTextField();
panelEdit.add(jtfStudentName);
panelEdit.add(new JLabel("电话："));
jtfPhoneNumber=new JTextField();
panelEdit.add(jtfPhoneNumber);
panelEdit.add(new JLabel("专业："));
MajorDao majorDao=daoFactory.createMajorDao();
//为专业下拉列表绑定可选项
jcbMajor=new JComboBox(majorDao.getList().toArray());
panelEdit.add(jcbMajor);
panelLeftContent.add(panelEdit,BorderLayout.NORTH);
JPanel panelButton=new JPanel();
panelButton.setLayout(new GridLayout(1,3,0,0));
JButton btnAdd=new JButton("添加");
btnAdd.addActionListener(new ActionListener() {
  @Override
  public void actionPerformed(ActionEvent e) {
        StudentDao studentDao=daoFactory.createStudentDao();
        Student student=new Student();
        student.setStuId(jtfStudentId.getText());
        student.setStuName(jtfStudentName.getText());
        student.setPhoneNumber(jtfPhoneNumber.getText());
        Major major=new Major();
        major.setMajorId(((Major)(jcbMajor.getSelectedItem())).getMajorId());
        major.setMajorName(jcbMajor.getSelectedItem().toString());
        student.setMajor(major);
        if(studentDao.add(student)){
            bindDataToTable();
            JOptionPane.showMessageDialog(null, "添加成功");
        }
        else{
            JOptionPane.showMessageDialog(null, "添加失败");
```

```
                }
            }
        });
        JButton btnUpdate=new JButton("修改");
        btnUpdate.addActionListener(new ActionListener() {
            @Override
            public void actionPerformed(ActionEvent e) {
                StudentDao StudentDao=daoFactory.createStudentDao();
                Student student=new Student();
                student.setStuId(jtfStudentId.getText());
                student.setStuName(jtfStudentName.getText());
                student.setPhoneNumber(jtfPhoneNumber.getText());
                Major major=new Major();
                major.setMajorId(((Major)(jcbMajor.getSelectedItem())).getMajorId());
                major.setMajorName(jcbMajor.getSelectedItem().toString());
                student.setMajor(major);
                if(StudentDao.update(student,tblStudentList.getValueAt(tblStudentList.getSelectedRow(), 0).
                toString())){
                    bindDataToTable();
                    JOptionPane.showMessageDialog(null, "修改成功");
                }
                else{
                    JOptionPane.showMessageDialog(null, "修改失败");
                }
            }
        });
        JButton btnDelete=new JButton("删除");
        btnDelete.addActionListener(new ActionListener() {
            @Override
            public void actionPerformed(ActionEvent e) {
                StudentDao studentDao=daoFactory.createStudentDao();
                if(studentDao.delete(tblStudentList.getValueAt(tblStudentList.getSelectedRow(), 0).toString())){
                    bindDataToTable();
                    JOptionPane.showMessageDialog(null, "删除成功");
                }
                else{
                    JOptionPane.showMessageDialog(null, "删除失败");
                }
            }
        });
        panelButton.add(btnAdd);
        panelButton.add(btnUpdate);
        panelButton.add(btnDelete);
        panelLeftContent.add(panelButton,BorderLayout.SOUTH);
        JScrollPane panelList=new JScrollPane();
```

```
        container.add(panelList,BorderLayout.CENTER);
        tblStudentList=new JTable();
        tableModel=new DefaultTableModel();
        tableModel.addColumn("学号");
        tableModel.addColumn("姓名");
        tableModel.addColumn("电话");
        tableModel.addColumn("专业");
        tblStudentList.setModel(tableModel);
        tblStudentList.getSelectionModel().addListSelectionListener(new ListSelectionListener(){
            @Override
            public void valueChanged(ListSelectionEvent e) {
                try{
                    jtfStudentId.setText(tblStudentList.getValueAt(tblStudentList.getSelectedRow(), 0).
                    toString());
                    jtfStudentName.setText(tblStudentList.getValueAt(tblStudentList.getSelectedRow(), 1).
                    toString());
                    jtfPhoneNumber.setText(tblStudentList.getValueAt(tblStudentList.getSelectedRow(), 2).
                    toString());
                    jcbMajor.setSelectedItem(tblStudentList.getValueAt(tblStudentList.getSelectedRow(), 3).
                    toString());
                }catch(Exception ex){}
            }
        });
        panelList.setViewportView(tblStudentList);
        bindDataToTable();
    }
    public void bindDataToTable(){
        try{
            tableModel.setRowCount(0);
            StudentDao studentDao=daoFactory.createStudentDao();
            List<Student> studentList= studentDao.getList();
            for(int i=0;i<studentList.size();i++){
                Vector vector=new Vector();
                vector.add(studentList.get(i).getStuId());
                vector.add(studentList.get(i).getStuName());
                vector.add(studentList.get(i).getPhoneNumber());
                vector.add(studentList.get(i).getMajor().getMajorName());
                tableModel.addRow(vector);
            }
        }
        catch(Exception e){
            e.printStackTrace();
        }
    }
}
```

以上代码尚缺少 filedaoimpl 包中的类实现，读者可尝试自行完善。

## 6.2 数据库连接池——动态代理模式与单例模式相结合

在 6.1.4 的设计实现中，JDBCUtil 类是访问 MySQL 数据库的工具类，提供了连接数据库和释放数据库资源的基本功能。在这里使用了 JDBC 的 DriverManager 类获取一个数据库的连接。在实际应用中，向数据库获取连接非常耗费资源，并且会给数据库服务带来很大的压力。本节将针对数据库连接部分进行优化分析。

### 6.2.1 需求分析

首先来看一下当前数据库连接的流程。如图 6-3 所示，DriverManager 使用从 IO 流中读取的配置信息与相应的数据库进行连接（测试库或者线上库），每一个连接都有对应的 Connection 对象，最后通过 Connection 对象完成 insert、select、delete 等数据库操作。

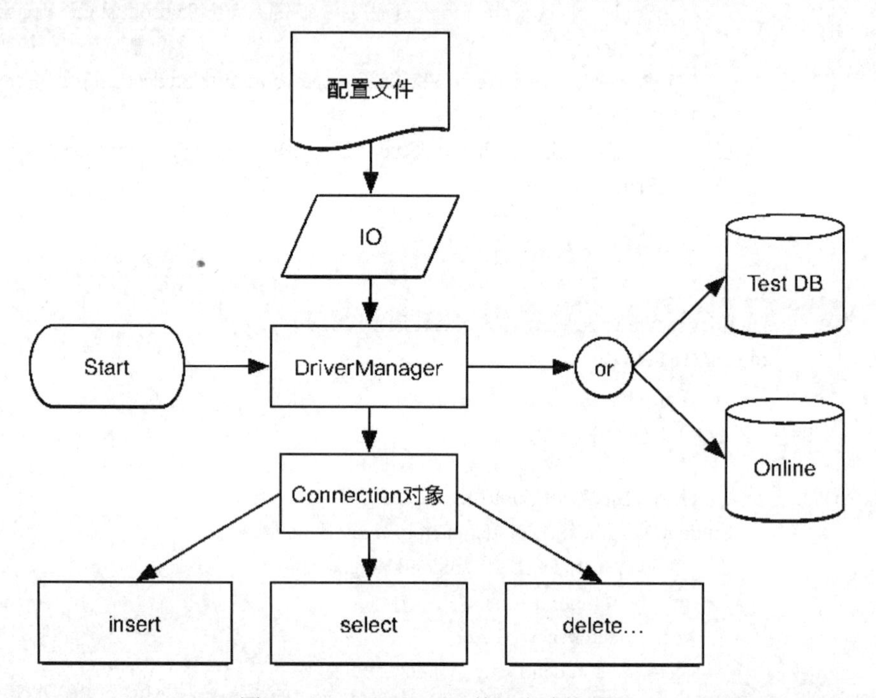


图 6-3 DriverManager 数据库连接过程

在较少的数据库访问的情况下，上述的数据库访问方式是可以应对的。但随着业务的发展，数据库的访问量增加，这种通过简单地获取和关闭数据库连接的方法将很大地影响系统的性能，这种影响是由于数据库资源管理器进程频繁地创建和摧毁那些连接对象而引起的。

可以看出，造成性能损耗的主要原因在于对数据库资源的管理上，没有充分利用资源。一个数据库连接资源，在使用完毕后，可以重复的利用，从而提高利用率。而资源的重复利用，在现有的开发模式中，有一种叫作“资源池”的设计模式。为了防止频繁地创建、释放数据库连接资源而造成浪费，建立一个数据库连接池。将建立好的数据库连接，存放在数据库连接池（Connection Pool）中，在使用时从数据库连接池中获取，使用完毕后，再返回给数据库连接池，供其他连接使用，如图 6-4 所示。

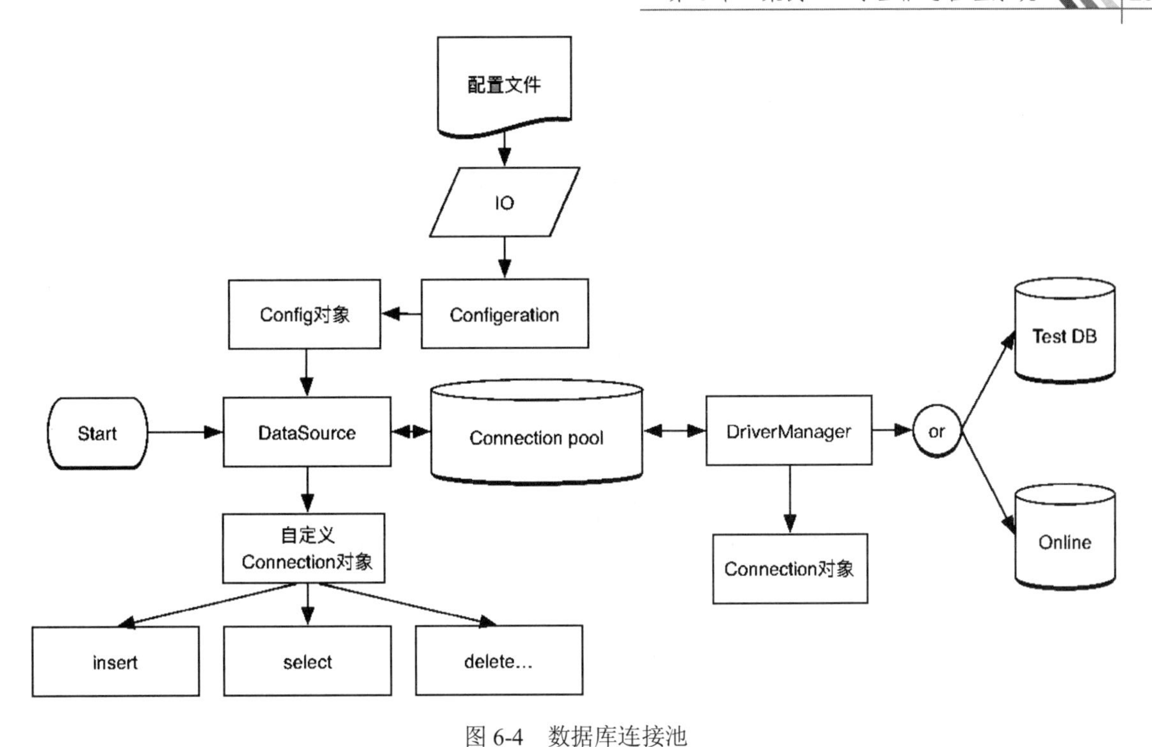


图 6-4　数据库连接池

### 6.2.2　动态代理模式与单例模式实现数据库连接池

实现数据库连接池，核心的思想在于将连接缓存起来。数据库连接池实际是一个集合，用来存储一组“Connection”类型的对象的集合，可以使用链表、堆栈或者队列等进行实现。另外，关闭连接的操作，当客户端调用 close 方法，准备关闭当前连接时，并不是直接关闭连接，将资源释放，而是将其缓存起来，放到集合中。

使用数据库连接池完成数据库的连接操作流程如图 6-5 所示。首先，需要将数据库连接池中的数据库连接进行分类，活动状态、空闲状态。其中，活动状态下的数据库连接，是正在被占用的，空闲状态下的数据库连接是可以申请使用的连接。当需要申请使用数据库连接时，需要先判断一下是否存在空闲状态的数据库连接，如果存在那么直接将空闲状态的数据库连接对象返回给申请者进行使用即可。如果不存在空闲状态的数据库连接对象，就考虑数据库的实际情况，最多可以支持的活动数据库连接个数。如果目前数据库还可以支持更多的活动的数据库连接个数，那么，就直接向数据库申请新的数据库连接，并存储到数据库连接池中，状态设置为活动状态后，将其返回给申请者使用。如果数据库不能支持更多的数据库连接个数，这个时候抛出异常信息，提示申请者连接失败。

数据库连接对象的申请流程如图 6-5 所示。首先向数据库连接池请求数据库的连接对象，而不是向数据库申请。创建 PoolDatasource 类，代表一个数据库连接池。这个数据库连接池管理了一组数据库的连接对象。本节将通过两个链表来实现数据库连接池，一个用于维护活动连接，另一个用于维护空闲连接。在本节中，仅针对数据库连接的管理代码进行展示，其他相关代码，请读者自行完善。

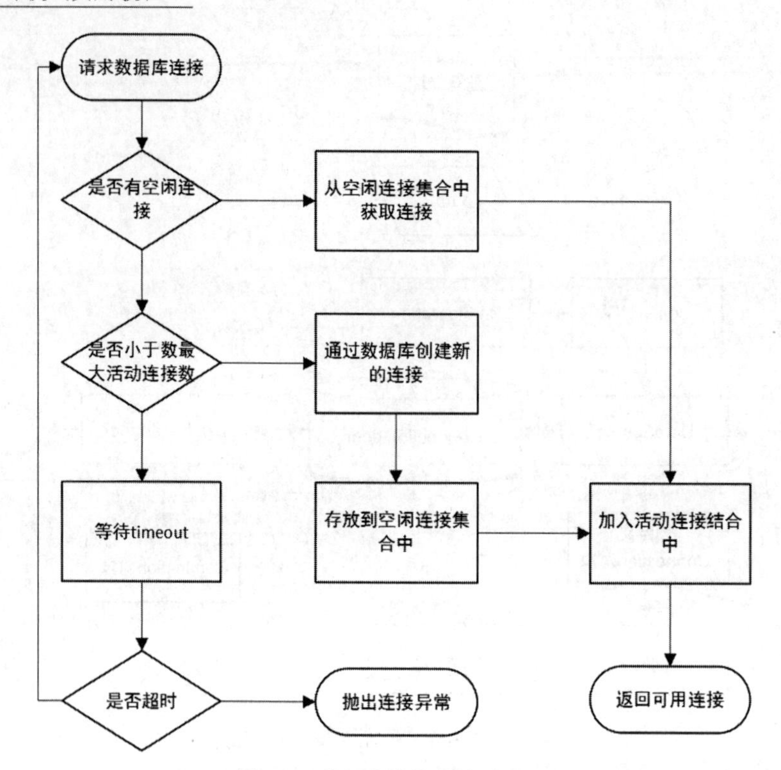


图 6-5　数据库连接的申请流程

首先来分析一下 PoolDatasource 的初始化代码，PoolDatasource 初始化包括获取数据库相关的配置信息，这一部分的内容与 6.1.4 节中从配置文件中读取配置数据的方式相同，本节中将这部分内容抽象为Configaration类型，Configaration对象负责对配置文件内容的读取和存储，代码如下：

```
public class Configaration {
    private String username;
    private String password;
    private String driverName;
    private String url;
    private int maxconn;
    private int initPoolSize;
    private Configaration(){}
    public static Configaration getResourceAsSream(String path){
        Configaration config=   new Configaration();
        InputStream in = Configaration.class.getClassLoader().getResourceAsStream("db.properties");
        Properties prop = new Properties();
        try {
            prop.load(in);
            config.setDriverName(prop.getProperty("driver"));
            config.setUrl(prop.getProperty("url"));
            config.setUsername(prop.getProperty("username"));
            config.setPassword(prop.getProperty("password"));
            config.setInitPoolSize(Integer.parseInt(prop.getProperty("initPoolSize")));
```

```
            config.setMaxconn(Integer.parseInt(prop.getProperty("maxconn")))
        } catch (Exception e) {
            throw new ExceptionInInitializerError(e);
        }
        return null;
    }
//Getter/Setter 代码略
}
```

因为配置文件的读取只需要操作一次即可，而配置文件的路径或者文件名字，本节设计中希望其可以自行配置，所以不能单纯使用静态代码块来解决该问题，在这里使用单例模式，实现配置文件的一次读取问题。

PoolDatasource 类中依赖了 Configaration 对象完成对数据库配置信息的访问，并关联了两个数据库连接集合 connPoolBusy 和 connPoolIdle，分别用来存储活动的连接对象和空闲的连接对象。在一个工程中，数据库连接池是需要只存在一个，这样才能真正做到连接的复用。所以，数据库连接池 PoolDatasource 采用了单例设计模式，保证连接池在一个工程中的单一性。代码如下所示：

```
public class PoolDatasource implements DataSource{
    private Configaration config;
    private LinkedList<Connection> connPoolBusy ;
    private LinkedList<Connection> connPoolIdle;
    private String configPath;
    private static PoolDatasource datasource;
    /**
     * 私有化构造方法，单例模式
     * @param configPath
     */
    private PoolDatasource(String configPath){
        this.connPoolIdle = new LinkedList<>();
        this.connPoolBusy = new LinkedList<>();
        this.config = Configaration.getResourceAsSream(configPath);
        init();
    }
    /**
     * 数据库连接池的初始化操作
     * 1. 读取数据库的配置文件，并存储到 config 对象
     * 2. 初始化两个数据库连接集合对象
     * 3. 向数据库申请一组数据库连接对象
     */
    private void init(){
        //加载驱动
        try {
            Class.forName(this.config.getDriverName());
        } catch (ClassNotFoundException e) {
            e.printStackTrace();
        }
```

```
            initConnPool(this.config.getInitPoolSize());
        }
        /**
         * 向连接池中添加指定个数的数据库连接对象
         * @param count，需要添加的连接的个数
         */
        private void initConnPool(int count){
            for(int i=0;i<count;i++){
                try {
                    Connection conn =
                            DriverManager.getConnection(config.getUrl(),
                            config.getUsername(),
                            config.getPassword());
                    this.connPoolIdle.add(conn);
                } catch (SQLException e) {
                    e.printStackTrace();
                }
            }
        }
        /**
         * 用户通过该方法获得一个数据库连接池对象
         * @param configPath，用户需要提供数据库的相关配置文件路径
         * @return
         */
        public static PoolDatasource createDatasource(String configPath){
            if(datasource==null){
                datasource = new PoolDatasource(configPath);
            }
            return datasource;
        }
    /**
         * 获取当前的数据库连接池对象
         * @return
         */
        public static PoolDatasource getDatasource(){
            return datasource;
        }
    ......
    }
```

在数据库连接池初始化的时候，我们从数据库中获取配置文件中已配置的初识连接池连接个数，通过 DriverManager 向数据库申请对应个数的连接对象存储在 connPoolIdle 中，因为初始化申请到的数据库连接对象的状态一定是空闲的。

接下来考虑，拥有一个连接池的 PoolDatasource 类的其他功能。PoolDatasource 类还需要向使用者提供简单的获取数据库连接对象的方法。该方法应该从数据库连接池中获取连接对象，而不应该向数据库申请。所以 PoolDatasource 类提供一个数据库连接对象的方法 getConnection，具体的实现代码如下所示。

```
public class PoolDatasource implements DataSource{
//......前述代码省略
    @Override
    public Connection getConnection() throws SQLException {
        Connection conn = null;
        if(connPoolIdle.size()<=0
                &&this.connPoolBusy.size()<this.config.getMaxconn()){
            initConnPool(
                        (int)Math.ceil(
                        this.config.getMaxconn()-this.connPoolBusy.size()));
        }else{
            throw new SQLException("timeout");
        }
        conn = connPoolIdle.removeFirst();
        connPoolBusy.addLast(conn);
        return conn;
    }
    @Override
    public Connection getConnection(String username, String password)
    throws SQLException {
        if(username==null||!username.equals(this.config.getUsername())){
            throw new SQLException("username is error");
        }
        if(password==null||!password.equals(this.config.getPassword())){
            throw new SQLException("password is error");
        }
        return getConnection() ;
    }
//......后续代码省略
}
```

其中，getConnection(String username, String password)方法是 javax.sql.Datasource 接口中要求需要提供的方法，具体原因本节不再赘述，读者可以自行查阅。在这里，我们仅仅将调用者提供的用户名和密码和现有的连接池所配置的用户名和密码进行比对，如果不一致，则抛出 SQLException。

由上述代码可以看出，调用者在向 PoolDatasource 申请数据库连接对象的时候，PoolDatasource 会从自己的缓存中返回一个数据库连接对象给调用者。每一个数据库的连接对象实际上的类型是 com.mysql.Connection（注：因为本节采用的数据库是 MySQL）。那么，当该数据库连接使用完毕后，调用者会直接调用该数据库连接对象的 close 方法。这时将会直接释放掉这个数据库的连接，并返回给数据库，而不是我们前面需求分析中所说的，使用完毕后，将数据库连接对象还给数据库连接池，违背了我们的最初设计。

如果要解决这个问题，就需要改变数据库连接对象的 close 方法的功能。而这个实际的数据库连接对象的类型是 com.mysql.Connection，该类是封装在 MySQL 的驱动 jar 中的，不能进行修改。

首先可以想到的办法是在 PoolDatasource 类中提供一个 close 的方法，该方法提供了将当前的连接，从活动连接集合中删除，并返回给空闲连接集合 connPoolIdle，代码如下所示。

```
public class PoolDatasource implements DataSource{
//......前述代码省略
/**
     * 关闭数据库的连接，连接对象从活动连接集合中删除
     * 并添加到空闲连接集合
     * @param conn
     * @return
     */
    public boolean close(Connection conn){
        if(this.connPoolBusy.contains(conn)){
            if(this.connPoolBusy.remove(conn)){
                this.connPoolIdle.addFirst(conn);
                return true;
            }
        }
        return false;
    }
    //......后续代码省略
}
```

然而，调用者在实际使用过程中，都会习惯性的调用 Connection 对象自己本身的 close 方法。不能确保调用者能够正确的调用 PoolDatasource 类的 close 方法，完成数据库连接的释放操作。如果调用者错误的使用 close 方法，将造成不可挽回的错误。所以，我们引入“动态代理模式”，设计动态代理类 PoolConnection 对 com.mysql.Connection 进行代理，调用者从数据库连接池中获取到的数据库连接对象是我们生成的代理对象，而不是 com.mysql.Connection 类型的对象。当调用者按照自己的习惯调用 close 的方法时，让其调用这个代理对象的 close 方法，类图的设计如图 6-6 所示。

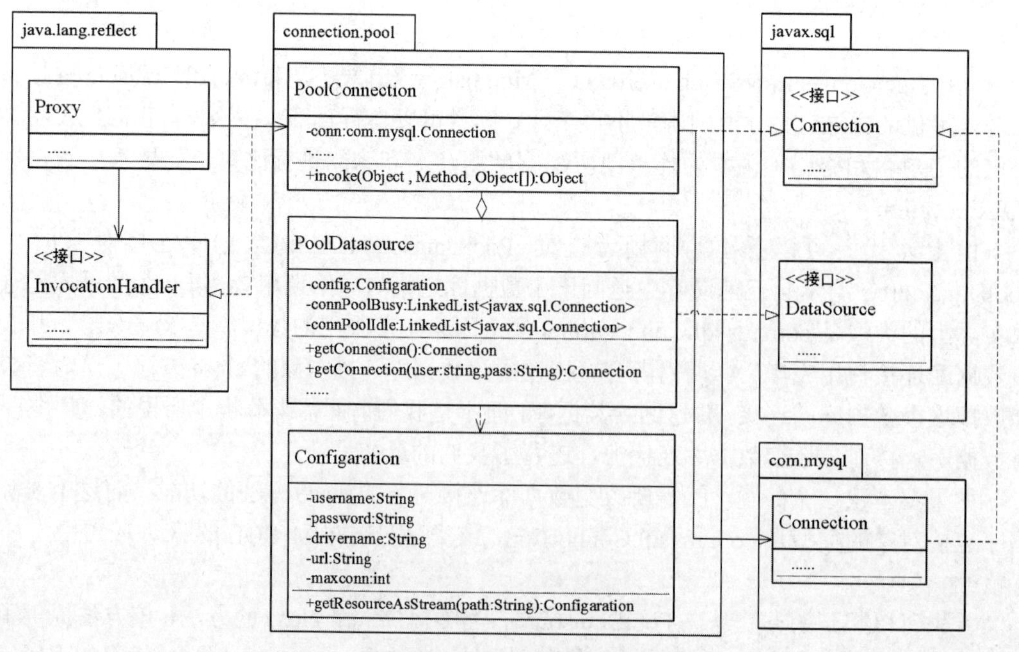


图 6-6 动态代理模式下的数据库连接池类图

其中 PoolConnection 是对 com.mysql.Connection 对象进行代理，这个代理对象将对 com.mysql.Connection 对象的 close 方法进行改写。而其他的 com.mysql.Connection 的方法功能保持不变。代码如下所示。

```
public class PoolConnection implements InvocationHandler{
    private Connection conn;
    public PoolConnection(Connection conn){
        this.conn = conn;
    }
    @Override
    public Object invoke(Object proxy, Method method, Object[] args) throws Throwable {
        if (!method.getName().equals("close")) {
            return method.invoke(conn, args);
        } else {
            // 如果调用的是 Connection 对象的 close 方法，
            // 就把 conn 还给数据库连接池
            PoolDatasource pool = PoolDatasource.getDatasource();
            pool.close(conn);
        }
        return null;
    }
}
```

改写 PoolDatasource 类的 initConnPool 方法，该方法中数据库连接池中保持的数据库连接对象，应该是通过代理产生的 com.mysql.Connection 类型的代理类。代码如下所示。

```
/**
 * 向连接池中添加指定个数的数据库连接对象
 * @param count，需要添加的连接的个数
 */
private void initConnPool(int count){
    for(int i=0;i<count;i++){
        try {
            Connection conn =
                    DriverManager.getConnection(config.getUrl(),
                    config.getUsername(),
                    config.getPassword());
            //生成一个新的代理数据库连接对象
            Connection newConn =
                (Connection) Proxy.newProxyInstance(
                    PoolDatasource.class.getClassLoader(),
                        conn.getClass().getInterfaces(),
                        new PoolConnection(conn));
        //将新的数据库连接的代理对象添加到数据库连接空闲集合中
            this.connPoolIdle.add(newConn);
        } catch (SQLException e) {
            e.printStackTrace();
        }
    }
}
```

到此为止，可以重复利用数据库连接资源的数据库连接池，就已经设计完成。在这里，我们使用了单例模式让这个数据库连接池对象在一个工程中是唯一的，为我们需求中的资源重复利用提供保障。其次，对于数据库连接对象，我们使用了动态代理模式，让数据库连接池保持的数据库连接对象，保持的都是经过处理的代理连接对象，保证了数据库连接对象，在进行close操作时，能够正确将对象归还给数据库连接池。

### 6.2.3 数据库连接池的使用

有了数据库连接池的对象，下面我们一起改写 6.1.1 节中的数据库访问代码，使用 6.2.2 节中实现的数据库连接池对象，访问数据库。

只需要修改 JDBCUtil 类，访问 MySql 数据库的工具类，提供连接数据库和释放数据库资源的基本实现，首先拆分配置信息，将数据库相关的配置文件写入 db.properties 中，内容如下：

```
drivername=com.mysql.jdbc.Driver
url=jdbc\:mysql\://localhost\:3306/studentdb?characterEncoding\=utf8
username=root
password=root
maxconn=20
initPoolSize=10
```

而 JDBCUtil 类的代码，不需要再去按照基本的 JDBC 连接数据库的过程，去加载驱动，再获取数据库连接，而直接获得一个数据库连接池对象即可，具体代码如下所示。

```
public class JDBCUtil {
    private static DataSource datasource =
            PoolDatasource.createDatasource("db.properteis");
    public static Connection getConenction() throws SQLException{
        return datasource.getConnection();
    }
    //释放资源
    public static void release(ResultSet rs,Statement st,Connection conn){
        try{
            if(rs!=null){
                rs.close();
            }
            if(st!=null){
                st.close();
            }
            if(conn!=null){
                conn.close();
            }
        }
        catch(Exception e){
        }
    }
}
```

## 6.3　小结

在前面的例子中，针对具体的问题，使用不同的设计模式解决了不同的设计问题，包括工厂模式、单例模式以及动态代理模式。在实际的开发过程中，需要根据实际的业务，来选择合适的设计模式。在对一个需求进行设计的时候，会涉及多个问题，也就是一个需求，可能是多个问题的组合，我们会将需求进行问题分解，然后针对不同的问题，再进行解决。例如，对于频繁访问数据库，导致资源浪费的这个大问题，我们就将它分解成了多个小问题。包括如何共享资源，如果回收资源。然后针对不同的小问题，借助于不同的设计模式，来进行解决。

而在解决同一个问题的时候，又可以采用不同的设计模式来实现。比如，对于数据库连接对象的 close 方法而言，可以使用动态代理模式，也可以使用装饰模式来解决这个具体的问题。

所以，在实际的项目开发过程中，首先需要明确问题，然后分解问题，在设计模式的选择上，要根据实际业务需求进行选择，由此来增加系统的可扩展性和可维护性。

# 参考文献


[1] 阎宏．Java 与模式[M]．北京：电子工业出版社，2004．

[2] Eric Freeman，ElElisabeth Freeman．HeadFirst 设计模式[M]．北京：中国电力出版社，2007．

[3] 程杰．大话设计模式[M]．北京：清华大学出版社，2008．

[4] 秦小波．设计模式之禅[M]．北京：机械工业出版社，2010．

[5] 陈臣，王斌．研磨设计模式[M]．北京：清华大学出版社，2010．

[6] 刘伟．设计模式实训教程[M]．北京：清华大学出版社，2012．

[7] 刘伟．设计模式的艺术之道[M]．北京：清华大学出版社，2013．